丛书主编 金雅

中华人生论美学经典悦读书系

朱光潜情趣人生论美学文萃

本卷原著 朱光潜

本卷选鉴 宛小平

肖 泳

中国文联出版社

http://www.clapnet.cn

图书在版编目（CIP）数据

朱光潜情趣人生论美学文萃 / 金雅主编 . — 北京：
中国文联出版社，2017. 6
（中华人生论美学经典悦读书系）
ISBN 978-7-5190-2794-0

Ⅰ . ①朱…　Ⅱ . ①金…　Ⅲ . ①朱光潜（1897–1986）
– 美学思想 – 文集　Ⅳ . B83-092

中国版本图书馆 CIP 数据核字（2017）第 140239 号

朱光潜情趣人生论美学文萃

作　　者：金　雅

出 版 人：朱　庆
终 审 人：朱彦玲　　　　　　　　　　复 审 人：王　军
责任编辑：刘　旭　　　　　　　　　　责任校对：傅泉泽
封面设计：孙　璐　卜凌冰　　　　　　责任印制：陈　晨

出版发行：中国文联出版社
地　　址：北京市朝阳区农展馆南里 10 号，100125
电　　话：010-85923043（咨询）85923000（编务）85923020（邮购）
传　　真：010-85923000（总编室），010-85923020（发行部）
网　　址：http://www.clapnet.cn　　http://www.claplus.cn
E－mail：clap@clapnet.cn　　　liux@clapnet.cn

印　　刷：廊坊市海涛印刷有限公司
装　　订：廊坊市海涛印刷有限公司
法律顾问：北京天驰君泰律师事务所徐波律师
本书如有破损、缺页、装订错误，请与本社联系调换

开　　本：710×1000　　　　　　　　　1/16
字　　数：272 千字　　　　　　　　　印　　张：17.75
版　　次：2018 年 2 月第 1 版　　　　印　　次：2018 年 2 月第 1 次印刷
书　　号：ISBN 978-7-5190-2794-0
定　　价：62.00 元

目录

目
录

导读　人生论美学与中华美学精神

金　雅

一

中华文化和哲学具有浓郁的人生精神，关注现实，关怀生存，关爱生命。相比于西方文化的认识论和科学论的主导地位，中华文化和哲学的根底就是人生论的。这种源远流长的深厚传统，也深刻影响了中华美学的情趣韵致。如果说西方美学自古希腊以来就叩问"何为美"的问题，即关注美自身的本体性问题；那么中华美学自先秦以来就叩问"美何为"的问题，即关注美对于人的功用性和价值性问题。

中华古典美学有着丰富的人生美学思想和人生审美情韵，但没有自觉系统的理论建构。20世纪上半叶，梁启超、朱光潜、宗白华、丰子恺等在内的一批中国现代美学（育）家，可以说是人生论美学思想最早的倡导者。

人生论美学的核心命题是审美艺术人生的关系问题、真善美的关系问题、物我有无出入的关系问题。中国古典美学非常重视美善的关联，涵育了"大美不言"、"尽善尽美"等思想学说，着重从人与自然、与他人的关系视阈，阐发美的伦理尺度。中国现代美学既传承了民族美学的精神，也吸纳了西方美学的滋养，将美善的两维关联拓展到真善美的三维关联。中国现代美学诸大家，包括本丛书所选四家，都是主张真善美的贯通的。即不崇尚西方现代理论美学所崇扬的粹美或唯美，而是崇扬真善美贯通之大美。真善美贯通的大美观，奠定了中华美学的基本美论品格，这也是人生论美学的核心理论基石。这种美论，引领审美逸出自身的小天地，广涵艺术、自然、人生，要求审美主体超越一己的小情和生活的常情，追求诗性之美情，彰显了以远功利而入世的诗性超越旨趣为内核的、既执着深沉又高旷超逸的独特的民族美学精神。

本丛书所选诸文，既是人生论美学的思想经典，又是雅俗共赏的哲诗感悟，既可触可思，亦可品可鉴。好多文章不仅观点深邃精到，且美情蕴溢，美趣横生，文字生动，开合恣肆，没有那种高头讲章板着面孔说话的呆板情状。

二

"趣味"是梁启超美学精神的精髓。梁启超认为，趣味是内发情感和外受环境的"交媾"，是个体、众生、自然、宇宙的"迸合"，也是蕴溢"春意"的"美境"。他说："问人类生活于什么？我便一点不迟疑答道：'生活于趣味'"；"假如有人问我：'你信仰的什么主义？'我便答道：'我信仰的是趣味主义？'有人问我：'你的人生观拿什么做根柢？'我便答道：'拿趣味做根柢？'"；"倘若用化学化分'梁启超'这件东西，把里头所含一种元素名叫'趣味'的抽出来，只怕所剩下仅有个'O'了"。梁启超主张"凡人必常常生活于趣味之中，生活才有价值"。他突破了中西美学和艺术思想中将趣味仅仅作为艺术范畴或审美范畴的界定，而拓展为一种广义的生命意趣，倡扬以趣味来创化和观审自然、艺术、人。他以"'知不可而为'主义"与"'为而不有'主义""'无所为而为'主义""生活的艺术化""美术人"等范畴和命题，来阐发趣味之境和趣味之人。他提出"人类固然不能个个都做供给美术的'美术家'，然而不可不个个都做享用美术的'美术人'"。这个"美术人"，实际上就是趣味的人。梁启超的趣味在根底上就是一种不执成败不计得失的不有之为的纯粹生命实践精神，也是一种内蕴责任、从心畅意、不着功利、超逸自在的人生论美学精神。趣味的实现，在梁启超这里，也就是一种生命的自由舒展，是知情意的和谐，是真善美的贯通，是美情的创化，也是创造与欣赏的统一。

梁启超和王国维、蔡元培并称中国现代美学三大开拓者和奠基人。梁启超的美学以趣味为核心范畴，他也是趣味精神的倡导者和力行者。他的人生可以说是践履趣味精神的活生生的典范。他自己说，每天除了睡觉外，没有一分钟一秒钟不是积极的活动，不仅不觉得疲倦，还总是津津有味，兴会淋漓，顺利成功时有乐趣，曲折层累时也有乐趣，问学教人时有乐趣，写字种花时亦有乐趣。他总结自己的趣味哲学，就是"得做且做"，活泼愉快；而不是"得过且过"，烦闷苦痛。

梁启超的夫人卧病半年，他日日陪伴床榻，一面是"病人的呻吟"和"儿女的涕泪"，一面则择空集古诗词佳句，竟成二三百幅对联。他又让友人亲朋依自己所好拣择，再书之以赠。

梁启超的儿女个个成才，一门出了三个院士。他可以说是天底下最懂得也最擅长子女教育的父亲了，他贯彻的就是趣味教育的准则。他称呼孩子们"达达""忠忠""老白鼻""小宝贝庄庄""宝贝思顺"，算得上 20 世纪初年的萌父了。他的家书亲情浓挚，生动活泼，睿智机趣，境界高洁。如他 1927 年 2 月 16 日写给孩子们的信，就回答了长子思成提出的有用无用的问题，既指出只要人人发挥其长贡献于社会即为有用，又指出用有大用和小用之别，最后强调要"莫问收获，但问耕耘"，实质上就是阐发了他所倡扬的趣味精神。对于孩子们的学业，梁启超既主张学有专精，又不赞成太过单调，鼓励子女在所学专业之外学点文学和人文学。生物学是当时新兴的学科，梁启超希望次女思庄修学此科，但思庄自己喜欢图书馆学，梁启超最终还是尊重了思庄自己的趣好。

1926 年 3 月，梁启超因便血入协和医院诊治，主刀医生竟将左右侧弄错，把右侧好肾切除了。梁启超术后不见好转，友人、学生、家人纷纷要问责协和医院，他自己却豁达处之，不仅写信劝解孩子们，还撰文《我的病和协和医院》发表在《晨报副镌》上，替协和辩解，主张还是要支持西医的引进。这样的气度，没有一些趣味的精神，恐难致达。

中国文论讲"文如其人""言为心声"，梁启超的美学文章也是他整个生命神韵和人格精神的生动写照。他以趣味言美，对艺对人，无不以此为赏。他独具只眼，誉杜甫为"情圣"，认为他的美在于"热肠"和"同情"；陶渊明的美并非追求"隐逸"，而在崇尚"自然"。而论屈原，梁启超赞赏他的美就在"All or nothing"的决绝。他批评中国女性文学，"大半以'多愁多病'为美人模范"，不无幽默地宣称"往后文学家描写女性，最要紧先把美人的健康恢复才好"。

梁启超的趣味范畴，突破了囿于审美论或艺术论的单一视域，而将审美、艺术、人生相涵融。梁启超的趣味范畴，在 20 世纪上半叶产生了重要的影响，朱光潜、丰子恺的美学文章中都有大量运用。作为人生论美学的重要范畴之一，趣味在中华美学精神的传承创化中不容忽视，尤其是这一范畴对情的核心作用的肯定和对美情创化的弘扬，更是彰显了中华美学独特的美论取向和美趣神韵。

<h2 style="text-align:center">三</h2>

朱光潜美学思想的核心范畴是"情趣"。他说，"艺术是情趣的活动，艺术的生活也就是情趣丰富的生活"；"所谓人生的艺术化就是人生的情趣化"。

朱光潜的情趣范畴直接受到了梁启超趣味范畴的影响。梁朱渊源颇深。这一点，朱光潜自己多有表述。他曾谈到，自己在"私塾里就酷爱梁启超的《饮冰室文集》"，此书对他"启示一个新天地"；"此后有好多年"，自己是"梁任公先生的热烈的崇拜者"；而且，"就从饮冰室的启示"，"开始对于小说戏剧发生兴趣"。20 世纪 20 年代初，梁启超以"无所为而为主义"亦即不有之为的精神来阐发趣味的范畴，并认为这种主义也就是"生活的艺术化"。30 年代初，朱光潜在《谈美》中集中阐发了情趣的范畴和"人生的艺术化"的命题，认为科学活动（真）、伦理活动（善）、审美活动（美）在最高的层面上是统一的，都是"无所为而为的玩索"，是创造与欣赏、看戏与演戏的统一。朱光潜和梁启超之间既有明显的相通之点，但朱光潜也有自己的发展和特点。如果说，梁启超更重审美人生的伦理品格，强调提情为趣；朱光潜则更重审美人生的艺术情致，重视化情为趣。也可以说，梁启超的"趣味"精神更具崇高之美质，朱光潜的"情趣"精神则更著静柔之旷逸。梁启超是把"无为"转化为不有之"进合"，朱光潜是把"无为"转化为去俗之"玩索"。

朱光潜的《给青年的十二封信》《谈美》《文艺心理学》《诗论》等著作，流播甚广，迄今都是学习美学的入门书。他的文章文字流畅，说理通透，通俗易懂。1925-1933 年，朱光潜留学欧洲，在英法等国学习，先后取得硕士和博士学位。他的《谈美》《文艺心理学》《诗论》等初稿，都在欧洲期间完成。朱自清认为最能代表朱光潜美学特色的是"人生的艺术化"思想。朱自清在《〈谈美〉序》中说："人生的艺术化"是"孟实先生自己最重要的理论。他分人生为广狭两义：艺术虽与'实际人生'有距离，与'整个人生'却并无隔阂；'因为艺术是情趣的表现，而情趣的根源就在人生'"，"孟实先生引读者由艺术走入人生，又将人生纳入艺术之中"，"这样真善美便成了三位一体了"。

朱光潜一生致力于美学的研究和译介，希望将美感的态度推到人生世相，秉承"以出世的精神，做入世的事业"。1924 年，从港大回来的朱光潜，到春晖中学任教，他结识了一批性情相投的好友，尤其欣赏"无世故气，亦无矜持气"的丰子恺和"虽严肃，却不古板不干枯"的朱自清。十年浩劫中，朱光潜被抄家、挨批斗、关牛棚，但他在困境中仍孜孜问学，雅逸洒脱，践行了他自己以情趣为宗旨的人生信条。

朱光潜的《西方美学史》写得平易晓畅，迄今仍是中国人了解学习西方美学最为经典的著作之一，但他最具影响、流播最广的美学著作则首推《谈美》。《谈美》写于 1932 年，被称为《给青年的十二封信》之后的"第十三封信"，也被称为通俗版的"文艺心理学"。实际上，《谈美》就是把审美、艺术、人生串联起来，它的核心宗旨就是让当时的青年，以艺术的精神求人生的美化，即追求"人生的艺术化"。《谈美》正文共 15 篇，第一篇以人与古松的关系为例，分析了实用的、科学的、美感的三种态度，提出了何为美感的问题。接着逐篇切入艺术和审美中的各种具体问题，如距离、移情、快感、联想、想象、灵感、模仿、游戏等，最后终篇为"人生的艺术化"，朱光潜将此命题总结阐发为"慢慢走，欣赏啊"的诗意情趣。这篇文笔优美的美学文章，写得深入浅出，机趣灵动，体现了作者很好的美学修养和高逸的品格胸怀，广为读者喜爱。也正是因为这篇美文,"人生的艺术化"逐渐定型为 20 世纪三、四十年代中国美学、艺术、文化思想中一个重要的理论命题,产生了广泛的影响。

四

宗白华的美学是中国现代美学"哲诗"精神的典范之一。他的美学文章,既是轻松自在的精神散步,又内蕴温暖深沉的诗情哲韵。

朱光潜和宗白华并称中国现代美学的"双峰"。两位大师同年生同年逝,同沐古皖自然人文,同留学欧洲学习哲学和美学,晚年亦同在北京大学任教。他们都学问冠绝,质朴无华,真情真性。20 世纪 50 年代,在北京生活的宗白华常常挎着一个装干粮的挎包,拿着一根竹手杖,挤公共汽车去听戏看展,有时夜深了没有回程车了,他便悠然步行回家。宗白华家里有一尊青玉佛头,他非常喜欢,置于案头,经常把玩,伴其一生。抗战中宗白华曾离家避难,仓促中不忘将佛头先埋入园中枣树下。佛头低眉瞑目,秀美慈祥,朋友们认为宗白华也有神似之韵,戏称之"佛头宗"。宗白华才华横溢,年少成名,20 世纪 30 年代就是中央大学的名教授,当时学术界举足轻重的人物了。但他从不恃才傲物,计较名利。50 年代调到北京大学后,学校给他评了个三级教授,而他的学生都评上二级教授了。宗白华则风神洒脱,坦然处之。

宗白华的美学深味生命之诗情律动。他叩问"小己"和"宇宙"的关系,探研"小我"和"人类"情绪颤动的协和整饬。他提出了一个重要的范畴——生命情调。生命情调在他看来,就是个体生命和宇宙生命的核心,是"至动而有条理""至动而有韵律"的矛盾和谐,是刚健清明、深邃幽旷的"生命在和谐的形式中",既"是极度的紧张",也"回旋着力量,满而不溢"。

宗白华的美学从艺术关照生命与宇宙,把四时万物、自然天地融通为一,意在提携"全世界的生命","得其环中"而"超以象外",能空、能舍,能深、能实,"深入生命节奏的核心",直抵生命的本原和宇宙的真体,超入美境,"给人生以'深度'"。亦正因此,宗白华自豪地说:"我们任何一种生活都可以过,因为我们可以由自己给予它深沉永久的意义。"

《歌德之人生启示》作于 1932 年。文章开篇，宗白华就提出了"人生是什么？人生的真相如何？人生的意义何在？人生的目的是何？"这四个"人生最重大、最中心"的问题。全文以歌德的人生为例，作出了生动深刻的诠释。歌德是宗白华最为推崇的伟大诗人之一，文章内蕴热烈激越的情感，又化绚烂为平静，引动象入秩序，文与诗交错，极富美意哲韵。

在早年作品《青年烦闷的解救法》《新人生观问题的我见》中，宗白华就明确提出了"艺术的人生观"的问题，倡导"艺术的人生态度"和大众艺术教育。他的名篇《中国文化的美丽精神往哪里去》《唐人诗歌中所表现的民族精神》《论〈世说新语〉和晋人的美》等，均将审美、艺术、人生相关联。《唐人诗歌中所表现的民族精神》认为文学是民族精神的象征，唐人诗歌体现的正是中华民族铿锵慷慨的民族自信力。《论〈世说新语〉和晋人的美》论析了晋人简约玄澹、超然绝俗的人格个性和美感神韵。《中国文化的美丽精神往哪里去》则指出中国哲人本能地找到了事物的旋律的秘密，即宇宙生生不已的节奏，而端庄流利的艺术就是其象征物，也是我们和生命、和宇宙对话的具体通道。宗白华在此文中说，在"生存竞争剧烈的时代"，我们的"灵魂粗野了，卑鄙了，怯懦了"，"我们丧尽了生活里旋律的美（盲动而无秩序）、音乐的境界（人与人之间充满了猜忌、斗争）"，"这就是说没有了国魂，没有了构成生命意义、文化意义的高等价值"。他惆怅而尖锐地叩问"中国精神应该往哪里去"？

《中国艺术意境之诞生》是宗白华美学思想最为重要的代表作品之一。该文首次发表于 1943 年，1944 年发表增订稿。他在引言中说："历史上向前一步的进展，往往地伴着向后一步的探本穷源"；"现代的中国站在历史的转折点。新的局面必将展开"。在此文中，宗白华指出中国艺术是中国文化最中心最有世界贡献的方面，而意境恰是中国心灵的幽情壮采的表征。研寻意境的特构，正是中国文化的一种自省。他认为，艺术意境从主观感相的模写，活跃生命的传达，到最高灵境的启示，是一个境界层深的创构，也是人类最高心灵的具体化、肉身化。艺术诗心映射着天地诗心，艺术表演着宇宙的创化。中国的艺术意境传达着中国心灵的宇宙情调。

五

丰子恺被誉为"中国现代最像艺术家的艺术家"。他虽以漫画最负盛名，亦广涉音乐、书法、文学等领域，在画乐诗书中自如穿梭，在诸多方面都取得了很高的成就。他的美学思想是以身说法，身体力行，且高度重视艺术教育的人生意义。

丰家祖居浙西石门。在私塾求学时，丰子恺就善描人像，有"小画家"盛名。后拜李叔同为师，深受影响，痴迷美术和音乐。1919 年 11 月，他和姜丹书、周湘、欧阳予倩等共同发起成立"中华美育会"，这是中国美学史上第一个全国性的美学组织。1920 年 4 月，中华美育会会刊《美育》创办出版，这是中国第一本美育学术刊物，丰子恺是编辑之一。

在《美育》创刊号上，丰子恺发表了《画家之生命》，提出画家之生命不在"表形"，其最要者乃"独立之趣味"。何谓趣味，丰子恺力主其要旨在"真率"。他以"成人"和"孩子"，分别指代实用的、功利的、虚伪的，和艺术的、真率的、趣味的。他说："童心，在大人就是一种'趣味'。培养童心，就是涵养趣味。"这个"童心"，是丰子恺对艺术精神和美感意趣的比喻，而不是真的要人去做回小孩子。在丰子恺这里，"儿童""顽童""小人"各有所指。他讲过一个叫华明的儿童的故事。华明一开始是个"毫无爱美之心，敢用小便去摧残雪景"的顽童。但通过和一对酷爱美术的姐弟逢春和如金的交往，提升了自己的艺术情趣和美感修养，逐渐学会了欣赏艺术、生活、自然中多种多样的美。其中讲到有个夏天月夜，华明和俩姐弟一起欣赏月下竹影，并用木炭在水门汀上描画。"月亮渐渐升上来，竹影渐渐与地上描着的木炭线相分离，现出参差不齐的样子来，好象脱了版的印刷"。华明非常珍惜，和大家告别说："明天日里头来看这地上描着的影子，一定更好看。但希望天不要下雨，洗去了我们的'墨竹'"。这与一开始的顽劣形象，判若两人。在丰子恺这里，"顽童"是少不更事，未失天真，他那颗美的"童心"尚未激活，因此需要艺术和美育。但"小人"就不同了，他是自甘沉沦的大人，是"或者为各种'欲'所迷，或者为物质的困难所压迫"的钻进"世网"的"奴隶"，他们的精神世界是顺从、屈服、消沉、诈伪、险恶、卑怯、浅薄、残忍等种种非艺术的品性。"大人化"在丰子恺这里是个贬义词。他把艺术家比喻为"大儿童",是用"真率"的"童心"来抵御"大人化"的"真艺术家"。丰子恺强调,"真艺术家"即使不画一笔,不吟一字,不唱一句,他的人生也早已是伟大的艺术品,"其生活比有名的艺术家的生活更'艺术'"。

丰子恺的《从梅花说到美》《从梅花说到艺术》《新艺术》《艺术教育的原理》《童心的培养》《艺术与人生》等文,均写得深入浅出,生动易读。抗战期间,他还写了《桂林艺术讲话》(之一、之二、之三),力主"'万物一体'是中华文化思想的大特色",是"最高的艺术论",而"中国是最艺术的国家",我们"必须把艺术活用于生活中","美化人类的生活"。"最伟大的艺术家",就是"以全人类为心的大人格者"。这样的人,在神圣的抗战中,也必至仁有为。他说,美德和技术合成艺术;若误用技术,反而害人。这些思想,都体现了人生论美学家的共同原则,即不将美从鲜活的生活中割裂出去,不主张从理论到理论的封闭的美学路径,而是主张审美艺术人生的统一,倡扬真善美的贯通,引领物我有无出入之超拔。

慢慢走，欣赏啊
——人生的艺术化

　　一直到现在，我们都是讨论艺术的创造与欣赏。在收尾这一节中，我提议约略说明艺术和人生的关系。

　　我在开章明义时就着重美感态度和实用态度的分别，以及艺术和实际人生之中所应有的距离，如果话说到这里为止，你也许误解我把艺术和人生看成漠不相关的两件事。我的意思并不如此。

　　人生是多方面而却相互和谐的整体，把它分析开来看，我们说某部分是实用的活动，某部分是科学的活动，某部分是美感的活动，为正名析理起见，原应有此分别；但是我们不要忘记，完满的人生见于这三种活动的平均发展，它们虽是可分别的而却不是互相冲突的。"实际人生"比整个人生的意义较为窄狭。一般人的错误在把它们认为相等，以为艺术对于"实际人生"既是隔着一层，它在整个人生中也就没有什么价值。有些人为维护艺术的地位，又想把它硬纳到"实际人生"的小范围里去。这般人不但是误解艺术，而且也没有认识人生。我们把实际生活看作整个人生之中的一片段，所以在肯定艺术与实际人生的距离时，并非肯定艺术与整个人生的隔阂。严格地说，离开人生便无所谓艺术，因为艺术是情趣的表现，而情趣的根源就在人生；反之，离开艺术也便无所谓人生，因为凡是创造和欣赏都是艺术的活动，无创造、无欣赏的人生是一个自相矛盾的名词。

人生本来就是一种较广义的艺术。每个人的生命史就是他自己的作品。这种作品可以是艺术的，也可以不是艺术的，正犹如同是一种顽石，这个人能把它雕成一座伟大的雕像，而另一个人却不能使它"成器"，分别全在性分与修养。知道生活的人就是艺术家，他的生活就是艺术作品。

过一世生活好比做一篇文章。完美的生活都有上品文章所应有的美点。

第一，一篇好文章一定是一个完整的有机体，其中全体与部分都息息相关，不能稍有移动或增减。一字一句之中都可以见出全篇精神的贯注。比如陶渊明的《饮酒》诗本来是"采菊东篱下，悠然见南山"，后人把"见"字误印为"望"字，原文的自然与物相遇相得的神情便完全丧失。这种艺术的完整性在生活中叫做"人格"。凡是完美的生活都是人格的表现。大而进退取与，小而声音笑貌，都没有一件和全人格相冲突。不肯为五斗米折腰向乡里小儿，是陶渊明的生命史中所应有的一段文章，如果他错过这一个小节，便失其为陶渊明。下狱不肯脱逃，临刑时还叮咛嘱咐还邻人一只鸡的债，是苏格拉底的生命史中所应有的一段文章，否则他便失其为苏格拉底。这种生命史才可以使人把它当作一幅图画去惊赞，它就是一种艺术的杰作。

其次，"修辞立其诚"是文章的要诀，一首诗或是一篇美文一定是至性深情的流露，存于中然后形于外，不容有丝毫假借。情趣本来是物我交感共鸣的结果。景物变动不居，情趣亦自生生不息。我有我的个性，物也有物的个性，这种个性又随时地变迁而生长发展。每人在某一时会所见到的景物，和每种景物在某一时会所引起的情趣，都有它的特殊性，断不容与另一人在另一时会所见到的景物，和另一景物在另一时会所引起的情趣完全相同。毫厘之差，微妙所在。在这种生生不息的情趣中我们可以见出生命的造化。把这种生命流露于语言文字，就是好文章；把它流露于言行风采，就是美满的生命史。

文章忌俗滥，生活也忌俗滥。俗滥就是自己没有本色而蹈袭别人的成规旧矩。西施患心病，常捧心颦眉，这是自然的流露，所以愈增其美。东施没有心病，强学捧心颦眉的姿态，只能引人嫌恶。在西施是创作，在东施便是滥调。滥调起于生命的干枯，也就是虚伪的表现。"虚伪的表现"就是"丑"，克罗齐已经说过。"风行水上，自然成纹"，文章的妙处如此，生活的妙处也是如此。在什么地位，是怎样的人，感到怎样情趣，便现出怎样言行风采，叫人一见就觉其谐和完整，这才是艺术的生活。

俗语说得好："惟大英雄能本色"，所谓艺术的生活就是本色的生活。世间有两种人的生活最不艺术，一种是俗人，一种是伪君子。"俗人"根本就缺乏本色，"伪君子"则竭力遮盖本色。朱晦庵有一首诗说："半亩方塘一鉴开，天光云影共徘徊。问渠那得清如许？为有源头活水来。"艺术的生活就是有"源头活水"的生活。俗人迷于名利，与世浮沉，心里没有"天光云影"，就因为没有源头活水。他们的大病是生命的干枯。"伪君子"则于这种"俗人"的资格之上，又加上"沐猴而冠"的伎俩。他们的特点不仅见于道德上的虚伪，一言一笑、一举一动，都叫人起不美之感。谁知道风流名士的架子之中掩藏了几多行尸走肉？无论是"俗人"或是"伪君子"，他们都是生活中的"苟且者"，都缺乏艺术家在创造时所应有的良心。像柏格森所说的，他们都是"生命的机械化"，只能作喜剧中的角色。生活落到喜剧里去的人大半都是不艺术的。

艺术的创造之中都必寓有欣赏，生活也是如此。一般人对于一种言行常欢喜说它"好看"、"不好看"，这已有几分是拿艺术欣赏的标准去估量它。但是一般人大半不能彻底，不能拿一言一笑、一举一动纳在全部生命史里去看，他们的"人格"观念太淡薄，所谓"好看"、"不好看"往往只是"敷衍面子"。善于生活者则彻底认真，不让一尘一芥妨碍整个生命的和谐。一般人常以为艺术家是一班最随便的人，其实在艺术范围之内，艺术家是最严肃不过的。在锻炼作品时常呕心呕肝，一笔一划也不肯苟且。王荆公作"春风又绿江南岸"一句诗时，原来"绿"字是"到"字，后来由"到"字改为"过"字，由"过"字改为"入"字，由"入"字改为"满"字，改了十几次之后才定为"绿"字。即此一端可以想见艺术家的严肃了。善于生活者对于生活也是这样认真。曾子临死时记得床上的席子是季路的，一定叫门人把它换过才瞑目。吴季札心里已经暗许赠剑给徐君，没有实行徐君就已死去，他很郑重地把剑挂在徐君墓旁树上，以见"中心契合死生不渝"的风谊。像这一类的言行看来虽似小节，而善于生活者却不肯轻易放过，正犹如诗人不肯轻易放过一字一句一样。小节如此，大节更不消说。董狐宁愿断头不肯掩盖史实，夷齐饿死不愿降周，这种风度是道德的也是艺术的。我们主张人生的艺术化，就是主张对于人生的严肃主义。

艺术家估定事物的价值，全以它能否纳入和谐的整体为标准，往往出于一般人意料之外。他能看重一般人所看轻的，也能看轻一般人所看重的。在看重一件事物时，他知道执著；在看轻一件事物时，他也知道摆脱。艺术的能事不仅见于知所取，尤其见于知所舍。苏东坡论文，谓如水行山谷中，行于其所不得不行，止于其所不得不止。这就是取舍恰到好处，艺术化的人生也是如此。善于生活者对于世间一切，也拿艺术的口胃去评判它，合于艺术口胃者毫毛可以变成泰山，不合于艺术口胃者泰山也可以变成毫毛。他不但能认真，而且能摆脱。在认真时见出他的严肃，在摆脱时见出他的豁达。孟敏堕甑，不顾而去，郭林宗见到以为奇怪。他说："甑已碎，顾之何益？"哲学家斯宾诺莎宁愿靠磨镜过活，不愿当大学教授，怕妨碍他的自由。王徽之居山阴，有一天夜雪初霁，月色清朗，忽然想起他的朋友戴逵，便乘小舟到剡溪去访他，刚到门口便把船划回去。他说："乘兴而来，兴尽而返。"这几件事彼此相差很远，却都可以见出艺术家的豁达。伟大的人生和伟大的艺术都要同时并有严肃与豁达之胜。晋代清流大半只知道豁达而不知道严肃，宋朝理学又大半只知道严肃而不知道豁达。陶渊明和杜子美庶几算得恰到好处。

一篇生命史就是一种作品，从伦理的观点看，它有善恶的分别，从艺术的观点看，它有美丑的分别。善恶与美丑的关系究竟如何呢？

就狭义说，伦理的价值是实用的，美感的价值是超实用的；伦理的活动都是有所为而为，美感的活动则是无所为而为。比如仁义忠信等等都是善，问它们何以为善，我们不能不着眼到人群的幸福。美之所以为美，则全在美的形象本身，不在它对于人群的效用（这并不是说它对于人群没有效用）。假如世界上只有一个人，他就不能有道德的活动，因为有父子才有慈孝可言，有朋友才有信义可言。但是这个想象的孤零零的人还可以有艺术的活动，他还可以欣赏他所居的世界，他还可以创造作品。善有所赖而美无所赖，善的价值是"外在的"，美的价值是"内在的"。

不过这种分别究竟是狭义的。就广义说，善就是一种美，恶就是一种丑。

因为伦理的活动也可以引起美感上的欣赏与嫌恶。希腊大哲学家柏拉图和亚理斯多德讨论伦理问题时都以为善有等级，一般的善虽只有外在的价值，而"至高的善"则有内在的价值。这所谓"至高的善"究竟是什么呢？柏拉图和亚理斯多德本来是一走理想主义的极端，一走经验主义的极端，但是对于这个问题，意见却一致。他们都以为"至高的善"在"无所为而为的玩索"（disinterested contemplation）。这种见解在西方哲学思潮上影响极大，斯宾诺莎、黑格尔、叔本华的学说都可以参证。从此可知西方哲人心目中的"至高的善"还是一种美，最高的伦理的活动还是一种艺术的活动了。

"无所为而为的玩索"何以看成"至高的善"呢？这个问题涉及西方哲人对于神的观念。从耶稣教盛行之后，神才是一个大慈大悲的道德家。在希腊哲人以及近代莱布尼兹、尼采、叔本华诸人的心目中，神却是一个大艺术家，他创造这个宇宙出来，全是为着自己要创造，要欣赏。其实这种见解也并不减低神的身分。耶稣教的神只是一班穷叫化子中的一个肯施舍的财主佬，而一般哲人心中的神，则是以宇宙为乐曲而要在这种乐曲之中见出和谐的音乐家。这两种观念究竟是哪一个伟大呢？在西方哲人想，神只是一片精灵，他的活动绝对自由而不受限制，至于人则为肉体的需要所限制而不能绝对自由。人愈能脱肉体需求的限制而作自由活动，则离神亦愈近。"无所为而为的玩索"是唯一的自由活动，所以成为最上的理想。

这番话似乎有些玄渺，在这里本来不应说及。不过无论你相信不相信，有许多思想却值得当作一个意象悬在心眼前来玩味玩味。我自己在闲暇时也欢喜看看哲学书籍。老实说，我对于许多哲学家的话都很怀疑，但是我觉得他们有趣。我以为穷到究竟，一切哲学系统也都只能当作艺术作品去看。哲学和科学穷到极境，都是要满足求知的欲望。每个哲学家和科学家对于他自己所见到的一点真理（无论它究竟是不是真理）都觉得有趣味，都用一股热忱去欣赏它。真理在离开实用而成为情趣中心时就已经是美感的对象了。"地球绕日运行"、"勾方加股方等于弦方"一类的科学事实，和《密罗斯爱神》或《第九交响曲》一样可以摄魂震魄。科学家去寻求这一类的事实，穷到究竟，也正因为它们可以摄魂震魄。所以科学的活动也还是一种艺术的活动，不但善与美是一体，真与美也并没有隔阂。

艺术是情趣的活动，艺术的生活也就是情趣丰富的生活。人可以分为两种，一种是情趣丰富的，对于许多事物都觉得有趣味，而且到处寻求享受这种趣味。一种是情趣干枯的，对于许多事物都觉得没有趣味，也不去寻求趣味，只终日拼命和蝇蛆在一块争温饱。后者是俗人，前者就是艺术家。情趣愈丰富，生活也愈美满，所谓人生的艺术化就是人生的情趣化。

"觉得有趣味"就是欣赏。你是否知道生活，就看你对于许多事物能否欣赏。欣赏也就是"无所为而为的玩索"。在欣赏时人和神仙一样自由，一样有福。

阿尔卑斯山谷中有一条大汽车路，两旁景物极美，路上插着一个标语牌劝告游人说："慢慢走，欣赏啊！"许多人在这车如流水马如龙的世界过活，恰如在阿尔卑斯山谷中乘汽车兜风，匆匆忙忙地急驰而过，无暇一回首流连风景，于是这丰富华丽的世界便成为一个了无生趣的囚牢。这是一件多么可惋惜的事啊！

朋友，在告别之前，我采用阿尔卑斯山路上的标语，在中国人告别习用语之下加上三个字奉赠：

"慢慢走，欣赏啊！"

（节选自《谈美》，开明书店 1932 年版。）

精彩一句：

人生本来就是一种较广义的艺术。每个人的生命史就是他自己的作品。

小平品鉴：

本文是体现朱光潜人生论美学思想和情趣精神的代表作。

常言道：乾坤一场戏。人生好似一个大舞台，有人可以把自己的角色演得很俗，也有人可以演得很高雅。这就如同阿尔卑斯山山谷中的游人，有些人观光只是为了观光，走马观花，"到此一游"而已，另一些人则慢慢地走，一边走一边欣赏山里的风景。朱光潜借这个例子是要人们知道：人生短暂，为了不至于成为行尸走肉，我们就应该过高雅而有情趣的生活，即处处以艺术化的态度对待人生。艺术化的关键是人要有趣味，善于在生活的点点滴滴之中发现美、欣赏美。这个道理说起来似乎有些简单，但大多数人都难以实现情趣化的生活。关键在于，艺术与生活，哲学与科学，穷到究竟处都走向一个终极的共同目标，即"无所为而为的玩索"。在这个意义上，真、善、美是同一的，最高的伦理是艺术，科学也是；善的就是美的，真的也就是美的。完满的人生在实用的、美感的、科学的这三种活动上，虽可分别却不互相冲突。

看戏与演戏
——两种人生理想

　　莎士比亚说过，世界只是一个戏台。这话如果不错，人生当然也只是一部戏剧。戏要有人演，也要有人看：没有人演，就没有戏看；没有人看，也就没有人肯演。演戏人在台上走台步，作姿势，拉嗓子，喜笑怒骂，悲欢离合，演得酣畅淋漓，尽态极妍；看戏人在台下呆目瞪视，得意忘形，拍案叫好，两方皆大欢喜，欢喜的是人生煞是热闹，至少是这片刻光阴不曾空过。

　　世间人有生来是演戏的，也有生来是看戏的。这演与看的分别主要地在如何安顿自我上面见出。演戏要置身局中，时时把"我"抬出来，使我成为推动机器的枢纽，在这世界中产生变化，就在这产生变化上实现自我；看戏要置身局外，时时把"我"搁在旁边，始终维持一个观照者的地位，吸纳这世界中的一切变化，使它们在眼中成为可欣赏的图画，就在这变化图画的欣赏上面实现自我。因为有这个分别，演戏要热要动，看戏要冷要静。打起算盘来，双方各有盈亏：演戏人为着饱尝生命的跳动而失去流连玩味，看戏人为着玩味生命的形象而失去"身历其境"的热闹。能入与能出，"得其圜中"与"超以象外"，是势难兼顾的。

这分别像是极平凡而琐屑，其实却含着人生理想这个大问题的大道理在里面。古今中外许多大哲学家、大宗教家和大艺术家对于人生理想费过许多摸索，许多争辩，他们所得到的不过是三个不同的简单的结论：一个是人生理想在看戏，一个是它在演戏，一个是它同时在看戏和演戏。

先从哲学说起。

中国主要的固有的哲学思潮是儒道两家。就大体说，儒家能看戏而却偏重演戏，道家根本藐视演戏，会看戏而却也不明白地把看戏当作人生理想。看戏与演戏的分别就是《中庸》一再提起的知与行的分别。知是道问学，是格物穷理，是注视事物变化的真相；行是尊德行，是修身齐家治国平天下，是在事物中起变化而改善人生。前者是看，后者是演。儒家在表面上同时讲究这两套功夫，他们的祖师孔子是一个实行家，也是一个艺术家。放下他着重礼乐诗的艺术教育不说，就只看下面几段话：

> 子在川上曰，逝者如斯夫，不舍昼夜！

> 鸢飞戾天，鱼跃于渊，言其上下察也。

> 天何言哉，天何言哉！四时行焉，百物生焉！

> 今夫天，斯昭昭之多，及其无穷也，日月星辰系焉，万物覆焉；今夫地，一撮土之多，及其广厚，载华岳而不重，振河海而不泄，万物载焉。

对于自然奥妙的赞叹，我们就可以看出儒家很能作阿波罗式的观照，不过儒家究竟不以此为人生的最终目的，人生的最终目的在行，知不过是行的准备。他们说得很明白："物格而后知至，知至而后意诚，意诚而后心正，心正而后身修"，以至于家齐国治天下平。"自明诚，谓之教"，由知而行，就是儒家所着重的"教"。孔子终生周游奔走，"三月无君，则皇皇如也"，我们可以想见他急于要扮演一个角色。

道家老庄并称。老子抱朴守一，法自然，尚无为，持清虚寂寞，观"众妙之门"，玩"无物之象"，五千言大半是一个老于世故者静观人生物理所得到的直觉妙谛。他对于宇宙始终持着一个看戏人的态度。庄子尤其是如此。他齐是非，一生死，逍遥于万物之表，大鹏与鷦鱼，姑射仙人与疱丁，物无大小，都触目成象，触心成理，他自己却"凄然似秋，暖然似春"，哀乐毫无动于衷。他得力于他所说的"心斋"；"心斋"的方法是"若一志，无听之以耳，而听之以心"，它的效验是"虚室生白，吉祥止止"。他在别处用了一个极好的譬喻说："至人之用心若镜，不将不逆，应而不藏。"从这些话看，我们可以看出老子所谓"抱朴守一"，庄子所谓"心斋"，都恰是西方哲学家与宗教家所谓"观照"（contemplation）与佛家所谓"定"或"止观"。不过老庄自己虽在这上面做功夫，却并不想以此立教，或是因为立教仍是有为，或是因为深奥的道理可亲证而不可言传。

在西方，古代及中世纪的哲学家大半以为人生最高目的在观照，就是我们所说的以看戏人的态度体验事物的真相与真理。头一个人明白地作这个主张的是柏拉图。在《会饮》那篇熔哲学与艺术于一炉的对话里，他假托一位女哲人传心灵修养递进的秘诀。那全是一种分期历程的审美教育，一种知解上的冒险长征。心灵开始玩索一朵花、一个美人、一种美德、一门学问、一种社会文物制度的殊相的美，逐渐发现万事万物的共相的美。到了最后阶段，"表里精粗无不到"，就"一旦豁然贯通"，长征者以一霎时的直觉突然看到普涵普盖、无始无终的绝对美——如佛家所谓"真如"或"一真法界"——他就安息在这绝对美的观照里，就没有入这绝对美里而与它合德同流，就借分享它的永恒的生命而达到不朽。这样，心灵就算达到它的长征的归宿，一滴水归源到大海，一个灵魂归源到上帝，柏拉图的这个思想支配了古代哲学，也支配了中世纪耶稣教的神学。

柏拉图的高足弟子亚理斯多德在《伦理学》里想矫正师说，却终于达到同样的结论。人生的最高目的是至善，而至善就是幸福。幸福是"生活得好，做得好"。它不只是一种道德的状态，而是一种活动；如果只是一种状态，它可以不产生什么好结果，比如说一个人在睡眠中；惟其是活动，所以它必见于行为。"犹如在奥林匹克运动会中，夺锦标的不是最美最强悍的人，而是实在参加竞争的选手。"从这番话看，亚理斯多德似主张人生目的在实际行动。但是在绕了一个大弯子以后，到最后终于说，幸福是"理解的活动"，就是"取观照的形式的那种活动"，因为人之所以为人在他的理解方面，理解是人类最高的活动，也是最持久、最愉快、最无待外求的活动。上帝在假设上是最幸福的，上帝的幸福只能表现于知解，不能表现于行动。所以在观照的幸福中，人类几与神明比肩。说来说去，亚理斯多德仍然回到柏拉图的看法：人生的最高目的在看而不在演。

在近代德国哲学中，这看与演的两种人生观也占了很显著的地位。整个的宇宙，自大地山河以至于草木鸟兽，在唯心派哲学家看，只是吾人知识的创造品。知识了解了一切，同时就已创造了一切，人的行动当然也包含在内。这就无异于说，世间一切演出的戏都是在看戏人的一看之中成就的，看的重要可不言而喻。叔本华在这一"看"之中找到悲惨人生的解脱。据他说，人生一切苦恼的源泉就在意志，行动的原动力。意志起于需要或缺乏，一个缺乏填起来了，另一个缺乏就又随之而来，所以意志永无餍足的时候。欲望的满足只"像是扔给乞丐的赈济，让他今天赖以过活，使他的苦可以延长到明天"。这意志虽是苦因，却与生俱来，不易消除，唯一的解脱在把它放射为意象，化成看的对象。意志既化成意象，人就可以由受苦的地位移到艺术观照的地位，于是罪孽苦恼变成庄严幽美。"生命和它的形象于是成为飘忽的幻相掠过他的眼前，犹如轻梦掠过朝睡中半醒的眼，真实世界已由它里面照耀出来，它就不再能蒙昧他。"换句话说，人生苦恼起于演，人生解脱在看。尼采把叔本华的这个意思发挥成一个更较具体的形式。他认为人类生来有两种不同的精神，一是日神阿波罗的，一是酒神狄俄倪索斯的。日神高踞奥林波斯峰顶，一切事物借他的光辉而得形象，他凭高静观，世界投影于他的眼帘如同投影于一面镜，他如实吸纳，却恬然不起忧喜。酒神则趁生命最繁盛的时节，酣饮高歌狂舞，在不断的生命跳动中忘去生命的本来注定的苦恼。从此可知日神是观照的象征，酒神是行动的象征。依尼采看，希腊人的最大成就在悲剧，而悲剧就是使酒神的苦痛挣扎投影于日神的慧眼，使灾祸罪孽成为惊心动魄的图画。从希腊悲剧，尼采悟出"从形象得解脱"（redemption through appearance）的道理。世界如果当作行动的场合，就全是罪孽苦恼；如果当作观照的对象，就成为一件庄严的艺术品。

如果我们比较叔本华、尼采的看法和柏拉图、亚理斯多德的看法，就可看出古希腊人与近代德国人的结论相同，就是人生最高目的在观照；不过着重点微有移动，希腊人的是哲学家的观照，而近代德国人的是艺术家的观照。哲学家的观照以真为对象，艺术家的观照以美为对象。不过这也是粗略的区分。观照到了极境，真也就是美，美也就是真，如诗人济慈所说的，所以柏拉图的心灵精进在最后阶段所见到的"绝对美"就是他所谓"理式"（idea）或真实界（reality）。

宗教本重修行，理应把人生究竟摆在演而不摆在看，但是事实上世界几个大宗教没有一个不把观照看成修行的不二法门。最显著的当然是佛教。在佛教看，人生根本孽是贪嗔痴。痴又叫做"无明"。这三孽之中，无明是最根本的，因为无明，才执着法与我，把幻相看成真实，把根尘当作我有，于是有贪有嗔，陷于生死永劫。所以人生究竟解脱在破除无明以及它连带的法我执。破除无明的方法是六波罗蜜（意谓"度"，"到彼岸"，就是"度到涅槃的岸"），其中初四——布施、持戒、忍辱、精进——在表面上似侧重行，其实不过是最后两个阶段——禅定、智慧——的预备，到了禅定的境界，"止观双运"，于是就起智慧，看清万事万物的真相，断除一切孽障执着，到涅槃（圆寂），证真如，功德就圆满了。佛家把这种智慧叫做"大圆镜智"，《佛地经论》作这样解释：

> 如圆镜极善摩莹，鉴净无垢，光明遍照；如是如来大圆镜智于佛智上一切烦恼所知障垢永出离故，极善摩莹；为依止定所摄持故，鉴净无垢；作诸众生利乐事故，光明遍照。

> 如圆镜上非一众多诸影象起，而圆镜上无诸影象，而此圆镜无动无作；如是如来圆镜智上非一众多诸智影起，圆镜智上无诸智影，而此智镜无动无作。

这譬喻很可以和尼采所说的阿波罗精神对照，也很可以见出大乘佛家的人生理想与柏拉图的学说不谋而合。人要把心磨成一片大圆镜，光明普照，而自身却无动无作。

佛教在中国，成就最大的一宗是天台，最流行的一宗是净土。天台宗的要义在止观，净土宗的要义在念佛往生，都是在观照上做修持的功夫。所谓"止观"就是静坐摄心入定，默观佛法与佛相，净土则偏重念佛名，观佛相，以为如此即可往生西方极乐世界（所谓"净土"）。依《文殊般若经》说：

> 若善男子善女子，应在空间处，舍诸乱意，随佛方所，端身正向，不取相貌，系心一佛，专称名字，念无休息，即是念中，能见过现未来三世诸佛。

这种凝神观照往往产生中世纪耶教徒所谓"灵见"（visions），对象或为佛相，或为庄严宝塔，或为极乐世界。佛家往往用文字把他们的"灵见"表现成想象丰富的艺术作品，像《无量寿经》、《阿弥陀经》之类作品大抵都是这样产生出来的。往生净土是他们的最后目的，其实这净土仍是心中幻影，所谓往生仍是在观照中成就，不一定在地理上有一种搬迁。

这一切在耶稣教中都可以找到它的类似。耶稣自己，像释迦一样，是经过一个长期静坐默想而后证道的。"天国就在你自己心里"，这句话也有唤醒人返求诸心的倾向。不过早期的神父要和极艰窘的环境奋斗，精力大半耗于奔走布道和避免残杀。到了三世纪以后，耶稣教的神学逐渐与希腊哲学合流，形成所谓"新柏拉图派"的神秘主义，于是观照成为修行的要诀。依这派的学说，人的灵魂原与上帝一体，没有肉体感官的障碍，所以能观照永恒真理。投生以后，它就依附了肉体，就有欲也就有障。人在灵方面仍近于神，在肉方面则近于兽，肉是一切罪孽的根源，灵才是人的真性。所以修行在以灵制欲，在离开感官的生活而凝神于思想与观照，由是脱尽尘障，在一种极乐的魂游（ecstasy）中回到上帝的怀里，重新和他成为一体。中世纪神学家把"知"看成心灵的特殊功能，唯一的人神沟通的桥梁。"知"有三个等级：感觉（cognition）、思考（meditation）和观照（contemplation）。观照是最高的阶段，它不但不要假道于感觉，也无须用概念的思考，它是感觉和思考所不能跻攀的知的胜境，一种直觉，一种神佑的大彻大悟。只有借这观照，人才能得到所谓"神福的灵见"（beatific vision），见到上帝，回到上帝，永远安息在上帝里面。达到这种"神福的灵见"，一个耶稣徒就算达到人生的最高理想。

这种哲学或神学的基础，加上中世纪的社会扰乱，酿成寺院的虔修制度。现世既然恶浊，要避免它的薰染，僧侣于是隐到与人世隔绝的寺院里，苦行持戒，默想现世的罪孽，来世的希望和上帝的博大仁慈。他们的经验恰和佛教徒的一样，由于高度的自催眠作用，默想果然产生了许多"灵见"；地狱的厉鬼，净界的烈焰，天堂的神仙的福境，都活灵活现地现在他们的凝神默索的眼前。这些"灵见"写成书，绘成画，刻成雕像，就成中世纪的灿烂辉煌的文学与艺术。在意大利，成就尤其烜赫。但丁的《神曲》就是无数"灵见"之一，它可以看成耶稣教的《阿弥陀经》。

我们只举佛耶两教做代表就够了。道教本着长生久视的主旨，后来又沿袭了许多佛教的虔修秘诀；回教本由耶教演变成的，特别流连于极乐世界的感官的享乐。总之，在较显著的宗教中，或是因为特重心灵的知的活动，或是寄希望于比现世远较完美的另一世界，人生的最高理想都不摆在现世的行动而摆在另一世界的观照。宗教的基本精神在看而不在演。

最后，谈到文艺，它是人生世相的返照，离开观照，就不能有它的生存。文艺说来很简单，它是情趣与意象的融会，作者寓情于景，读者因景生情。比如说，"昔我往矣，杨柳依依，今我来思，雨雪霏霏"一章诗写出一串意象、一幅景致，一幕戏剧动态。有形可见者只此，但是作者本心要说的却不只此，他主要地是要表现一种时序变迁的感慨。这感慨在这章诗里虽未明白说出而却胜于明白说出；它没有现身而却无可否认地是在那里。这事细想起来，真是一个奇迹。情感是内在的，属我的，主观的，热烈的，变动不居，可体验而不可直接描绘的；意象是外在的，属物的，客观的，冷静的，成形即常住，可直接描绘而却不必使任何人都可借以有所体验的。如果借用尼采的譬喻来说，情感是狄俄倪索斯的活动，意象是阿波罗的观照；所以不仅在悲剧里（如尼采所说的），在一切文艺作品里，我们都可以见出狄俄倪索斯的活动投影于阿波罗的观照，见出两极端冲突的调和，相反者的同一。但是在这种调和与同一中，占有优势与决定性的倒不是狄俄倪索斯而是阿波罗，是狄俄倪索斯沉没到阿波罗里面，而不是阿波罗沉没到狄俄倪索斯里面。所以我们尽管有丰富的人生经验，有深刻的情感，若是止于此，我们还是站在艺术的门外，要升堂入室，这些经验与情感必须经过阿波罗的光辉照耀，必须成为观照的对象。由于这个道理，观照（这其实就是想象，也就是直觉）是文艺的灵魂；也由于这个道理，诗人和艺术家们也往往以观照为人生的归宿。我们试想一想：

> 目送飞鸿，手挥五弦，俯仰自得，游心太玄。——嵇康

> 仰视碧天际，俯瞰渌水滨，寥阒无涯观，寓目理自陈。大矣造化工，万殊莫不均。群籁虽参差，适我无非新。——王羲之

> 采菊东篱下，悠然见南山。山气日夕佳，飞鸟相与还。此中有真意，欲辨已忘言。——陶潜

> 侧身天地长怀古，独立苍茫自咏诗。——杜甫

从诸诗所表现的胸襟气度与理想，就可以明白诗人与艺术家如何在静观默玩中得到人生的最高乐趣。

就西方文艺来说，有三部名著可以代表西方人生观的演变：在古代是柏拉图的《会饮》，在中世纪是但丁的《神曲》，在近代是歌德的《浮士德》。《会饮》如上文已经说过的，是心灵的审美教育方案；这教育的历程是由感觉经理智到慧解，由殊相到共相，由现象到本体，由时空限制到超时空限制；它的终结是在沉静的观照中得到豁然大悟，以及个体心灵与弥漫宇宙的整一的纯粹的大心灵合德同流。由古希腊到中世纪，这个人生理想没有经过重大的变迁，只是加上耶教神学的渲染。《神曲》在表面上只是一部游记，但丁叙述自己游历地狱、净界与天堂的所见所闻；但是骨子里它是一部寓言，叙述心灵由罪孽经忏悔到解脱的经过，但丁自己就象征心灵，三界只是心灵的三种状态，地狱是罪孽状态，净界是忏悔洗刷状态，天堂是得解脱蒙神福状态。心灵逐步前进，就是逐步超升，到了最高天，它看见玫瑰宝座中坐的诸圣诸仙，看见圣母，最后看见了上帝自己。在这"神福的灵见"里，但丁（或者说心灵）得到最后的归宿，他"超脱"了，归到上帝怀里了，《神曲》于是终止。这种理想大体上仍是柏拉图的，所不同者柏拉图的上帝是"理式"，绝对真实界本体，无形无体的超时超

空的普运周流的大灵魂；而但丁则与中世纪神学家们一样，多少把上帝当作一个人去想：他糅合神性与人性于一体，有如耶稣。

从但丁糅合柏拉图哲学与耶教神学，把人生的归宿定为"神福的灵见"以后，过了五百年到近代，人生究竟问题又成为思辨的中心，而大诗人歌德代表近代人给了一个彻底不同的答案。就人生理想来说，《浮士德》代表西方思潮的一个极大的转变。但丁所要解脱的是象征情欲的三猛兽和象征愚昧的黑树林。到浮士德，情境就变了，他所要解脱的不是愚昧而是使他觉得腻味的丰富的知识。理智的观照引起他的心灵的烦躁不安。"物极思返"，浮士德于是由一位闭户埋头的书生变成一位与厉鬼定卖魂约的冒险者，由沉静的观照跳到热烈而近于荒唐的行动。在《神曲》里，象征信仰与天恩的贝雅特里齐，在《浮士德》里于是变成天真而却蒙昧无知的玛嘉丽特。在《神曲》里是"神福的灵见"，在《浮士德》里于是变成"狂飙突进"。阿波罗退隐了，狄俄倪索斯于是横行无忌。经过许多放纵不羁的冒险行动以后，浮士德的顽强的意志也终于得到净化，而净化的原动力却不是观照而是一种有道德意义的行动。他的最后的成就也就是他的最高的理想的实现，从大海争来一片陆地，把它垦成沃壤，使它效用于人类社会。这理想可以叫做"自然的征服"。

这浮士德的精神真正是近代的精神，它表现于一些睥睨一世的雄才怪杰，表现于一些掀天动地的历史事变。各时代都有它的哲学辩护它的活动，在近代，尼采的超人主义唤起许多癫狂者的野心，扬谛理（Gentile）的"为行动而行动"的哲学替法西斯的横行奠定了理论的基础。

这真是一个大旋转。从前人恭维一个人，说"他是一个肯用心的人"（a thoughtful man），现在却说"他是一个活动分子"（an active man）。这旋转是向好还是向坏呢？爱下道德判断的人们不免起这个疑问。答案似难一致。自幸生在这个大时代的"活动分子"会赞叹现代生命力的旺盛。而"肯用心的人"或不免忧虑信任盲目冲动的危险。这种见解的分歧在骨子里与文艺方面古典与浪漫的争执是一致的。古典派要求意象的完美，浪漫派要求情感的丰富，还是冷静与热烈动荡的分别。文艺批评家们说，这分别是粗浅而村俗的，第一流文艺作品必定同时是古典的与浪漫的，必定是丰富的情感表现于完美的意象。把这见解应用到人生方面，显然的结论是：理想的人生是由知而行，由看而演，由观照而行动。这其实是一个老结论。苏格拉底的"知识即德行",孔子的"自明诚",王阳明的"知行合一",意义原来都是如此。但是这还是侧重行动的看法。止于知犹未足,要本所知去行,才算功德圆满。这正犹如尼采在表面上说明了日神与酒神两种精神的融合,实际上仍是以酒神精神沉没于日神精神,以行动投影于观照。所以说来说去,人生理想还只有两个,不是看,就是演;知行合一说仍以演为归宿,日神酒神融合说仍以看为归宿。

近代意大利哲学家克罗齐另有一个看法,他把人类心灵活动分为知解(艺术的直觉与科学的思考)与实行(经济的活动与道德的活动)两大阶段,以为实行必据知解,而知解却可独立自足。一个人可以终止于艺术家,实现美的价值;可以终止于思想家,实现真的价值;可以终止于经济政治家,实现用的价值;也可以终止于道德家,实现善的价值。这四种人的活动在心灵进展次第上虽是一层高似一层,却各有千秋,各能实现人生价值的某一面。这就是说,看与演都可以成为人生的归宿。

这看法容许各人依自己的性之所近而抉择自己的人生理想,我以为是一个极合理的看法。人生理想往往决定于各个人的性格。最聪明的办法是让生来善看戏的人们去看戏,生来善演戏的人们来演戏。上帝造人,原来就不只是用一个模型。近代心理学家对于人类原型的分别已经得到许多有意义的发现,很可以作解决本问题的参考。最显著的是荣格(Jung)的"内倾"与"外倾"的分别。内倾者(introvert)倾心力向内,重视自我的价值,好孤寂,喜默想,无意在外物界发动变化;外倾者(extrovert)倾心力向外,重视外界事物的价值,好社交,喜活动,常要在外物界起变化而无暇返观默省。简括地说,内倾者生来爱看戏,外倾者生来爱演戏。

人生来既有这种类型的分别,人生理想既大半受性格决定,生来爱看戏的以看为人生归宿,生来爱演戏的以演为人生归宿,就是理所当然的事了。双方各有乐趣,各是人生的实现,我们各不妨碍其所好,正不必强分高下,或是勉强一切人都走一条路。人性不只是一样,理想不只是一个,才见得这世界的恢阔和人生的丰富。犬儒派哲学家第欧根尼(Diogenes)静坐在一个木桶里默想,勋名盖世的亚力山大帝慕名去访他,他在桶里坐着不动。客人介绍自己说:"我是亚力山大帝。"他回答说:"我是犬儒第欧根尼。"客人问:"我有什么可以帮你的忙么？"他回答："只请你站开些，不要挡着太阳光。"这样就匆匆了结一个有名的会晤。亚力山大帝觉得这犬儒甚可羡慕，向人说过一句心里话："如果我不是亚力山大，我很愿做第欧根尼。"无如他是亚力山大，这是一件前生注定丝毫不能改动的事，他不能做第欧根尼。这是他的悲剧，也是一切人所同有的悲剧。但是这亚力山大究竟是一个了不起的人物，是亚力山大而能见到做第欧根尼的好处。比起他来，第欧根尼要低一层。"不要挡着太阳光！"那句话含着几多自满与骄傲，也含着几多偏见与狭量啊！

要较量看戏与演戏的长短，我们如果专请教于书本，就很难得公平。我们要记得：柏拉图、庄子、释迦、耶稣、但丁……这一长串人都是看戏人，所以留下一些话来都是袒护看戏的人生观。此外还有更多的人，像秦始皇、大流士、亚力山大、忽必烈、拿破仑……以及无数开山凿河、垦地航海的无名英雄毕生都在忙演戏，他们的人生哲学表现在他们的生活，所以不曾留下话来辩护演戏的人生观。他们是忠实于自己的性格，如果留下话来，他们也就势必变成看戏人了。据说罗兰夫人上了断头台，才想望有一枝笔可以写出她的临终的感想。我们固然希望能读到这位女革命家的自供，可是其实这是多余的。整部历史，这一部轰轰烈烈的戏，不就是演戏人们的最雄辩的供状么？

英国散文家斯蒂文森（R. L. Stevenson）在一篇叫做《步行》的小品文里有一段话说得很美，可惜我的译笔不能传出那话的风味，它的大意是：

> 我们这样匆匆忙忙地做事，写东西，挣财产，想在永恒时间的嘲笑的静默中有一刹那使我们的声音让人可以听见，我们竟忘掉一件大事，在这件大事之中这些事只是细目，那就是生活。我们钟情，痛饮，在地面来去匆匆，像一群受惊的羊。可是你得问问你自己：在一切完了之后，你原来如果坐在家里炉旁快快活活地想着，是否比较更好些。静坐着默想——记起女子们的面孔而不起欲念，想到人们的丰功伟业，快意而不美慕，对一切事物和一切地方有同情的了解，而却安心留在你所在的地方和身份——这不是同时懂得智慧和德行，不是和幸福住在一起吗？说到究竟，能拿出会游行来开心的并不是那些扛旗子游行的人们，而是那些坐在房子里眺望的人们。

这也是一番袒护看戏的话。我们很能了解斯蒂文森的聪明的打算，而且心悦诚服地随他站在一条线上——我们这批袖手旁观的人们。但是我们看了那出会游行而开心之后，也要深心感激那些扛旗子的人们。假如他们也都坐在房子里眺望，世间还有什么戏可看呢？并且，他们不也在开心么？你难道能否认？

（原刊《文学杂志》1947 年第 2 卷第 2 期。）

精彩一句：

戏要有人演，也要有人看。没有人演，就没有戏看；没有人看，也就没有人肯演。

小平品鉴：

这篇文章很能见出朱光潜中西学问融会、古今知识贯通的大家功力，也是体现朱氏情趣人生论美学思想的名篇之一。

朱光潜认为，人生好似一个大舞台，有演戏的，也有看戏的。有的人的理想在看戏，有的则在演戏，还有的人既看戏又演戏。朱光潜的观点其实是调和的，不偏袒任何一方。至于他自己的人生理想应该说兼有"演"和"看"两者，主张把"看"和"演"、"知"和"行"有机地统一于个体的人身上。天下有道，则偏于儒家（行大于知）；天下无道，则退而守于道家（知大于行）。当然，这也只是大体相对一种环境而言的。他自己常说的一句话，最能反映这一精义："以出世的精神做入世的事业！"

我们对于一棵古松的三种态度
——实用的、科学的、美感的

我刚才说，一切事物都有几种看法。你说一件事物是美的或是丑的，这也只是一种看法。换一个看法，你说它是真的或是假的；再换一种看法，你说它是善的或是恶的。同是一件事物，看法有多种，所看出来的现象也就有多种。

比如园里那一棵古松，无论是你是我或是任何人一看到它，都说它是古松。但是你从正面看，我从侧面看，你以幼年人的心境去看，我以中年人的心境去看，这些情境和性格的差异都能影响到所看到的古松的面目。古松虽只是一件事物，你所看到的和我所看到的古松却是两件事。假如你和我各把所得的古松的印象画成一幅画或是写成一首诗，我们俩艺术手腕尽管不分上下，你的诗和画与我的诗和画相比较，却有许多重要的异点。这是什么缘故呢？这就由于知觉不完全是客观的，各人所见到的物的形象都带有几分主观的色彩。

假如你是一位木商，我是一位植物学家，另外一位朋友是画家，三人同时来看这棵古松。我们三人可以说同时都"知觉"到这一棵树，可是三人所"知觉"到的却是三种不同的东西。你脱离不了你的木商的心习，你所知觉到的只是一棵做某事用值几多钱的木料。我也脱离不了我的植物学家的心习，我所知觉到的只是一棵叶为针状、果为球状、四季常青的显花植物。我们的朋友——画家——什么事都不管，只管审美，他所知觉到的只是一棵苍翠劲拔的古树。我们三人的反应态度也不一致。你心里盘算它是宜于架屋或是制器，思量怎样去买它，砍它，运它。我把它归到某类某科里去，注意它和其他松树的异点，思量它何以活得这样老。我们的朋友却不这样东想西想，他只在聚精会神地观赏它的苍翠的颜色，它的盘屈如龙蛇的线纹以及它的昂然高举、不受屈挠的气概。

从此可知这棵古松并不是一件固定的东西，它的形象随观者的性格和情趣而变化。各人所见到的古松的形象都是各人自己性格和情趣的返照。古松的形象一半是天生的，一半也是人为的。极平常的知觉都带有几分创造性；极客观的东西之中都有几分主观的成分。

美也是如此。有审美的眼睛才能见到美。这棵古松对于我们的画画的朋友是美的，因为他去看它时就抱了美感的态度。你和我如果也想见到它的美，你须得把你那种木商的实用的态度丢开，我须得把植物学家的科学的态度丢开，专持美感的态度去看它。

这三种态度有什么分别呢？

先说实用的态度。做人的第一件大事就是维持生活。既要生活，就要讲究如何利用环境。"环境"包含我自己以外的一切人和物在内，这些人和物有些对于我的生活有益，有些对于我的生活有害，有些对于我不关痛痒。我对于他们于是有爱恶的情感，有趋就或逃避的意志和活动。这就是实用的态度。实用的态度起于实用的知觉，实用的知觉起于经验。小孩子初出世，第一次遇见火就伸手去抓，被它烧痛了，以后他再遇见火，便认识它是什么东西，便明了它是烧痛手指的，火对于他于是有意义。事物本来都是很混乱的，人为便利实用起见，才像被火烧过的小孩子根据经验把四围事物分类立名，说天天吃的东西叫做"饭"，天天穿的东西叫做"衣"，某种人是朋友，某种人是仇敌，于是事物才有所谓"意义"。意义大半都起于实用。在许多人看，衣除了是穿的，饭除了是吃的，女人除了是生小孩的一类意义之外，便寻不出其他意义。所谓"知觉"，就是感官接触某种人或物时心里明了他的意义。明了他的意义起初都只是明了他的实用。明了实用之后，才可以对他起反应动作，或是爱他，或是恶他，或是求他，或是拒他，木商看古松的态度便是如此。

科学的态度则不然。它纯粹是客观的、理论的。所谓客观的态度就是把自己的成见和情感完全丢开，专以"无所为而为"的精神去探求真理。理论是和实用相对的。理论本来可以见诸实用，但是科学家的直接目的却不在于实用。科学家见到一个美人，不说我要去向她求婚，她可以替我生儿子，只说我看她这人很有趣味，我要来研究她的生理构造，分析她的心理组织。科学家见到一堆粪，不说它的气味太坏，我要掩鼻走开，只说这堆粪是一个病人排泄的，我要分析它的化学成分，看看有没有病菌在里面。科学家自然也有见到美人就求婚，见到粪就掩鼻走开的时候，但是那时候他已经由科学家还到实际人的地位了。科学的态度之中很少有情感和意志，它的最重要的心理活动是抽象的思考。科学家要在这个混乱的世界中寻出事物的关系和条理，纳个物于概念，从原理演个例，分出某者为因，某者为果，某者为特征，某者为偶然性。植物学家看古松的态度便是如此。

木商由古松而想到架屋、制器、赚钱等等，植物学家由古松而想到根茎花叶、日光水分等等，他们的意识都不能停止在古松本身上面。不过把古松当作一块踏脚石，由它跳到和它有关系的种种事物上面去。所以在实用的态度中和科学的态度中，所得到的事物的意象都不是独立的、绝缘的，观者的注意力都不是专注在所观事物本身上面的。注意力的集中，意象的孤立绝缘，便是美感的态度的最大特点。比如我们的画画的朋友看古松，他把全副精神都注在松的本身上面，古松对于他便成了一个独立自足的世界。他忘记他的妻子在家里等柴烧饭，他忘记松树在植物教科书里叫做显花植物，总而言之，古松完全占领住他的意识，古松以外的世界他都视而不见、听而不闻了。他只把古松摆在心眼面前当做一幅画去玩味。他不计较实用，所以心中没有意志和欲念；他不推求关系、条理、因果等等，所以不用抽象的思考。这种脱净了意志和抽象思考的心理活动叫做"直觉"，直觉所见到的孤立绝缘的意象叫做"形象"。美感经验就是形象的直觉，美就是事物呈现形象于直觉时的特质。

实用的态度以善为最高目的，科学的态度以真为最高目的，美感的态度以美为最高目的。在实用态度中，我们的注意力偏在事物对于人的利害，心理活动偏重意志；在科学的态度中，我们的注意力偏在事物间的互相关系，心理活动偏重抽象的思考；在美感的态度中，我们的注意力专在事物本身的形象，心理活动偏重直觉。真善美都是人所定的价值，不是事物所本有的特质。离开人的观点而言，事物都混然无别，善恶、真伪、美丑就漫无意义。真善美都含有若干主观的成分。

就"用"字的狭义说，美是最没有用处的。科学家的目的虽只在辨别真伪，他所得的结果却可效用于人类社会。美的事物如诗文、图画、雕刻、音乐等等都是寒不可以为衣，饥不可以为食的。从实用的观点看，许多艺术家都是太不切实用的人物。然则我们又何必来讲美呢？人性本来是多方的，需要也是多方的。真善美三者俱备才可以算完全的人。人性中本有饮食欲，渴而无所饮，饥而无所食，固然是一种缺乏；人性中本有求知欲而没有科学的活动，本有美的嗜好而没有美感的活动，也未始不是一种缺乏。真和美的需要也是人生中的一种饥渴——精神上的饥渴。疾病衰老的身体才没有口腹的饥渴。同理，你遇到一个没有精神上的饥渴的人或民族，你可以断定他的心灵已到了疾病衰老的状态。

人所以异于其他动物的就是于饮食男女之外还有更高尚的企求，美就是其中之一。是壶就可以贮茶，何必又求它形式、花样、颜色都要好看呢？吃饱了饭就可以睡觉，何必又呕心血去做诗、画画、奏乐呢？"生命"是与"活动"同义的，活动愈自由生命也就愈有意义。人的实用的活动全是有所为而为，是受环境需要限制的；人的美感的活动全是无所为而为，是环境不需要他活动而他自己愿意去活动的。在有所为而为的活动中，人是环境需要的奴隶；在无所为而为的活动中，人是自己心灵的主宰。这是单就人说，就物说呢，在实用的和科学的世界中，事物都借着和其他事物发生关系而得到意义，到了孤立绝缘时就都没有意义；但是在美感世界中它却能孤立绝缘，却能在本身现出价值。照这样看，我们可以说，美是事物的最有价值的一面，美感的经验是人生中最有价值的一面。

许多轰轰烈烈的英雄和美人都过去了，许多轰轰烈烈的成功和失败也都过去了，只有艺术作品真正是不朽的。数千年前的《采采卷耳》和《孔雀东南飞》的作者还能在我们心里点燃很强烈的火焰，虽然在当时他们不过是大皇帝脚下的不知名的小百姓。秦始皇并吞六国，统一车书，曹孟德带八十万人马下江东，舳舻千里，旌旗蔽空，这些惊心动魄的成败对于你有什么意义？对于我有什么意义？但是长城和《短歌行》对于我们还是很亲切的，还可以使我们心领神会这些骸骨不存的精神气魄。这几段墙在，这几句诗在，他们永远对于人是亲切的。由此类推，在几千年或是几万年以后看现在纷纷扰扰的"帝国主义"、"反帝国主义"、"主席"、"代表"、"电影明星"之类对于人有什么意义？我们这个时代是否也有类似长城和《短歌行》的纪念坊留给后人，让他们觉得我们也还是很亲切的么？悠悠的过去只是一片漆黑的天空，我们所以还能认识出来这漆黑的天空者，全赖思想家和艺术家所散布的几点星光。朋友，让我们珍重这几点星光！让我们也努力散布几点星光去照耀那和过去一般漆黑的未来！

（节选自《谈美》，开明书店 1932 年版。）

精彩一句：

"生命"是与"活动"同义的，活动愈自由生命也就愈有意义。

小平品鉴：

本文通过人对一棵古松的三种不同态度，揭示了人有三种基本活动及其相关特性。审美是非概念性的超功利性的非实用的无目的观照。

朱光潜虽然借用了西方的直觉说、距离说、移情说等，但他不像西方学者那样仅仅从知识论角度出发，而是把艺术和人生联系在一起。我们知道，中国传统儒家思想虽没有西方那种纯粹的形而上学和美学构架，但却有道德、哲学、美学融为一体的思想系统。有人称之为"实践理性"，以示和西方的"理论理性"相区别。不管怎样，朱光潜早期美学思想也倾注着这种道德关怀的"情结"。他对艺术功用的思考多是放在人生（道德实践）这一基准上，审美的超功利性和非概念性的揭示，实际上是要去实用世界之外画出一个"无所为而为"的美感世界。朱光潜坚信，美是事物的最有价值的一面，美感的经验是人生中最有价值的一面。

当局者迷，旁观者清
——艺术和实际人生的距离

有几件事实我觉得很有趣味，不知道你有同感没有？

我的寓所后面有一条小河通莱茵河。我在晚间常到那里散步一次，走成了习惯，总是沿东岸去，过桥沿西岸回来。走东岸时我觉得西岸的景物比东岸的美；走西岸时适得其反，东岸的景物又比西岸的美。对岸的草木房屋固然比较这边的美，但是它们又不如河里的倒影。同是一棵树，看它的正身本极平凡，看它的倒影却带有几分另一世界的色彩。我平时又欢喜看烟雾朦胧的远树，大雪笼盖的世界和更深夜静的月景。本来是习见不以为奇的东西，让雾、雪、月盖上一层白纱，便见得很美丽。

北方人初看到西湖，平原人初看到峨嵋，虽然审美力薄弱的村夫，也惊讶它们的奇景；但在生长在西湖或峨嵋的人除了以居近名胜自豪以外，心里往往觉得西湖和峨嵋实在也不过如此。新奇的地方都比熟悉的地方美，东方人初到西方，或是西方人初到东方，都往往觉得面前景物件件值得玩味。本地人自以为不合时尚的服装和举动，在外方人看，却往往有一种美的意味。

古董癖也是很奇怪的。一个周朝的铜鼎或是一个汉朝的瓦瓶在当时也不过是盛酒盛肉的日常用具，在现在却变成很稀有的艺术品。固然有些好古董的人是贪它值钱，但是觉得古董实在可玩味的人却不少。我到外国人家去时，主人常欢喜拿一点中国东西给我看。这总不外瓷罗汉，蟒袍、渔樵耕读图之类的装饰品，我看到每每觉得羞涩，而主人却诚心诚意地夸奖它们好看。

种田人常羡慕读书人，读书人也常羡慕种田人。竹篱瓜架旁的黄粱浊酒和朱门大厦中的山珍海鲜，在旁观者所看出来的滋味都比当局者亲口尝出来的好。读陶渊明的诗，我们常觉到农人的生活真是理想的生活，可是农人自己在烈日寒风之中耕作时所尝到的况味，绝不似陶渊明所描写的那样闲逸。

人常是不满意自己的境遇而羡慕他人的境遇，所以俗语说："家花不比野花香"。人对于现在和过去的态度也有同样的分别。本来是很酸辛的遭遇到后来往往变成很甜美的回忆。我小时在乡下住，早晨看到的是那几座茅屋，几畦田，几排青山，晚上看到的也还是那几座茅屋，几畦田，几排青山，觉得它们真是单调无味，现在回忆起来，却不免有些留恋。

这些经验你一定也注意到的。它们是什么缘故呢？

这全是观点和态度的差别。看倒影，看过去，看旁人的境遇，看稀奇的景物，都好比站在陆地上远看海雾，不受实际的切身的利害牵绊，能安闲自在地玩味目前美妙的景致。看正身，看现在，看自己的境遇，看习见的景物，都好比乘海船遇着海雾，只知它妨碍呼吸，只嫌它耽误程期，预兆危险，没有心思去玩味它的美妙。持实用的态度看事物，它们都只是实际生活的工具或障碍物，都只能引起欲念或嫌恶。要见出事物本身的美，我们一定要从实用世界跳开，以"无所为而为"的精神欣赏它们本身的形象。总而言之，美和实际人生有一个距离，要见出事物本身的美，须把它摆在适当的距离之外去看。

再就上面的实例说，树的倒影何以比正身美呢？它的正身是实用世界中的一片段，它和人发生过许多实用的关系。人一看见它，不免想到它在实用上的意义，发生许多实际生活的联想。它是避风息凉的或是架屋烧火的东西。在散步时我们没有这些需要，所以就觉得它没有趣味。倒影是隔着一个世界的，是幻境的，是与实际人生无直接关联的。我们一看到它，就立刻注意到它的轮廓线纹和颜色，好比看一幅图画一样。这是形象的直觉，所以是美感的经验。总而言之，正身和实际人生没有距离，倒影和实际人生有距离，美的差别即起于此。

同理，游历新境时最容易见出事物的美。习见的环境都已变成实用的工具。比如我久住在一个城市里面，出门看见一条街就想到朝某方向走是某家酒店，朝某方向走是某家银行；看见了一座房子就想到它是某个朋友的住宅，或是某个总长的衙门。这样的"由盘而之钟"，我的注意力就迁到旁的事物上去，不能专心致志地看这条街或是这座房子究竟象个什么样子。在崭新的环境中，我还没有认识事物的实用的意义，事物还没有变成实用的工具，一条街还只是一条街而不是到某银行或某酒店的指路标，一座房子还只是某颜色某线形的组合而不是私家住宅或是总长衙门，所以我能见出它们本身的美。

一件本来惹人嫌恶的事情，如果你把它推远一点看，往往可以成为很美的意象。卓文君不守寡，私奔司马相如，陪他当垆卖酒。我们现在把这段情史传为佳话。我们读李长吉的"长卿怀茂陵，绿草垂石井，弹琴看文君，春风吹鬓影"几句诗，觉得它是多么幽美的一幅画！但是在当时人看，卓文君失节却是一件秽行丑迹。袁子才尝刻一方"钱塘苏小是乡亲"的印，看他的口吻是多么自豪！但是钱塘苏小究竟是怎样的一个伟人？她原来不过是南朝的一个妓女。和这个妓女同时的人谁肯攀她做"乡亲"呢？当时的人受实际问题的牵绊，不能把这些人物的行为从极繁复的社会信仰和利害观念的圈套中划出来，当作美丽的意象来观赏。我们在时过境迁之后，不受当时的实际问题的牵绊，所以能把它们当作有趣的故事来谈。它们在当时和实际人生的距离太近，到现在则和实际人生距离较远了，好比经过一些年代的老酒，已失去它的原来的辣性，只留下纯淡的滋味。

一般人迫于实际生活的需要，都把利害认得太真，不能站在适当的距离之外去看人生世相，于是这丰富华严的世界，除了可效用于饮食男女的营求之外，便无其他意义。他们一看到瓜就想它是可以摘来吃的，一看到漂亮的女子就起性欲的冲动。他们完全是占有欲的奴隶。花长在园里何尝不可以供欣赏？他们却欢喜把它摘下来挂在自己的襟上或是插在自己的瓶里。一个海边的农夫逢人称赞他的门前的海景时，便很羞涩的回过头来指着屋后的一园菜说："门前虽没有什么可看的，屋后的一园菜却还不差。"许多人如果不知道周鼎汉瓶是很值钱的古董，我相信他们宁愿要一个不易打烂的铁锅或瓷罐，不愿要那些不能煮饭藏菜的破铜破铁。这些人都是不能在艺术品或自然美和实际人生之中维持一种适当的距离。

艺术家和审美者的本领就在能不让屋后的一园菜压倒门前的海景，不拿盛酒盛菜的标准去估定周鼎汉瓶的价值，不把一条街当作到某酒店和某银行去的指路标。他们能跳开利害的圈套，只聚精会神地观赏事物本身的形象。他们知道在美的事物和实际人生之中维持一种适当的距离。

我说"距离"时总不忘冠上"适当的"三个字，这是要注意的。"距离"可以太过，可以不及。艺术一方面要能使人从实际生活牵绊中解放出来，一方面也要使人能了解，能欣赏，"距离"不及，容易使人回到实用世界，距离太远，又容易使人无法了解欣赏。这个道理可以拿一个浅例来说明。

王渔洋的《秋柳诗》中有两句说："相逢南雁皆愁侣，好语西乌莫夜飞"。在不知这诗的历史的人看来，这两句诗是漫无意义的，这就是说，它的距离太远，读者不能了解它，所以无法欣赏它。《秋柳诗》原来是悼明亡的，"南雁"是指国亡无所依附的故旧大臣，"西乌"是指有意屈节降清的人物。假使读这两句诗的人自己也是一个"遗老"，他对于这两句诗的情感一定比旁人较能了解。但是他不一定能取欣赏的态度，因为他容易看这两句诗而自伤身世，想到种种实际人生问题上面去，不能把注意力专注在诗的意象上面，这就是说，《秋柳诗》对于他的实际生活距离太近了，容易把他由美感的世界引回到实用的世界。

许多人欢喜从道德的观点来谈文艺，从韩昌黎的"文以载道"说起，一直到现代"革命文学"以文学为宣传的工具止，都是把艺术硬拉回到实用的世界里去。一个乡下人看戏，看见演曹操的角色扮老奸巨猾的样子惟妙惟肖，不觉义愤填胸，提刀跳上舞台，把他杀了。从道德的观点评艺术的人们都有些类似这位杀曹操的乡下佬，义气虽然是义气，无奈是不得其时，不得其地。他们不知道德是实际人生的规范，而艺术是与实际人生有距离的。

艺术须与实际人生有距离，所以艺术与极端的写实主义不相容。写实主义的理想在妙肖人生和自然，但是艺术如果真正做到妙肖人生和自然的境界，总不免把观者引回到实际人生，使他的注意力旁迁于种种无关美感的问题，不能专心致志地欣赏形象本身的美，比如裸体女子的照片常不免容易刺激性欲，而裸体雕像如《密罗斯爱神》，裸体画像如法国安格尔的《汲泉女》，都只能令人肃然起敬。这是什么缘故呢？这就是因为照片太逼肖自然，容易象实物一样引起人的实用的态度；雕刻和图画都带有若干形式化和理想化，都有几分不自然，所以不易被人误认为实际人生中的一片段。

艺术上有许多地方，乍看起来，似乎不近情理。古希腊和中国旧戏的角色往往带面具，穿高底鞋，表演时用歌唱的声调，不象平常说话。埃及雕刻对于人体加以抽象化，往往千篇一律。波斯图案画把人物的肢体加以不自然的扭屈，中世纪"哥特式"诸大教寺的雕像把人物的肢体加以不自然的延长。中国和西方古代的画都不用远近阴影。这种艺术上的形式化往往遭浅人唾骂，它固然时有流弊，其实也含有至理。这些风格的创始者都未尝不知道它不自然，但是他们的目的正在使艺术和自然之中有一种距离。说话不押韵，不论平仄，做诗却要押韵，要论平仄，道理也是如此。艺术本来是弥补人生和自然缺陷的。如果艺术的最高目的仅在妙肖人生和自然，我们既已有人生和自然了，又何取乎艺术呢？

艺术都是主观的，都是作者情感的流露，但是它一定要经过几分客观化。艺术都要有情感，但是只有情感不一定就是艺术。许多人本来是笨伯而自信是可能的诗人或艺术家。他们常埋怨道："可惜我不是一个文学家，否则我的生平可以写成一部很好的小说。"富于艺术材料的生活何以不能产生艺术呢？艺术所用的情感并不是生糙的而是经过反省的。蔡琰在丢开亲生子回国时决写不出《悲愤诗》，杜甫在"入门闻号咷，幼子饥已卒"时决写不出《自京赴奉先咏怀五百字》。这两首诗都是"痛定思痛"的结果。艺术家在写切身的情感时，都不能同时在这种情感中过活，必定把它加以客观化，必定由站在主位的尝受者退为站在客位的观赏者。一般人不能把切身的经验放在一种距离以外去看，所以情感尽管深刻，经验尽管丰富，终不能创造艺术。

（节选自《谈美》，开明书店 1932 年版。）

精彩一句：

要能使人从实际生活牵绊中解放出来，一方面也要使人能了解，能欣赏，"距离"不及，容易使人回到实用世界，距离太远，又容易使人无法了解欣赏。

小平品鉴：

人们常说：距离产生美！西方人初到中国来，会觉得那亭台楼阁、错落有致的园林美得很！初到西方的中国人会觉得那石制的教堂高高耸立，那整齐对称的皇家园林也美不胜收！这便是"距离"产生的美。朱光潜说得好，"距离"要"不即不离"。

有人喜欢看历史剧，因为历史有了"距离"的间隔，无形中易生出美来；有人喜欢听京戏，因为京戏里面的脸谱和穿高底鞋，乃至抑扬错落的唱腔和平常人的说话唱歌并不相同，仿佛有一种"距离"感，这也是产生美的机缘。更不要说青年男女互相爱慕，常常也感到美在"不即不离"中，太近容易俗，太远遥不可及，否则，情感或不能酝酿生发，或会迅速暗淡下去。

艺术虽起自于人生，终究要超越人生。因此，朱光潜认为艺术的理想主义终胜写实主义一筹。艺术是作者情感的流露，但一定要经过几分客观化。这"客观化"就是"旁观者清"，把切身的经验放在一定的距离上"玩味"。

子非鱼，安知鱼之乐

——宇宙的人情化

> 庄子与惠子游于濠梁之上。
>
> 庄子曰："儵鱼出游从容，是鱼乐也！"
>
> 惠子曰："子非鱼，安知鱼之乐？"
>
> 庄子曰："子非我，安知我不知鱼之乐？"

这是《庄子·秋水》篇里的一段故事，是你平时所欢喜玩味的。我现在借这段故事来说明美感经验中的一个极有趣味的道理。

我们通常都有"以己度人"的脾气，因为有这个脾气，对于自己以外的人和物才能了解。严格地说，各个人都只能直接地了解他自己，都只能知道自己处某种境地，有某种知觉，生某种情感。至于知道旁人旁物处某种境地、有某种知觉、生某种情感时，则是凭自己的经验推测出来的。比如我知道自己在笑时心里欢喜，在哭时心里悲痛，看到旁人笑也就以为他心里欢喜，看见旁人哭也以为他心里悲痛。我知道旁人旁物的知觉和情感如何，都是拿自己的知觉和情感来比拟的。我只知道自己，我知道旁人旁物时是把旁人旁物看成自己，或是把自己推到旁人旁物的地位。庄子看到鯈鱼"出游从容"便觉得它乐，因为他自己对于"出游从容"的滋味是有经验的。人与人，人与物，都有共同之点，所以他们都有互相感通之点。假如庄子不是鱼就无从知鱼之乐，每个人就要各成孤立世界，和其他人物都隔着一层密不通风的墙壁，人与人以及人与物之中便无心灵交通的可能了。

这种"推己及物"、"设身处地"的心理活动不尽是有意的，出于理智的，所以它往往发生幻觉。鱼没有反省的意识，是否能够像人一样"乐"，这种问题大概在庄子时代的动物心理学也还没有解决，而庄子硬拿"乐"字来形容鱼的心境，其实不过把他自己的"乐"的心境外射到鱼的身上罢了，他的话未必有科学的谨严与精确。我们知觉外物，常把自己所得的感觉外射到物的本身上去，把它误认为物所固有的属性，于是本来在我的就变成在物的了。比如我们说"花是红的"时，是把红看作花所固有的属性，好像是以为纵使没有人去知觉它，它也还是在那里。其实花本身只有使人觉到红的可能性，至于红却是视觉的结果。红是长度为若干的光波射到眼球网膜上所生的印象。如果光波长一点或是短一点，眼球网膜的构造换一个样子，红的色觉便不会发生。患色盲的人根本就不能辨别红色，就是眼睛健全的人在薄暮光线暗淡时也不能把红色和绿色分得清楚，从此可知严格地说，我们只能说"我觉得花是红的"。我们通常都把"我觉得"三字略去而直说"花是红的"，于是在我的感觉遂被误认为在物的属性了。日常对于外物的知觉都可作如是观。"天气冷"其实只是"我觉得天气冷"，鱼也许和我不一致；"石头太沉重"其实只是"我觉得它太沉重"，大力士或许还嫌它太轻。

云何尝能飞？泉何尝能跃？我们却常说云飞泉跃；山何尝能鸣？谷何尝能应？我们却常说山鸣谷应。在说云飞泉跃、山鸣谷应时，我们比说花红石头重，又更进一层了。原来我们只把在我的感觉误认为在物的属性，现在我们却把无生气的东西看成有生气的东西，把它们看作我们的侪辈，觉得它们也有性格，也有情感，也能活动。这两种说话的方法虽不同，道理却是一样，都是根据自己的经验来了解外物。这种心理活动通常叫做"移情作用"。

"移情作用"是把自己的情感移到外物身上去，仿佛觉得外物也有同样的情感。这是一个极普遍的经验。自己在欢喜时，大地山河都在扬眉带笑；自己在悲伤时，风云花鸟都在叹气凝愁。惜别时蜡烛可以垂泪，兴到时青山亦觉点头。柳絮有时"轻狂"，晚峰有时"清苦"。陶渊明何以爱菊呢？因为他在傲霜残枝中见出孤臣的劲节；林和靖何以爱梅呢？因为他在暗香疏影中见出隐者的高标。

从这几个实例看，我们可以看出移情作用是和美感经验有密切关系的。移情作用不一定就是美感经验，而美感经验却常含有移情作用。美感经验中的移情作用不单是由我及物的，同时也是由物及我的；它不仅把我的性格和情感移注于物，同时也把物的姿态吸收于我。所谓美感经验，其实不过是在聚精会神之中，我的情趣和物的情趣往复回流而已。

姑先说欣赏自然美。比如我在观赏一棵古松，我的心境是什么样状态呢？我的注意力完全集中在古松本身的形象上，我的意识之中除了古松的意象之外，一无所有。在这个时候，我的实用的意志和科学的思考都完全失其作用，我没有心思去分别我是我而古松是古松。古松的形象引起清风亮节的类似联想，我心中便隐约觉到清风亮节所常伴着的情感。因为我忘记古松和我是两件事，我就于无意之中把这种清风亮节的气概移置到古松上面去，仿佛古松原来就有这种性格。同时我又不知不觉地受古松的这种性格影响，自己也振作起来，模仿它那一副苍老劲拔的姿态。所以古松俨然变成一个人，人也俨然变成一棵古松。真正的美感经验都是如此，都要达到物我同一的境界，在物我同一的境界中，移情作用最容易发生，因为我们根本就不分辨所生的情感到底是属于我还是属于物的。

再说欣赏艺术美，比如说听音乐。我们常觉得某种乐调快活，某种乐调悲伤。乐调自身本来只有高低、长短、急缓、宏纤的分别，而不能有快乐和悲伤的分别。换句话说，乐调只能有物理而不能有人情。我们何以觉得这本来只有物理的东西居然有人情呢？这也是出于移情作用。这里的移情作用是如何起来的呢？音乐的命脉在节奏。节奏就是长短、高低、急缓、宏纤相继承的关系。这些关系前后不同，听者所费的心力和所用的心的活动也不一致。因此听者心中自起一种节奏和音乐的节奏相平行。听一曲高而缓的调子，心力也随之作一种高而缓的活动；听一曲低而急的调子，心力也随之作一种低而急的活动。这种高而缓或是低而急的心力活动，常蔓延浸润到全部心境，使它变成和高而缓的活动或是低而急的活动相同调，于是听者心中遂感觉一种欢欣鼓舞或是抑郁凄恻的情调。这种情调本来属于听者，在聚精会神之中，他把这种情调外射出去，于是音乐也就有快乐和悲伤的分别了。

再比如说书法。书法在中国向来自成艺术，和图画有同等的身分，近来才有人怀疑它是否可以列于艺术，这般人大概是看到西方艺术史中向来不留位置给书法，所以觉得中国人看重书法有些离奇。其实书法可列于艺术，是无可置疑的。他可以表现性格和情趣。颜鲁公的字就像颜鲁公，赵孟頫的字就像赵孟頫。所以字也可以说是抒情的，不但是抒情的，而且是可以引起移情作用的。横直钩点等等笔划原来是墨涂的痕迹，它们不是高人雅士，原来没有什么"骨力"、"姿态"、"神韵"和"气魄"。但是在名家书法中我们常觉到"骨力"、"姿态"、"神韵"和"气魄"。我们说柳公权的字"劲拔"，赵孟頫的字"秀媚"，这都是把墨涂的痕迹看作有生气有性格的东西，都是把字在心中所引起的意象移到字的本身上面去。

移情作用往往带有无意的模仿。我在看颜鲁公的字时，仿佛对着巍峨的高峰，不知不觉地耸肩聚眉，全身的筋肉都紧张起来，模仿它的严肃；我在看赵孟頫的字时，仿佛对着临风荡漾的柳条，不知不觉地展颐摆腰，全身的筋肉都松懈起来，模仿它的秀媚。从心理学看，这本来不是奇事。凡是观念都有实现于运动的倾向。念到跳舞时脚往往不自主地跳动，念到"山"字时口舌往往不由自主地说出"山"字。通常观念往往不能实现于动作者，由于同时有反对的观念阻止它。同时念到打球又念到泅水，则既不能打球，又不能泅水。如果心中只有一个观念，没有旁的观念和它对敌，则它常自动地现于运动。聚精会神看赛跑时，自己也往往不知不觉地弯起胳膊动起脚来，便是一个好例。在美感经验之中，注意力都是集中在一个意象上面，所以极容易起模仿的运动。

移情的现象可以称之为"宇宙的人情化"，因为有移情作用然后本来只有物理的东西可具人情，本来无生气的东西可有生气。从理智观点看，移情作用是一种错觉，是一种迷信。但是如果把它勾销，不但艺术无由产生，即宗教也无由出现。艺术和宗教都是把宇宙加以生气化和人情化，把人和物的距离以及人和神的距离都缩小。它们都带有若干神秘主义的色彩。所谓神秘主义其实并没有什么神秘，不过是在寻常事物之中见出不寻常的意义。这仍然是移情作用。

从一草一木之中见出生气和人情以至于极玄奥的泛神主义，深浅程度虽有不同，道理却是一样。

美感经验既是人的情趣和物的姿态的往复回流，我们可以从这个前提中抽出两个结论来：

一、物的形象是人的情趣的返照。物的意蕴深浅和人的性分密切相关。深人所见于物者亦深，浅人所见于物者亦浅。比如一朵含露的花，在这个人看来只是一朵平常的花，在那个人看或以为它含泪凝愁，在另一个人看或以为它能象征人生和宇宙的妙谛。一朵花如此，一切事物也是如此。因我把自己的意蕴和情趣移于物，物才能呈现我所见到的形象。我们可以说，各人的世界都由各人的自我伸张而成。欣赏中都含有几分创造性。

二、人不但移情于物，还要吸收物的姿态于自我，还要不知不觉地模仿物的形象。所以美感经验的直接目的虽不在陶冶性情，而却有陶冶性情的功效。心里印着美的意象，常受美的意象浸润，自然也可以少存些浊念。苏东坡诗说："宁可食无肉，不可居无竹；无肉令人瘦，无竹令人俗。"竹不过是美的形象之一种，一切美的事物都有不令人俗的功效。

（节选自《谈美》，开明书店 1932 年版。）

精彩一句：

所谓美感经验，其实不过是在聚精会神之中，我的情趣和物的情趣往复回流而已。

小平品鉴：

美感是美学的核心问题，而美感中的移情作用则是朱光潜始终坚持和反复强调的观点。他认为，在聚精会神的观照中，人的情趣和物的姿态往复回流，由我及物，由物及我，终而达到物我同一、物我两忘的境界，这就是移情作用，也是美感生成的内在结构。

文章以《庄子·秋水》开篇，借庄子与惠子的对话说明美感经验的"移情"作用，这就是推己及物、设身处地地互相感通，审美就是这种具体的感通。这也是人与人之间、人与自然之间得以感通的重要基础，也是美的共同性的重要基础。

解释"移情作用"，并不是朱光潜的最终目的。"移情"揭示了客观的物何以化为人的情趣、人的情趣又何以成为审美的主要内容的相隔不融的美的世界的秘密。在移情中，宇宙人情化了，艺术作品产生了，审美情趣形成了，自我的世界伸张了，欣赏由此也含着创造。

文艺的功用是使生命更富有价值
——谈文艺欣赏

　　凡是艺术，无论是文学音乐或是图书雕刻，都有一个共同的道理：他们都表现一个完整的而且新鲜有趣的境界，而这境界中有两个元素，一是情，一是景。景是可以琢磨的具体的意象，情是心中的感触，如喜怒哀乐之类。姑举一首唐人短诗为例："春眠不觉晓，处处闻啼鸟，夜来风雨声，花落知多少！"这是一篇文艺作品。它写出一种景来，其中有人物动作，有自然事物变化，我们可以把它看成一幅画或是一幕戏。这景不是空洞的，也不是作装饰用的，它表现春夜风雨后天亮了醒来听到啼鸟而想到落花那种既愉快而又惊疑怅惘的心情。这心情不但很复杂，而且也很微妙隐约，不是像普通说"我愉快""我惊疑""我怅惘"之类空洞的话所可以表现的出来的。我们在这首诗所写的那种情境之下拾起这种心情，换一个情境，心情就不能完全相同。所以这首诗的情感只有这首诗的景物才可以引起，也只有那个景物才可以表现。从这番道理我们可以见出两个重要的原则。第一，凡是艺术都是情景交融，或者说，情趣的意象化。某种情趣必借某种意象表现，情趣没有找到适合的意象，就还没有表现出艺术作品，空洞不可捉摸。其次，情景交融成为一个艺术的境界，情属于我，是主观的；景属于物，是客观的。所以艺术是我的人格和物的景象结合而生的孩子。我所见的景象多少是我的性格的返照，并非天生自在，由我被动的接受过来。我的性格深广些，丰富些，我所见到的世界也就深广些，丰富些。性格人人不同，宇宙生生不息，各人所见所感，随时随境不同。所以艺术的境界永远是创造的，新鲜的，不与任何其他境界完全相同，也不能完全模仿和重演。

懂得这个文艺之所以为文艺的道理，我们便可以谈文艺欣赏。普通人把创造和欣赏看作两回事，其实创造之中含有欣赏，欣赏之中也含有创造。诗人或艺术家何以要创造艺术作品呢？这是由于他在人生实相中见到一种境界，这就是说，见到一种景象而感到一种情致，他觉得这境界好，新鲜有趣，流连玩味，不忍释手，这就是创造者的欣赏。惟其觉得它好，想旁人也觉得它好，他所以用一种符号媒介——文字，声音，或颜色线条——把它描画出来，留下可捉摸的痕迹。这是他的创造，他的作品。从这作品中我们读者也可以窥见那个新鲜有趣的境界，也起大致相同的印象和感触，也觉得它好，而加以流连玩味。这是我们读者的欣赏。但是我们如何窥见那个新鲜有趣的境界呢？所谓"窥见"是否完全被动的接收，如镜纳影，如水映月呢？我们必须懂得文学作者所用的符号媒介，比如说，读诗必先了解文字的意义。从文字意义我们再凭自己的资历与修养，性格与经验，在想象中见出诗人所写的那幅景象，感到他所表现的那种情趣，然后"一旦豁然贯通"，见出那种情趣恰好表现于那种景象，见出那个情景交融的完整的境界。我们可能因为性格有深浅，经验有广狭，从同一首诗所体会到的各有深浅广狭的不同。由此可见欣赏也必经过心理上的组织作用与综合作用。也必有想象与体会，这就是说，也必经过创造。从前人说读诗文须"优游涵泳"，须"舍身处境，体物入微"，这些活动其实都是创造的。

欣赏的第一义是了解体会，见到作者所见，感到作者所感，其次才是评判鉴别说那种所见所感是好还是坏，或是他的表现是美还是丑，是成功还是失败。批评？别的能力普通叫做"趣味"（taste）。这字原来取自于饮食。欣赏文艺如吃菜喝酒，有人喜欢这样作品，有人喜欢那样作品，正如有人喜欢甜味，有人喜欢酸味，拉丁成语有一句说："谈到趣味无争辩"，这话的意思是趣味是主观的，两人的趣味如果不同，只好各是其是，各从所好，不能辩论，纵辩论也得不到什么结果。这就是无异与否认文艺的好坏有客观的标准。就大体说，这个看法有对的地方，那就是文艺的滋味必须自己确确实实的尝到，不能人云亦云，心里实在不觉得它好，而只跟人说它好。但是这看法也有不对的地方，那就是我不觉得它好而旁人觉得它好，错处可能在我，旁人都爱杜甫莎士比亚而我只爱黄色刊物和色情小说，那并不能证明杜甫莎士比亚在艺术价值上比这些东西低劣。文艺虽难说有一个固定的客观的标准，却有一个其是其非，是美就是美，是丑就是丑，不能由人信口雌黄。一件作品是美而我不觉得它美，或是丑而我不觉得它丑，错处往往不在作品而在我，我的资禀有欠缺，或是修养未到家。趣味虽无可争辩，却可培养。培养的办法是多读好的作品。好坏美丑本是由比较得来的，你不能辨别好坏美丑，由于你缺乏比较的资料。孔子"登东山而小鲁，登泰山而小天下"，没有登过泰山而只登过小丘陵的人们就以为那小丘陵是世界最高峰，等过泰山才恍然大悟所见之小。如果登上喜马拉雅山，回头望望泰山，就见得泰山还是一个小丘陵。欣赏文艺有如游览山水，见得多才容易见得真。纯正的趣味必定是广博的趣味。欣赏文艺也有如开疆扩土，把本非我所有的逐渐变成我所有的，比如说，你只爱唐诗而不爱宋词，你须得往宋词里面钻，钻进去了"窥见宫墙之美"，你自然会爱好它。由不懂到懂，由不爱好到爱好，是一种征服，一种扩张，一种收获。开辟新境界愈多，天地愈宽，见界愈广，趣味也就愈可靠。治文艺的人们最忌讳的是持门户之见，持门户之见者都不免"坐井观天"。

从此我们可以见出文艺修养的功用。文艺的修养是逐渐扩充眼界，增加想象力，解放被窒塞的情感，学会见到我们通常所不能见到的，感到我们通常所不能感到的，使我们的生命的力量由畅通周流而健旺。多欣赏文艺作品，就是多见到优美的境界，心里多生喜悦，在这世界中多发现可爱的东西；这就是说，这世界对于我们更新鲜有趣，意味更丰富。比如说，从前我们不觉得乡村田野生活有什么意味，读过陶谢王韦一班自然诗人以后，我们才学会见出乡村田野生活的美；近代工商业文化发达，大家都嫌都市生活恶浊而干枯，甚至有人疑心工商业文化与都市生活是和文艺不相容的，可是他们如果读一读美国近代小说和俄国现代诗，或是看一看西方近代大城市的建筑，就会看出工商业文化与都市生活中也自有新鲜有趣的一方面。

现在许多人都感觉苦闷烦恼，就因为缺乏文艺的修养。他们见不出这世界的许多新鲜有趣的方面，他们家所见到的世界老师那么狭小，平凡，干枯，其中没有一件东西可以使他们流连玩味，他们当然觉得人生无聊，心里没有喜悦而只有厌倦。其实这错处不在这世界而在他自己。这世界永远是生生不息，变化多方的，所以也永远是新鲜有趣的。他们的毛病在见不到它的新鲜有趣。何以见不到？因为他们都是实用生活的奴隶，眼光和心神都专注在饮食男女以及其它利害关系上面。这世界中事物对他们如果起利害关系，就能引起他们的兴趣；否则他们便"视而不见，听而不闻"。一位游人向一位海边农夫称赞他的门前海景，他很抱歉似底说："门前那片空阔的大海虽没有什么可看的，屋后有一园青菜倒长得顶好，先生可以去看看。"可怜的农夫！他心里只有青菜，就看不见门前大海的美了！我们多数人都像这位农夫，世界对于我们只呈现有利害关系像一园青菜的那一面，因而掩藏起了没有利害关系而却优美的像大海景致的那一面。文艺的功用就在把世界的优美的那一面替我们揭开，让我们流连玩味。俗话说："画饼充饥"，言其无用。文艺可以说是画饼。饼本是吃的，充饥的。不能吃，不能充饥，人们对饼便不发生兴趣。可是饼除着它的效用以外，还自有它的形相，如果那个形相自身是好看的，看起来令我们心生喜悦的，那么，它虽不可充饥，也还有它的价值。它在我们心里起了喜悦，就填起了生命的空虚，就使我们觉得生命还可留恋而宇宙不是那么平凡枯燥。文艺的功用也就如此：它使生命更丰富，更有价值。

（原刊《青年杂志》（南京版）1948 年第 1 卷第 1 期。）

精彩一句：

艺术是我的人格和物的景象结合而生的孩子。

小平品鉴：

"情"与"景"，"情感"与"境界"，在朱光潜这篇文章里联成了一个整体，构成了审美经验。每一次的审美经验都离不开这些元素，但在艺术的创造者和在艺术的欣赏者那里，有深浅不同的体验。因为艺术是我的性格的返照。

各个人的性分深浅不同，趣味也就没有争辩的必要。那么，我有什么理由要求"旁人"也和我一样欣赏着"美"（境界）呢？朱先生把这个能达到"客观"美的"境界"一半交给了资禀，一半交给了修养。资禀是天赋不好谈，而修养却人人有必要。修养如何实现，那就要扩充眼界，增加想像力，解放被窒塞的情感，见到我们通常所不能见，感到我们通常所不能感，尤其要使我们的生命的力量畅通周流而健旺，这也是文艺活动的价值。

生命

　　说起来已是二十年前事了。如今我还记得清楚，因为那是我生平中一个
最深刻的印象。有一年夏天，我到苏格兰西北海滨一个叫做爱约夏的地方去
游历，想趁便去拜访农民诗人彭斯的草庐。那一带地方风景仿佛像日本内海
而更曲折多变化。海湾伸入群山间成为无数绿水映着青山的湖。湖和山都老
是那样恬静幽闲而且带着荒凉景象，几里路中不容易碰见一个村落，处处都
是山，谷，树林和草坪。走到一个湖滨，我突然看见人山人海，男的女的，老
的少的，穿深蓝大红衣服的，褴褛蹒跚的，蠕蠕蠢动，闹得喧天震地：原来那
是一个有名的浴场。那是星期天，人们在城市里做了六天的牛马，来此过一天
快活日子。他们在炫耀他们的服装，他们的嗜好，他们的皮肉，他们的欢爱，
他们的文雅与村俗。像湖水的波涛汹涌一样，他们都投在生命的狂澜里，尽
情享一日的欢乐。就在这么一个场合中，一位看来像是皮鞋匠的牧师在附近
草坪中竖起一个讲台向寻乐的人们布道。他也吸引了一大群人。他喧嚷，群
众喧嚷，湖水也喧嚷，他的话无从听清楚，只有"天国"、"上帝"、"忏悔"、
"罪孽"几个较熟的字眼偶尔可以分辨出来。那群众常是流动的，时而由湖水

里爬上来看牧师，时而由牧师那里走下湖水。游泳的游泳，听道的听道，总之，都在凑热闹。

对着这场热闹，我伫立凝神一反省，心里突然起了一阵空虚寂寞的感觉，我思量到生命的问题。摆在我们面前的显然就是生命。我首先感到的是这生命太不调和。那么幽静的湖山当中有那么一大群嘈杂的人在嬉笑取乐，有如佛堂中的蚂蚁抢搬虫尸，已嫌不称；又加上两位牧师对着那些喝酒、抽烟，穿着游泳衣裸着胳膊大腿卖眼色的男男女女讲"天国"和"忏悔"，这岂不是对于生命的一个强烈的讽刺？约翰授洗者在沙漠中高呼救世主来临的消息，他的声音算是投在虚空中了。那位苏格兰牧师有什么可比的约翰？他以布道为职业，于道未必有所知见，不过剽窃一些空洞的教门中语扔到头脑空洞的人们的耳里，岂不是空虚而又空虚？推而广之，这世间一切，何尝不都是如此？比如那些游泳的人们在尽情欢乐，虽是热烈，却也很盲目，大家不过是机械地受生命的动物的要求在鼓动驱遣，太阳下去了，各自回家，沙滩又恢复它的本来的清寂，有如歌残筵散。当时我感觉空虚寂寞者在此。

但是像那一大群人一样，我也欣喜赶了一场热闹，那一天算是没有虚度，于今回想，仍觉那回事很有趣。生命像在那沙滩所表现的，有图画家所谓阴阳向背，你跳进去扮演一个角色也好，站在旁边闲望也好，应该都可以叫你兴高采烈。在那一顷刻，生命在那些人们中动荡，他们领受了生命而心满意足了，谁有权去鄙视他们，甚至于怜悯他们？厌世疾俗者一半都是妄自尊大，我惭愧我有时未能免俗。

孔子看流水，发过一个最深永的感叹，他说："逝者如斯夫，不舍昼夜！"生命本来就是流动，单就"逝"的一方面来看，不免令人想到毁灭与空虚；但是这并不是有去无来，而是去的若不去，来的就不能来；生生不息，才能年年常新。莎士比亚说生命"像一个白痴说的故事，满是声响和愤激，毫无意义"，虽是慨乎言之，却不是一句见道之语。生命是一个说故事的人，虽老是抱着那么陈腐的"母题"转，而每一顷刻中的故事却是新鲜的，自有意义的。这一顷刻中有了新鲜有意义的故事，这一顷刻中我们心满意足了，这一顷刻的生命便不能算是空虚。生命原是一顷刻接着一顷刻地实现，好在它"不舍昼夜"。算起总账来，层层实数相加，决不会等于零。人们不抓住每一顷刻在实现中的人生，而去追究过去的原因与未来的究竟，那就犹如在相加各项数目的总和之外求这笔加法的得数。追究最初因与最后果，都要走到"无穷追溯"（reductio ad infintum）。这道理哲学家们本应知道，而爱追究最初因与最后果的偏偏是些哲学家们。这不只是不谦虚，而且是不通达。一件事物实现了，它的形相在那里，它的原因和目的也就在那里。种中有果，果中也有种，离开一棵植物无所谓种与果，离开种与果也无所谓一棵植物（像我的朋友废名先生在他的《阿赖耶识论》里所说明的）。比如说一幅画，有什么原因和目的！它现出一个新鲜完美的形相，这岂不就是它的生命，它的原因，它的目的？

且再拿这幅画来比譬生命。我们过去生活正如画一幅画，当前我们所要经心的不是这幅画画成之后会有怎样一个命运，归于永恒或是归于毁灭，而是如何把它画成一幅画，有画所应有的形相与生命。不求诸抓得住的现在而求诸渺茫不可知的未来，这正如佛经所说的身怀珠玉而向他人行乞。但是事实上许多人都在未来的永恒或毁灭上打计算。波斯大帝带着百万大军西征希腊，过海勒斯朋海峡时，他站在将台看他的大军由船桥上源源不绝地度过海峡，他忽然流涕向他的叔父说："我想到人生的短促，看这样多的大军，百年之后，没有一个人还能活着，心里突然起了阵哀悯。"他的叔父回答说："但是人生中还有更可哀的事咧，我们在世的时间虽短促，世间没有一个人，无论在这大军之内或在这大军之外，能够那样幸运，在一生中不有好几次不愿生而宁愿死。"这两人的话都各有至理，至少是能反映大多数人对于生命的观感。嫌人生短促，于是设种种方法求永恒。秦皇汉武信方士，求神仙，以及后世道家炼丹养气，都是妄想所谓"长生"。"服食求神仙，多为药所误，不如饮美酒，被服纨与素"，这本是诗人愤疾之言，但是反话大可作正话看；也许作正话看，还有更深的意蕴。说来也奇怪，许多英雄豪杰在生命的流连上都未能免俗，我因此想到曹孟德的遗嘱：

吾死之后，葬于邺之西冈上，妾与妓人皆着铜雀台，台上施六尺床，下穗帐。朝哺上酒脯糒糗之属，每月朔十五，辄向帐前作伎，汝等时登台望吾西陵墓田。

他计算得真周到，可怜虫！谢朓说得好：

> 穗帷飘井干，樽酒若平生。
> 郁郁西陵树，讵闻歌吹声！

孔子毕竟是达人，他听说桓司马自为石郭，三年而不成，便说"死不如速朽之为愈也"。谈到朽与不朽问题，这话也很难说。我们固无庸计较朽与不朽，朽之中却有不朽者在。曹孟德朽了，铜雀台伎也朽了，但是他的那篇遗嘱，何逊谢朓李贺诸人的铜雀台诗，甚至于铜雀台一片瓦，于今还叫讽咏摩挲的人们欣喜赞叹。"前水复后水，古今相续流"，历史原是纳过去于现在，过去的并不完全过去。其实若就种中有果来说，未来的也并不完全未来。这现在一顷刻实在伟大到不可思议，刹那中自有终古，微尘中自有大千，而汝心中亦自有天国。这是不朽的第一义谛。

相反两极端常相交相合。人渴望长生不朽，也渴望无生速朽。我们回到波斯大帝的叔父的话："世间没有一个人在一生中不有好几次不愿生宁愿死。"痛苦到极点想死，一切自杀者可以为证；快乐到极点也还是想死，我自己就有一两次这样的经验，一次是在二十余年前一个中秋前后，我乘船到上海，夜里经过焦山，那时候大月亮正照着山上的庙和树，江里的细浪像金线在轻轻地翻滚，我一个人在甲板上走，船上原是载满了人，我不觉得有一个人，我心里那时候也有那万里无云，水月澄莹的景象，于是非常喜悦，于是突然起了脱离这个世界的愿望。另外一次也是在秋天，时间是傍晚，我在北海里的白塔顶上望北平城里底楼台烟树，望到西郊的远山，望到将要下去的红烈烈的太阳，想起李白的"西风残照，汉家陵阙"那两个名句，觉得目前的境界真是苍凉而雄伟，当时我也感觉到我不应该再留在这个世界里。我自信我的精神正常，但是这两次想死的意念真来得突兀。诗人济慈在《夜莺歌》里于欣赏一个极幽美的夜景之后，也表示过同样的愿望，他说：

> Now more than ever seems it rich to die.
> 现在死像比任何时都较丰富。

他要趁生命最丰富的时候死，过了那良辰美景，死在一个平凡枯燥的场合里，那就死得不值得。甚至于死本身，像鸟歌和花香一样，也可成为生命中一种奢侈的享受。我两次想念到死，下意识中是否也有这种奢侈欲，我不敢断定。但是如今冷静地分析想死的心理，我敢说它和想长生的道理还是一样，都是对于生命的执著。想长生是爱着生命不肯放手，想死是怕放手轻易地让生命溜走，要死得痛快才算活得痛快，死还是为着活，为着活的时候心里一点快慰。好比贪吃的人想趁吃大鱼大肉的时候死，怕的是将来吃不到那样好的，根本还是由于他贪吃，否则将来吃不到那样好的，对于他毫不感威胁。

生命的执著属于佛家所谓"我执"，人生一切灾祸罪孽都由此起。佛家针对着人类的这个普遍的病根，倡无生，破我执，可算对症下药。但是佛家也并不曾主张灭生灭我，不曾叫人类作集体的自杀，而只叫人明白一般人所希求的和所知见的都是空幻。还不仅此，佛家在积极方面还要慈悲救世，对于生命是取护持的态度。舍身饲虎的故事显示我们为着救济他生命，须不惜牺牲己生命。我心里对此尝存一个疑惑：既证明生命空幻而还要这样护持生命是为什么呢？目前我对于佛家的了解还不够使我找出一个圆满的解答。不过我对于这生命问题倒有一个看法，这看法大体源于庄子（我不敢说它是否合于佛家的意思），庄子尝提到生死问题，在《大宗师》篇说得尤其透辟。在这篇里他着重一个"化"字，我觉得这"化"字非常之妙。中国人称造物为"造化"，万物为"万化"。生命原就是化，就是流动与变易。整个宇宙在化，物在化，我也在化。只是化，并非毁灭。草木虫鱼在化，它们并不因此而有所忧喜，而全体宇宙也不因此而有所损益。何以我独于我的化看成世间一件大了不起的事呢？我特别看待我的化，这便是"我执"。庄子对此有一段妙喻：

> 今大冶铸金，金踊跃曰，"我且必为莫邪"，大冶必以为不祥之金。今一犯人之形，而曰，"人耳，人耳"，夫造化者必以为不祥之人。今以天地为大炉，以造化为大冶，恶乎往而不可哉？成然寐，蘧然觉。

在这个比喻里，庄子破了"我执"，也解决了生死问题。人在造化手里，听他铸，听他"化"而已，强立物我分别，是为不祥。庄子所谓寐觉，是比喻生死。睡一觉醒过来，本不算一回事，生死何尝不如此？寐与觉为化，生与死也还是化。庄周梦为蝴蝶，则"栩栩然蝴蝶也"，"俄然觉，则蘧蘧然周也"；生而为人，死而化为鼠肝虫臂，都只有听之而已。在生时这个我在大化流行中有他的妙用，死后我的化形也还是如此，庄子说：

> 浸假而化予之左臂以为鸡，予因之以求时夜；浸假而化予之右臂
> 以为弹，予因之以求鸮炙……

物质毕竟是不灭的，漫说精神。试想宇宙中有几许因素来化成我，我死后在宇宙中又化成几许事物，经过几许变化，发生几许影响，这是何等伟大而悠久、丰富而曲折的一个游历、一个冒险？这真是所谓"逍遥游"！

这种人生态度就是儒家所谓"赞天地之化育"，郭象所谓"随变任化"（见《大宗师》篇"相忘以生"句注），翻成近代语就是"顺从自然"。我不愿辩护这种态度是否为颓废的或消极的，懂得的人自会懂得，无庸以口舌争。近代人说要"征服自然"，道理也很正大。但是怎样征服？还不是要顺从自然的本性？严格地说，世间没有一件不自然的事，也没一件事能不自然。因为这个道理，全体宇宙才是一个整一融贯的有机体，大化运行才是一部和谐的交响曲，而cosmos 不是 chaos。人的最聪明的办法是与自然合拍，如草木在和风丽日中开着花叶，在严霜中枯谢，如流水行云自在运行无碍，如"鱼相与忘于江湖"。人的厄运在当着自然的大交响曲"唱翻腔"，来破坏它的和谐。执我执法，贪生想死，都是"唱翻腔"。

孔子说过："朝闻道，夕死可矣。"人难能的是这"闻道"。我们谁不自信聪明，自以为比旁人高一着？但是谁的眼睛能跳开他那"小我"的圈子而四方八面地看一看？谁的脑筋不堆着习俗所扔下来的一些垃圾？每个人都有一个密不通风的"障"包围着他。我们的"根本惑"像佛家所说的，是"无明"。我们在这世界里大半是"盲人骑瞎马"，横冲直撞，怎能不闯祸事！所以说来说去，人生最要紧的事是"明"，是"觉"，是佛家所说的"大圆镜智"。法国人说："了解一切，就是宽恕一切。"我们可以补上一句："了解一切，就是解决一切。"生

命对于我们还有问题，就因为我们对它还没有了解。既没有了解生命，我们凭什么对付生命呢？于是我想到这世间纷纷扰攘的人们。

（原刊《文学杂志》1947年第2卷第3期。）

精彩一句：

生命原就是化，就是流动与变易。整个宇宙在化，物在化，我也在化。只是化，并非毁灭。

小平品鉴：

这是一篇充满哲思的美文。和《看戏与演戏——两种人生理想》似姐妹篇，前后发表相隔亦不足一月，核心都是对人生意义的思考。《看戏与演戏》发挥了生命的演与看、行动与观照的关系，这一篇则侧重于生命的表象和本质、生与死的关系。

生命既是我们最熟悉不过的现象，又是最令人困惑的问题。苏格兰海滨喧闹的人群，各色人等熙来我往，构成了生命热烈的场景，这是我们惯常见到的，也往往加入其中。朱光潜却于热闹中感到了寂寞，他深入追问：生命是什么？这个追问中，生命不只是生，同时还有死。生命，是在生与死两个端点之间展开的活动。什么是生命的永恒？朱光潜说，不必执著于长生或不朽，生生不息，化育万物，生命总是遵从自然的节奏，有盛放有凋零。

这篇文章，实际上体现了作者一个极为深刻的观点，人的本质和自然的本质是同构的，生命的过程和审美的人生也是一致的，人的情趣和物的姿态往复回流，从而达到物我两忘、物我同一的"宇宙的人情化"的境界，这就是对人生何以要艺术化以及怎样艺术化的解读。

两种美

　　自然界事事物物都是理式的象征，都是共相的殊相，像柏拉图所比拟的，都是背后堤上的行人射在面前墙壁上的幻影。科学家、哲学家和美术家都想揭开自然之秘，在殊相中见出共相。但是他们的出发点不同，目的不同，因而在同一殊相中所见得的共相也不一致。

　　比如走进一个园子里，你抬头看见一只老鹰坐在苍劲的古松上向你瞪着雄赳赳的眼，回头又看见池边旖旎的柳枝上有一只娇滴滴的黄莺在那儿临风弄舌，这些不同的物件在你胸中所引起的情感是什么样的呢？依科学家看，松和柳同具"树"的共相，鹰和莺同具"鸟"的共相，然而在情感方面，老鹰却和古松同调，娇莺却和嫩柳同调；借用名学的术语在美术上来说，鹰和松同具一个美的共相，莺和柳又同具一个美的共相，它们所象征的全然不同。倘若莺飞上松顶，鹰栖在柳枝，你顿时就会发生不调和的感觉，虽然为变化出奇起见，这种不伦不类的配合有时也为美术家所许可的。

　　自然界有两种美：老鹰古松是一种，娇莺嫩柳又是一种。倘若你细心体会，凡是配用"美"字形容的事物，不属于老鹰古松的一类，就属于娇莺嫩柳的一类，否则就是两类的混和。从前人有两句六言诗说："骏马秋风冀北，杏花春雨江南。"这两句诗每句都只提起三个殊相，然而可象征一切美。你遇到任何美的事物，都可以拿它们做标准来分类。比如说峻崖，悬瀑，狂风，暴雨，沉寂的夜或是无垠的沙漠，垓下哀歌的项羽或是床头捉刀的曹操，你可以说这是"骏马秋风冀北"的美；比如说清风，皓月，暗香，疏影，青螺似的山光，媚眼似的湖水，葬花的林黛玉或是"侧帽饮水"的纳兰，你可以说这是"杏花春雨江南"的美。因为这两句诗每句都象征一种美的共相。

这两种美的共相是什么呢？定义正名向来是难事，但是形容词是容易找的。我说"骏马秋风冀北"时，你会想到"雄浑"，"劲健"，我说"杏花春雨江南"时，你会想到"秀丽"，"纤浓"；前者是"气概"，后者是"神韵"；前者是刚性美，后者是柔性美。

刚性美是动的，柔性美是静的。动如醉，静如梦。尼采在《悲剧之起源》里说艺术有两种，一种是醉的产品，音乐和跳舞是最显著的例；一种是梦的产品，一切造形的艺术如诗如雕刻都属这一类。他拿光神阿波罗和酒神狄俄倪索斯来象征这两种艺术。你看阿波罗的光辉那样热烈么？其实他的面孔比瞌睡汉还更恬静，世界一切色相得他的光才呈现，所以都是他在那儿梦出来的。诗人和雕刻家的任务也和阿波罗一样，全是在造色相，换句话说，全是在做梦。狄俄倪索斯就完全相反。他要图刹那间的尽量的欢乐。在青葱茂密的葡萄丛里，看蝶在翩翩的飞，蜂在嗡嗡的响，他不由自主的把自己投在生命的狂澜里，放着嗓子狂歌，提着足尖乱舞。他固然没有造出阿波罗所造的那些恬静幽美的幻梦，那些光怪陆离的色相，可是他的歌和天地间生气相出息，他的舞和大自然的脉搏共起落，也是发泄，也是表现，总而言之，也是人生不可少的一种艺术。在尼采看来，这两种相反的美熔于一炉，才产出希腊的悲剧。

尼采所谓狄俄倪索斯的艺术是刚性的，阿波罗的艺术是柔性的，其实在同一种艺术之中也有刚柔之别。比如说音乐，贝多芬的第三合奏曲和《热情曲》固然像狂风暴雨，极沉雄悲壮之致，而《月光曲》和第六合奏曲则温柔委婉，如悲如诉，与其谓为"醉"，不如谓为"梦"了。

艺术是自然和人生的返照，创作者往往因性格的偏向，而作品也因而畸刚或畸柔。米开朗琪罗在性格上和艺术上都是刚性美的极端的代表。你看他的

《摩西》！火焰有比他的目光更烈的么？钢铁有比他的须髯更硬的么？你看他的"大卫"！他那副脑里怕藏着比亚力山大的更惊心动魄的雄图吧？他那只庞大的右臂迟一会儿怕要拔起喜马拉雅山去撞碎哪一个星球吧？亚当是上帝首创的人，可是要结识世界第一个理想的伟男子，你须得到罗马西斯丁教寺的顶壁上去物色，这一幅大气磅礴的创世纪记，没有一个面孔不露着超人的意志，没有一条筋肉不鼓出海格立斯的气力。对这些原始时代的巨人，我们这些退化的侏儒只得自惭形秽，吐舌惊赞。可是凡是娘养的儿子也都不免感到一件缺憾——你看除"德尔斐仙"（Delphic Shbyl）以外，简直没有一个人像女子！你说那位是夏娃么？那位是马妥娜么？假如世界女子们都像那样犷悍，除着独身终生的米开朗琪罗以外的男子们还得把头罄低些呵！

雷阿那多·达·芬奇恰好替米开朗琪罗做一个反衬。假如"亚当"是男性美的象征，女性美的象征从"密罗斯爱神"以后，就不得不推《蒙娜·丽莎》了。那庄重中寓着妖媚的眼，那轻盈而神秘的笑，那丰润而灵活的手，艺术家们已摸索了不知几许年代，到达·芬奇才算寻出，这是多么大的一个成功！米开朗琪罗画"夏娃"和"圣母"，像他画"亚当"一样，都是用他雕"大卫"和"摩西"的那一副手腕，始终脱不去那种峥嵘巍峨的气象。达·芬奇的天才是比较的多方面的，他的世界中固然也有些魁梧奇伟的男子，可是他的特长确为佩特所说的，全在"能勾魂"（fascinating），而他所以"能勾魂"，则全在能摄取女性中最令人留恋的特质表现在幕布上。藏在日内瓦的那幅《圣约翰授洗者》活像女子化身固不用说，连藏在卢佛尔宫的那幅《酒神》也只是一位带醉的《蒙娜·丽莎》。再看《最后的晚餐》中的耶稣！他披着发，低着眉，在慈祥的面孔中现出悲哀和恻隐，而同时又毫没有失望的神采，除着抚慰病儿的慈母以外，你在哪里能寻出他的"模特儿"呢？

中国古代哲人观察宇宙似乎都全从美术家的观点出发，所以他们在万殊中所见得的共相为"阴"与"阳"。《易经》和后来纬学家把万事万物都归源到两仪四象，其所用标准，就是我们把老鹰配古松，娇莺配嫩柳所用的标准，这种观念在一般人脑里印得很深，所以历来艺术家对于刚柔两种美分得很严。在诗方面有李、杜与王、韦之别，在词方面有苏、辛与温、李之别，在画方面有石涛、八大与六如、十洲之别，在书法方面有颜、柳与褚、赵之别。这种分别常与地域有关系，大约北人偏刚，南人偏柔，所以艺术上的南北派已成为柔性派与刚性派的别名。清朝阳湖派和桐城派对于文章的争执也就在对于刚柔的嗜好不同。姚姬传《复鲁絜非书》是讨论刚柔两种美的文字中最好的一篇，他说：

> 自诸子而降，其为文无有弗偏者。其得于阳与刚之美者，则其文如霆如电，如长风之出谷，如崇山峻崖，如决大河，如奔骐骥；其光也如杲日，如火，如金镠铁，其于人也如凭高视远，如君而朝万众，如鼓万勇士而战之。其得于阴与柔之美者，则其文如升初日，如清风，如云，如霞，如烟，如幽林曲涧，如沦，如漾，如珠玉之辉，如鸿鹄之鸣而入寥阔；其于人也漻乎其如叹，邈乎其如有思，暖乎其如喜，愀乎其如悲。观其文，讽其音，则为文者之性情形状举以殊焉。

统观全局，中国的艺术是偏于柔性美的。中国诗人的理想境界大半是清风皓月疏林幽谷之类。环境越静越好，生活也越闲越好。他们很少肯跳出那"方宅十余亩，草屋八九间"的宇宙，而凭视八荒，遥听诸星奏乐者。他们以"乐天安命"为极大智慧，随贝雅特里奇上窥华严世界，已嫌多事，至于为着毕尝人生欢娱，穷探地狱秘奥，不惜同恶魔定卖魂约，更忒不安分守己了。因此，他们的诗也大半是微风般的荡漾，轻燕般的呢喃。过激烈的颜色，过激烈的声音，和过激烈的情感都是使它们畏避的。他们描写月的时候百倍于描写日；纵使描写日，也只能烘染朝曦九照，遇着盛夏正午烈火似的太阳，可就要逃到北窗下高卧，做他的羲皇上人了。司空图《二十四诗品》中只有"雄浑"、"劲健"、"豪放"、"悲慨"四品算是刚性美，其余二十品都偏于阴柔，我读《旧约·约伯记》，莎士比亚的《哈雷姆特》、弥尔顿的《失乐园》诸作，才懂得西方批评学者所谓"宇宙的情感"（cosmic emotion），回头在中国文学中寻实例，除着《逍遥游》、《齐物论》、《论语·子在川上》章、陈子昂《幽州台怀古》、李白《日出东方隈》诸作以外，简直想不出其他具有"宇宙的情感"的文字。西方批评学者向以 sublime 为最上品的刚性美，而这个字不特很难应用来说中国诗，连一个恰当的译词也不易得。"雄浑"、"劲健"、"庄严"诸词都只能得其片面的意义。中国艺术缺乏刚性美在音乐方面尤易见出，比如弹七弦琴，尽管你意在高山，意在流水，它都是一样单调。

抽象立论时，常容易把分别说得过于清楚。刚柔虽是两种相反的美，有时也可以混合调和，在实际上，老鹰有栖柳枝的时候，娇莺有栖古松的时候，也犹如男子中之有杨六郎，女子中之有麦克白夫人，西子湖滨之有两高峰，西伯利亚荒原之有明媚的贝加尔。说李太白专以雄奇擅长么？他的《闺怨》《长相思》《清平调》诸作之艳丽微婉，亦何减于《金筌》《浣花》？说陶渊明专从朴茂清幽入胜么？"纵浪大化中，不喜亦不惧"，又是何等气概？西方古典主义的理想向重和谐匀称，庄严中寓纤丽，才称上乘，到浪漫派才肯畸刚畸柔，中国向来论文的人也赞扬"柔亦不茹，刚亦不吐"，所以姚姬传说，"唯圣人之言统二气之会而弗偏。"比如书法，汉魏六朝人的最上作品如《夏承碑》《瘗鹤铭》《石门铭》诸碑，都能于气势中寓姿韵，亦雄浑，亦秀逸，后来偏刚者为柳公权之脱皮露骨，偏柔者如赵孟頫之弄态作媚，已渐流入下乘了。

（原刊《一般》1928 年第 8 卷第 4 期。）

精彩一句：

艺术是自然和人生的返照，创作者往往因性格的偏向，而作品也因而畸刚或畸柔。

小平品鉴：

拿姚鼐的刚性美与柔性美来译西文 sublime（崇高）与 grace（秀美）这要算朱光潜的一大贡献了！

有人指责朱光潜生搬硬套，硬说贝多芬第六交响曲是"温柔委婉，如悲如诉"，因为中国人听过该曲的人都不容易产生"标题"——田园的感受。我想这就是文化的差异，这并不等于第六交响曲没有阴柔秀美的一面。为什么中国人不觉得呢？对于这种文化上的差异，朱先生是心知肚明的。所以他才说，中国的艺术是偏于柔性美的。

朱光潜承认中西文化不同的趣味偏好，即西方文化偏于崇高之美，中国文化偏于秀丽之美。但还是站在共同人性基础上，认为中西方审美趣味都有"骏马秋风冀北"（刚性美）和"杏花春雨江南"（柔性美）两种，并且主张刚柔虽是两种相反的美，有时也可以混合调和。

无言之美

孔子有一天突然很高兴地对他的学生说："予欲无言。"子贡就接着问他："子如不言，则小子何述焉？"孔子说："天何言哉？四时行焉，百物生焉。天何言哉？"

这段赞美无言的话，本来从教育方面着想。但是要明瞭无言的意蕴，宜从美术观点去研究。

言所以达意，然而意决不是完全可以言达的。因为言是固定的，有迹象的；意是瞬息万变，飘渺无踪的。言是散碎的，意是混整的。言是有限的，意是无限的。以言达意，好像用继续的虚线画实物，只能得其近似。

所谓文学，就是以言达意的一种美术。在文学作品中，语言之先的意象，和情绪意旨所附丽的语言，都要尽美尽善，才能引起美感。

尽美尽善的条件很多。但是第一要不违背美术的基本原理，要"和自然逼真"（true to nature）：这句话讲得通俗一点，就是说美术作品不能说谎。不说谎包含有两种意义：一、我们所说的话，就恰似我们所想说的话。二、我们所想说的话，我们都吐肚子说出来了，毫无余蕴。

意既不可以完全达之以言，"和自然逼真"一个条件在文学上不是做不到么？或者我们问得再直截一点，假使语言文字能够完全传达情意，假使笔之于书的和存之于心的铢两悉称，丝毫不爽，这是不是文学上所应希求的一件事？

这个问题是了解文学及其他美术所必须回答的。现在我们姑且答道：文字语言固然不能全部传达情绪意旨，假使能够，也并非文学所应希求的。一切美术作品也都是这样，尽量表现，非惟不能，而也不必。

先从事实下手研究。譬如有一个荒村或任何物体，摄影家把它照一幅相，美术家把它画一幅画。这种相片和图画可以从两个观点去比较：第一，相片或图画，哪一个较"和自然逼真"？不消说得，在同一视阈以内的东西，相片都可以包罗尽致，并且体积比例和实物都两两相称，不会有丝毫错误。图画就不然；美术家对一种境遇，未表现之先，先加一番选择。选择定的材料还须经过一番理想化，把美术家的人格参加进去，然后表现出来。所表现的只是实物的一部分，就连这一部分也不必和实物完全一致。所以图画决不能如相片一样"和自然逼真"。第二，我们再问，相片和图画所引起的美感哪一个浓厚，所发生的印象哪一个深刻，这也不消说，稍有美术口胃的人都觉得图画比相片美得多。

文学作品也是同样。譬如《论语》，"子在川上曰：'逝者如斯夫，不舍昼夜！'"几句话决没完全描写出孔子说这番话时候的心境，而"如斯夫"三字更笼统，没有把当时的流水形容尽致。如果说详细一点，孔子也许这样说："河水滚滚地流去，日夜都是这样，没有一刻停止。世界上一切事物不都像这流水时常变化不尽么？过去的事物不就永远过去决不回头么？我看见这流水心中好不惨伤呀！……"但是纵使这样说去，还没有尽意。而比较起来，"逝者如斯夫，不舍昼夜"九个字比这段长而臭的演义就值得玩味多了！在上等文学作品中，——尤其在诗词中——这种言不尽意的例子处处都可以看见。譬如陶渊明的《时运》，"有风自南，翼彼新苗"，《读〈山海经〉》，"微雨从东来，好风与之俱"，本来没有表现出诗人的情绪，然而玩味起来，自觉有一种闲情逸致，令人心旷神怡。钱起的《省试湘灵鼓瑟》末二句，"曲终人不见，江上数峰青"，也没有说出诗人的心绪，然而一种凄凉惜别的神情自然流露于言语之外。此外像陈子昂的《幽州台怀古》，"前不见古人，后不见来者，念天地之悠悠，独怆然而涕下！"李白的《怨情》，"美人卷珠帘，深坐颦蛾眉。但见泪痕湿，不知心恨谁。"虽然说明了诗人的情感，而所说出来的多么简单，所含蓄的多么深远？再就写景说，无论何种境遇，要描写得唯妙唯肖，都要费许多笔墨。但是大手笔只选择两三件事轻描淡写一下，完全境遇便呈露眼前，栩栩欲生。譬如陶渊明的《归园田居》，"方宅十余亩，草屋八九间。榆柳阴后檐，桃李罗堂前。暖暖远人村，依依墟里烟。狗吠深巷中，鸡鸣桑树巅。"四十字把乡村风景描写多么真切！再如杜工部的《后出塞》，"落日照大地，马鸣风萧萧。平沙列万幕，部伍各见招。中天悬明月，令严夜寂寥。悲笳数声动，壮士惨不骄。"寥寥几句话，把月夜沙场状况写得多么有声有色，然而仔细观察起来，乡村景物还有多少为陶渊明所未提及，战地情况还有多少为杜工部所未提及。从此可知文学上我们并不以尽量表现为难能可贵。

在音乐里面，我们也有这种感想，凡是唱歌奏乐，音调由洪壮急促而变到低微以至于无声的时候，我们精神上就有一种沉默肃穆和平愉快的景象。白香山在《琵琶行》里形容琵琶声音暂时停顿的情况说，"水泉冷涩弦凝绝，凝绝不通声暂歇。别有幽愁暗恨生，此时无声胜有声。"这就是形容音乐上无言之美的滋味。著名英国诗人济慈（Keats）在《希腊花瓶歌》也说，"听得见的声调固然幽美，听不见的声调尤其幽美"（Heard melodies are sweet，but those unheard are sweeter），也是说同样道理。大概喜欢音乐的人都尝过此中滋味。

就戏剧说，无言之美更容易看出。许多作品往往在热闹场中动作快到极重要的一点时，忽然万籁俱寂，现出一种沉默神秘的景象。梅特林克（Maeterlinck）的作品就是好例。譬如《青鸟》的布景，择夜阑人静的时候，使重要角色睡得很长久，就是利用无言之美的道理。梅氏并且说："口开则灵魂之门闭，口闭则灵魂之门开。"赞无言之美的话不能比此更透辟了。莎士比亚的名著《哈姆雷特》一剧开幕便描写更夫守夜的状况，德林瓦特（Drinkwater）在其《林肯》中描写林肯在南北战争军事旁午的时候跪着默祷，王尔德（O. Wilde）的《温德梅尔夫人的扇子》里面描写温德梅尔夫人私奔，在她的情人寓所等候的状况，都在兴酣局紧，心悬悬渴望结局时，放出沉默神秘的色彩，都足以证明无言之美的。近代又有一种哑剧和静的布景，或只有动作而无言语，或连动作也没有，就将靠无言之美引人入胜了。

雕刻塑像本来是无言的，也可以拿来说明无言之美。所谓无言，不一定指不说话，是注重在含蓄不露。雕刻以静体传神，有些是流露的，有些是含蓄的。这种分别在眼睛上尤其容易看见。中国有一句谚语说，"金刚怒目，不如菩萨低眉"，所谓怒目，便是流露；所谓低眉，便是含蓄。凡看低头闭目的神像，所生的印象往往特别深刻。最有趣的就是西洋爱神的雕刻，她们男女都是瞎了眼睛。这固然根据希腊的神话，然而实在含有美术的道理，因为爱情通常都在眉目间流露，而流露爱情的眉目是最难比拟的。所以索性雕成盲目，可以耐人寻思。当初雕刻家原不必有意为此，但这些也许是人类不用意识而自然碰的巧。

要说明雕刻上流露和含蓄的分别，希腊著名雕刻《拉奥孔》（Laocoon）是最好的例子。相传拉奥孔犯了大罪，天神用了一种极惨酷的刑法来惩罚他，遣了一条恶蛇把他和他的两个儿子在一块绞死了。在这种极刑之下，未死之前当然有一种悲伤惨感目不忍睹的一顷刻，而希腊雕刻家并不擒住这一顷刻来表现，他只把将达苦痛极点前一顷刻的神情雕刻出来，所以他所表现的悲哀是含蓄不露的。倘若是流露的，一定带了挣扎呼号的样子。这个雕刻，一眼看去，只觉得他们父子三人都有一种难言之恫；仔细看去，便可发见条条筋肉根根毛孔都暗示一种极苦痛的神情。德国莱辛（Lessing）的名著《拉奥孔》就根据这个雕刻，讨论美术上含蓄的道理。

以上是从各种艺术中信手拈来的几个实例。把这些个别的实例归纳在一起，我们可以得一个公例，就是：拿美术来表现思想和情感，与其尽量流露，不如稍有含蓄；与其吐肚子把一切都说出来，不如留一大部分让欣赏者自己去领会。因为在欣赏者的头脑里所生的印象和美感，含蓄比较尽量流露的还要更加深刻。换句话说，说出来的越少，留着不说的越多，所引起的美感就越大越深越真切。

这个公例不过是许多事实的总结。现在我们要进一步求出解释这个公例的理由。我们要问何以说得越少，引起的美感反而越深刻？何以无言之美有如许势力？

想答复这个问题，先要明白美术的使命。人类何以有美术的要求？这个问题本非一言可尽。现在我们姑且说，美术是帮助我们超现实而求安慰于理想境界的。人类的意志可向两方面发展：一是现实界，一是理想界。不过现实界有时受我们的意志支配，有时不受我们的意志支配。譬如我们想造一所房屋，这是一种意志。要达到这个意志，必费许多力气去征服现实，要开荒辟地，要造砖瓦，要架梁柱，要赚钱去请泥水匠。这些事都是人力可以办到的，都是可以用意志支配的。但是现实界凡物皆向地心下坠一条定律，就不可以用意志征服。所以意志在现实界活动，处处遇障碍，处处受限制，不能圆满地达到目的，实际上我们的意志十之八九都要受现实限制，不能自由发展。譬如谁不想有美满的家庭？谁不想住在极乐国？然而在现实界决没有所谓极乐美满的东西存在。因此我们的意志就不能不和现实发生冲突。

一般人遇到意志和现实发生冲突的时候，大半让现实征服了意志，走到悲观烦闷的路上去，以为件件事都不如人意，人生还有什么意味？所以堕落，自杀，逃空门种种的消极的解决法就乘虚而入了，不过这种消极的人生观不是解决意志和现实冲突最好的方法。因为我们人类生来不是懦弱者，而这种消极的人生观甘心让现实把意志征服了，是一种极懦弱的表示。

然则此外还有较好的解决法么？有的，就是我所谓超现实。我们处世有两种态度，人力所能做到的时候，我们竭力征服现实。人力莫可奈何的时候，我们就要暂时超脱现实，储蓄精力待将来再向他方面征服现实。超脱到哪里去呢？超脱到理想界去。现实界处处有障碍有限制，理想界是天空任鸟飞，极空阔极自由的。现实界不可以造空中楼阁，理想界是可以造空中楼阁的。现实界没有尽美尽善，理想界是有尽美尽善的。

姑取实例来说明。我们走到小城市里去，看见街道窄狭污浊，处处都是阴沟厕所，当然感觉不快，而意志立时就要表示态度。如果意志要征服这种现实哩，我们就要把这种街道房屋一律拆毁，另造宽大的马路和清洁的房屋。但是谈何容易？物质上发生种种障碍，这一层就不一定可以做到。意志在此时如何对付呢？他说：我要超脱现实，去在理想界造成理想的街道房屋来，把它表现在图画上，表现在雕刻上，表现在诗文上。于是结果有所谓美术作品。美术家成了一件作品，自己觉得有创造的大力，当然快乐已极。旁人看见这种作品，觉得它真美丽，于是也愉快起来了，这就是所谓美感。

因此美术家的生活就是超现实的生活；美术作品就是帮助我们超脱现实到理想界去求安慰的。换句话说，我们有美术的要求，就因为现实界待遇我们太刻薄，不肯让我们的意志推行无碍，于是我们的意志就跑到理想界去求慰情的路径。美术作品之所以美，就美在它能够给我们很好的理想境界。所以我们可以说，美术作品的价值高低就看它超现实的程度大小，就看它所创造的理想世界是阔大还是窄狭。

但是美术又不是完全可以和现实界绝缘的。它所用的工具——例如雕刻用的石头，图画用的颜色，诗文用的语言——都是在现实界取来的。它所用的材料——例如人物情状悲欢离合——也是现实界的产物。所以美术可以说是以毒攻毒，利用现实的帮助以超脱现实的苦恼。上面我们说过，美术作品的价值高低要看它超脱现实的程度如何。这句话应稍加改正，我们应该说，美术作品的价值高低，就看它能否借极少量的现实界的帮助，创造极大量的理想世界出来。

在实际上说，美术作品借现实界的帮助愈少，所创造的理想世界也因而愈大。再拿相片和图画来说明。何以相片所引起的美感不如图画呢？因为相片上一形一影，件件都是真实的，而且应有尽有，发泄无遗。我们看相片，种种形影好像钉子把我们的想象力都钉死了。看到相片，好像看到二五，就只能想到一十，不能想到其他数目。换句话说，相片把事物看得忒真，没有给我们以想象余地。所以相片，只能抄写现实界，不能创造理想界。图画就不然。图画家用美术眼光，加一番选择的工夫，在一个完全境遇中选择了一小部事物，把它们又经过一番理想化，然后才表现出来。惟其留着一大部分不表现，欣赏者的想象力才有用武之地。想象作用的结果就是一个理想世界。所以图画所表现的现实世界虽极小而创造的理想世界则极大。孔子谈教育说，"举一隅不以三隅反，则不复也。"相片是把四隅通举出来了，不要你劳力去"复"。图画就只举一隅，叫欣赏者加一番想象，然后"以三隅反"。

流行语中有一句说："言有尽而意无穷。"无穷之意达之以有尽之言，所以有许多意，尽在不言中。文学之所以美，不仅在有尽之言，而尤在无穷之意。推广地说，美术作品之所以美，不是只美在已表现的一部分，尤其是美在未表现而含蓄无穷的一大部分，这就是本文所谓无言之美。

因此美术要和自然逼真的一个信条应该这样解释：和自然逼真是要窥出自然的精髓所在，而表现出来；不是说要把自然当作一篇印版文字，很机械地抄写下来。

这里有一个问题会发生。假使我们欣赏美术作品，要注重在未表现而含蓄着的一部分，要超"言"而求"言外意"，各个人有各个人的见解，所得的言外意不是难免殊异么？当然，美术作品之所以美，就美在有弹性，能拉得长，能缩得短。有弹性所以不呆板。同一美术作品，你去玩味有你的趣味，我去玩味有我的趣味。譬如莎氏乐府所以在艺术上占极高位置，就因为各种阶级的人在不同的环境中都欢喜读他。有弹性所以不陈腐。同一美术作品，今天玩味有今天的趣味，明天玩味有明天的趣味。凡是经不得时代淘汰的作品都不是上乘。上乘文学作品，百读都令人不厌的。

就文学说，诗词比散文的弹性大；换句话说，诗词比散文所含的无言之美更丰富。散文是尽量流露的，愈发挥尽致，愈见其妙。诗词是要含蓄暗示，若即若离，才能引人入胜。现在一般研究文学的人都偏重散文——尤其是小说。对于诗词很疏忽。这件事实可以证明一般人文学欣赏力很薄弱。现在如果要提高文学，必先提高文学欣赏力，要提高文学欣赏力，必先在诗词方面特下工夫，把鉴赏无言之美的能力养得很敏捷。因此我很希望文学创作者在诗词方面多努力，而学校国文课程中诗歌应该占一个重要的位置。

本文论无言之美，只就美术一方面着眼。其实这个道理在伦理、哲学、教育、宗教及实际生活各方面，都不难发现。老子《道德经》开卷便说："道可道，非常道；名可名，非常名。"这就是说伦理、哲学中有无言之美。儒家谈教育，大半主张潜移默化，所以拿时雨春风做比喻。佛教及其他宗教之能深入人心，也是借沉默、神秘的势力。幼稚园创造者蒙台梭利利用无言之美的办法尤其有趣。在她的幼稚园里，教师每天趁儿童玩得很热闹的时候，猛然地在粉板上写一个"静"字，或奏一声琴。全体儿童于是都跑到自己的座位去，闭着眼睛蒙着头伏案假睡的姿势，但是他们不可睡著。几分钟后，教师又用很轻微的声音，从颇远的地方呼唤各个儿童的名字。听见名字的就要立刻醒起来。这就是使儿童可以在沉默中领略无言之美。

就实际生活方面说，世间最深切的莫如男女爱情。爱情摆在肚子里面比摆在口头上来得恳切。"齐心同所愿，含意俱未伸"和"更无言语空相觑"，比较"细语温存"、"怜我怜卿"的滋味还要更加甜密。英国诗人布莱克（Blake）有一首诗叫做《爱情之秘》（Love's Secret）里面说：

（一）切莫告诉你的爱情，

爱情是永远不可以告诉的，

因为她像微风一样，

不做声不做气地吹着。

（二）我曾经把我的爱情告诉而又告诉，

我把一切都披肝沥胆地告诉爱人了，

打着寒颤，耸头发地告诉，

然而她终于离我去了！

（三）她离我去了，

不多时一个过客来了。

不做声不做气地，只微叹一声，

便把她带去了。

这首短诗描写爱情上无言之美的势力，可谓透辟已极了。本来爱情完全是一种心灵的感应，其深刻处是老子所谓不可道不可名的。所以许多诗人以为"爱情"两个字本身就太滥太寻常太乏味，不能拿来写照男女间神圣深挚的情绪。

其实何只爱情？世间有许多奥妙，人心有许多灵悟，都非言语可以传达，一经言语道破，反如甘蔗渣滓，索然无味。这个道理还可以推到宇宙人生诸问题方面去。我们所居的世界是最完美的，就因为它是最不完美的。这话表面看去，不通已极。但是实在含有至理。假如世界是完美的，人类所过的生活——比好一点，是神仙的生活，比坏一点，就是猪的生活——便呆板单调已极，因为倘若件件都尽美尽善了，自然没有希望发生，更没有努力奋斗的必要。人生最可乐的就是活动所生的感觉，就是奋斗成功而得的快慰。世界既完美，我们如何能尝创造成功的快慰？这个世界之所以美满，就在有缺陷，就在有希望的机会，有想象的田地。换句话说，世界有缺陷，可能性（potentiality）才大。这种可能而未能的状况就是无言之美。世间有许多奥妙，要留着不说出；世间有许多理想，也应该留着不实现。因为实现以后，跟着"我知道了！"的快慰便是"原来不过如是！"的失望。

天上的云霞有多么美丽！风涛虫鸟的声息有多么和谐！用颜色来摹绘，用金石丝竹来比拟，任何美术家也是作践天籁，糟蹋自然！无言之美何限？让我这种拙手来写照，已是糟粕枯骸！这种罪过我要完全承认的。倘若有人骂我胡言乱道，我也只好引陶渊明的诗回答他说："此中有真味，欲辨已忘言！"

（选自《给青年的十二封信》，开明书店 1929 年版。）

精彩一句：

美术作品之所以美，不是只美在已表现的一部分，尤其是美在未表现而含蓄无穷的一大部分，这就是本文所谓无言之美。

小平品鉴：

这篇文章被朱光潜称为自己的处女作。

这篇文章体现了朱光潜的重要美学主张——人生的艺术化。生活要有情趣，这情趣多来源于对艺术的观照。艺术是人生超脱苦闷现实的一种理想的慰藉。在艺术中，我们可以找到理想界的"尽美尽善"。

文章从绘画、文学、音乐、戏剧、雕塑等来说明艺术不是简单的模仿现实，它有比现实更"多"的那么一点东西。艺术作品之所以美，不是只美在已表现的一小部分，尤其是美在未表现而含蓄无穷的一大部分，即"无言之美"。

朱光潜说，艺术一方面超脱现实界，另一方面又用现实的工具，如雕刻的石头、图画的颜色、诗文的语言等，以有限之材料（言）表达无限之意，终而成就人类。艺术家创造的是一个艺术理想的世界，而不是复写的一个机械的现实世界，他是用艺术特有的眼光和方法把自然（现实）界的"精髓"表现出来。艺术把人带往一个超脱于现实界的理想世界。

谈趣味

　　拉丁文中有一句陈语："谈到趣味无争辩。""文章千古事，得失寸心知。"
不但作者对于自己的作品是如此，就是读者对于作者恐怕也没有旁的说法。如
果一个人相信地球是方的或是泰山比一切的山都高，你可以和他争辩，可以用
很精确的论证去说服他，但是如果他说《花月痕》比《浮生六记》高明，或是
两汉以后无文章，你心里尽管不以他为然，口里最好不说，说也无从说起。遇
到"自家人"，彼此相看一眼，心领神会就行了。

　　这番话显然带着一些印象派批评家的牙慧。事实上我们天天谈文学，在批
评谁的作品好，谁的作品坏，文学上自然也有是非好丑，你欢喜坏的作品而不
欢喜好的作品，这就显得你的趣味低下，还有什么话可说？这话谁也承认，但
是难问题不在此，难问题在你以为丑他以为美，或者你以为美而他以为丑时，
你如何能使他相信你而不相信他自己呢？或者进一步说，你如何能相信你自己
一定是对呢？你说文艺上自然有一个好丑的标准，这个标准又如何可以定出来
呢？从前文学批评家们有些人以为要取决于多数，以为经过长久时间淘汰而仍
巍然独存，为多数人所欣赏的作品总是好的。相信这话的人太多，我不敢公开

地怀疑，但是在我们至好的朋友中，我不妨说句良心话：我们至多能活到一百岁，到什么时候才能知道 Marcel Proust 或 D. H. Lawrence 值不值得读一读呢？从前批评家们也有人，例如阿诺德，以为最稳当的办法是拿古典名著做"试金石"，遇到新作品时，把它拿来在这块"试金石"上面擦一擦，硬度如果相仿佛，它一定是好的；如果擦了要脱皮，你就不用去理会它。但是这种办法究竟是把问题推远而并没有解决它，文学作品究竟不是石头，两篇相擦时，谁看见哪一篇"脱皮"呢？

"天下之口有同嗜"——但是也有例外。文学批评之难就难在此。如果依正统派，我们便要抹煞例外；如果依印象派，我们便要抹煞"天下之口有同嗜"。关于文学的嗜好，"例外"也并不可一笔勾消。在 Keats 未死以前，嗜好他的诗的人是例外，在印象主义闹得很轰烈时，真正嗜好 Malarmé 的诗人还是例外，我相信现在真正欢喜 T. S. Eliot 的人恐怕也得列在例外。这些"例外"的人常自居 élite 之列，而实际上他们也往往真是 élite。所谓"经过长久时间淘汰而仍巍然独存的"作品往往是先由这班"例外"的先生们捧出来的。

在正统派看，"天下之口有同嗜"一个公式之不可抹煞当更甚于"例外"之不可抹煞。他们总得喊要"标准"，喊要"普遍性"。他们自然也有正当道理。反正这场官司打不清，各个时代都有喊要标准的人，同时也都有信任主观嗜好的人。他们各有各的功劳，大家正用不着彼此瞧不起彼此。

文艺不一定只有一条路可走。东边的景致只有面朝东走的人可以看见，西边的景致也只有面朝西走的人可以看见。向东走者听到向西走者称赞西边景致时觉其夸张，同时怜惜他没有看到东边景致美。向西走者看待向东走者也是如此。这都是常有的事，我们不必大惊小怪。理想的游览风景者是向东边走过之后能再回头向西走一走，把东西两边的风味都领略到。这种人才配估定东西两边的优劣。也许他以为日落的景致和日出的景致各有胜境，根本不同，用不着去强分优劣。

一个人不能同时走两条路，出发时只有一条路可走。从事文艺的人入手不能不偏，不能不依傍门户，不能不先培养一种偏狭的趣味。初喝酒的人对于白酒红酒种种酒都同样地爱喝，他一定不识酒味。到了识酒味时他的嗜好一定偏狭，非是某一家某一年的酒不能使他喝得畅快。学文艺也是如此，没有尝过某一种 clique 的训练和滋味的人总不免有些江湖气。我不知道会喝酒的人是否可以从非某一家某一年的酒不喝，进到只要是好酒都可以识出味道；但是我相信学文艺者应该能从非某家某派诗不读，做到只要是好诗都可以领略到滋味的地步。这就是说，学文艺的人入手虽不能不偏，后来却要能不偏，能凭空俯视一切门户派别，看出偏的弊病。

文学本来一国有一国的特殊的趣味，一时有一时的特殊的风尚。就西方诗说，拉丁民族的诗有为日耳曼民族所不能欣赏的境界，日耳曼民族的诗也有为非拉丁民族所能欣赏的境界。寝馈于古典派作品既久者对于浪漫派作品往往格格不入；寝馈于象征派既久者亦觉其他作品都索然无味。中国诗的风尚也是随时代变迁。汉魏六朝唐宋各有各的派别，各有各的信徒。明人尊唐，清人尊宋，好高古者祖汉魏，喜妍艳者推重六朝和西崑。门户之见也往往很严。

但是门户之见可以范围初学而不足以羁縻大雅。读诗较广泛者常觉得自己的趣味时时在变迁中，久而久之，有如江湖游客，寻幽览胜，风雨晦明，川原海岳，各有妙境，吾人正不必以此所长，量彼所短，各派都有长短，取长弃短，才无偏蔽。古今的优劣实在不易下定评，古有古的趣味，今也有今的趣味。后人做不到"蒹葭苍苍"和"涉江采芙蓉"诸诗的境界，古人也做不到"空梁落燕泥"和"山山尽落晖"诸诗的境界。浑朴精妍原来是两种不同的趣味，我们不必强其同。

文艺上一时的风尚向来是靠不住的。在法国十七世纪新古典主义盛行时，十六世纪的诗被人指摘，体无完肤，到浪漫时代大家又觉得"七星派诗人"亦自有独到境界。在英国浪漫主义盛行时，学者都鄙视十七十八世纪的诗；现在浪漫的潮流平息了，大家又觉得从前被人鄙视的作品，亦自有不可磨灭处。个人的趣味演进亦往往如此。涉猎愈广博，偏见愈减少，趣味亦愈纯正。从浪漫派脱胎者到能见出古典派的妙处时，专在唐宋做工夫者到能欣赏六朝人作品时，笃好苏辛词者到能领略温李的情韵时，才算打通了诗的一关。好浪漫派而止于浪漫派者，或是好苏辛而止于苏辛者，终不免坐井观天，诬天渺小。

趣味无可争辩，但是可以修养。文艺批评不可抹视主观的私人的趣味，但是始终拘执一家之言者的趣味不足为凭。文艺自有是非标准，但是这个标准不是古典，不是"耐久"和"普及"，而是从极偏走到极不偏，能凭空俯视一切门户派别者的趣味；换句话说，文艺标准是修养出来的纯正的趣味。

（选自《孟实文钞》，良友图书公司 1936 年版。）

精彩一句：

趣味无可争辩，但是可以修养。

肖泳品鉴：

趣味无争辩，但是作为批评家，岂可偏执于某种趣味而丧失对艺术的高下之辨呢？

本文探讨的是审美趣味有无标准和如何设定标准的问题，这一向是一个审美难题。趣味无争辩，然趣味有高低。难就难在，怎么定出鉴别趣味高下的标准？一般情况下，"天下之口有同嗜"，是一个不错的标准，意思是大众的趣味就是标准。但是，艺术史已有无数例子否定了这一标准。事实上，精英在趣味上走在大众之前，他们最先领悟了高趣味的作品。

高趣味的审美鉴赏力从何而来？朱光潜发现，初入文艺之门的人，往往有偏好，即持有某一种特别趣味，只偏爱某一作家某一种趣味。这是常见现象，无可厚非。朱光潜认为，随着学习的深入，趣味不该再那么偏狭，而应是各种作品都读，各种诗都领略其妙，于此中培养出纯正的趣味。这个过程就好像看风景的人，往西边去的人看不到东边的景致，就说东边不如西边；往东边去的人领略不到西边景致的好，同样对西边的评价也会有失公允。最好的办法是看过西边，再走到东边看看，两边的好都领略到，自然对何为好何为不好就有了评定的依据。不偏狭于一种趣味，广泛接触各种文艺作品，从偏走到不偏，这个时候便培养出高趣味的审美鉴赏力了。

谈美感教育

世间事物有真善美三种不同的价值，人类心理有知情意三种不同的活动。这三种心理活动恰和三种事物价值相当：真关于知，善关于意，美关于情。人能知，就有好奇心，就要求知，就要辨别真伪，寻求真理。人能发意志，就要想好，就要趋善避恶，造就人生幸福。人能动情感，就爱美，就欢喜创造艺术，欣赏人生自然中的美妙境界。求知、想好、爱美，三者都是人类天性；人生来就有真善美的需要，真善美具备，人生才完美。

教育的功用就在顺应人类求知、想好、爱美的天性，使一个人在这三方面得到最大限度的调和的发展，以达到完美的生活。"教育"一词在西文为education，是从拉丁文动词educare来的，原义是"抽出"，所谓"抽出"就是"启发"。教育的目的在"启发"人性中所固有的求知、想好、爱美的本能，使它们尽量生展。中国儒家的最高的人生理想是"尽性"。他们说："能尽人之性则能尽物之性，能尽物之性则可以赞天地之化育。"教育的目的可以说就是使人"尽性"，"发挥性之所固有"。

物有真善美三面，心有知情意三面，教育求在这三方面同时发展，于是有智育、德育、美育三节目。智育叫人研究学问，求知识，寻真理；德育叫人培养良善品格，学做人处世的方法和道理；美育叫人创造艺术，欣赏艺术与自然，在人生世相中寻出丰富的兴趣。三育对于人生本有同等的重要，但是在流行教育中，只有智育被人看重，德育在理论上的重要性也还没有人否认，至于美育则在实施与理论方面都很少有人顾及。二十年前蔡孑民先生一度提倡过"美育代宗教"，他的主张似没有发生多大的影响。还有一派人不但忽略美育，而且根本仇视美育。他们仿佛觉得艺术有几分不道德，美育对于德育有妨碍。希腊大哲学家柏拉图就以为诗和艺术是说谎的，逢迎人类卑劣情感的，多受诗和艺术的熏染，人就会失去理智的控制而变成情感的奴隶，所以他对诗人和艺术家说了一番客气话之后，就把他们逐出"理想国"的境外。中世纪耶稣教徒的态度很类似。他们以倡苦行主义求来世的解脱，文艺是现世中一种快乐，所以被看成一种罪孽。近代哲学家中卢梭是平等自由说的倡导者，照理应该能看得宽远一点，但是他仍然怀疑文艺，因为他把文艺和文化都看成朴素天真的腐化剂。托尔斯泰对近代西方艺术的攻击更丝毫不留情面，他以为文艺常传染不道德的情感，对于世道人心影响极坏。他在《艺术论》里说："每个有理性有道德的人应该跟着柏拉图以及耶回教师，把这问题从新这样决定：宁可不要艺术，也莫再让现在流行的腐化的虚伪的艺术继续下去。"

这些哲学家和宗教家的根本错误在认定情感是恶的，理性是善的，人要能以理性镇压感情，才达到至善。这种观念何以是错误的呢？人是一种有机体，情感和理性既都是天性固有的，就不容易拆开。造物不浪费，给我们一份家当就有一份的用处。无论情感是否可以用理性压抑下去，纵是压抑下去，也是一种损耗，一种残废。人好比一棵花草，要根茎枝叶花实都得到平均的和谐的发展，才长得繁茂有生气。有些园丁不知道尽草木之性，用人工去歪曲自然，使某一部分发达到超出常态，另一部分则受压抑摧残。这种畸形发展是不健康的状态，在草木如此，在人也是如此。理想的教育不是摧残一部分天性而去培养另一部分天性，以致造成畸形的发展；理想的教育是让天性中所有的潜蓄力量都得尽量发挥，所有的本能都得平均调和发展，以造成一个全人。所谓"全人"除体格强壮以外，心理方面真善美的需要必都得到满足。只顾求知而不顾其它的人是书虫，只讲道德而不顾其它的人是枯燥迂腐的清教徒，只顾爱美而不顾其它的人是颓废的享乐主义者。这三种人都不是全人而是畸形人，精神方面的驼子跛子。养成精神方面的驼子跛子的教育是无可辩护的。

美感教育是一种情感教育。它的重要我们的古代儒家是知道的。儒家教育特重诗，以为它可以兴观群怨；又特重礼乐，以为"礼以制其宜，乐以导其和"。《论语》有一段话总述儒家教育宗旨说："兴于诗，立于礼，成于乐。"诗、礼、乐三项可以说都属于美感教育。诗与乐相关，目的在怡情养性，养成内心的和谐（harmony）；礼重仪节，目的在使行为仪表就规范，养成生活上的秩序（order）。蕴于中的是性情，受诗与乐的陶冶而达到和谐；发于外的是行为仪表，受礼的调节而进到秩序。内具和谐而外具秩序的生活，从伦理观点看，是最善的；从美感观点看，也是最美的。儒家教育出来的人要在伦理和美感观点都可以看得过去。

这是儒家教育思想中最值得注意的一点。他们的着重点无疑地是在道德方面，德育是他们的最后鹄的，这是他们与西方哲学家宗教家柏拉图和托尔斯泰诸人相同的。不过他们高于柏拉图和托尔斯泰诸人，因为柏拉图和托尔斯泰诸人误认美育可以妨碍德育，而儒家则认定美育为德育的必由之径。道德并非陈腐条文的遵守，而是至性真情的流露。所以德育从根本做起，必须怡情养性。美感教育的功用就在怡情养性，所以是德育的基础功夫。严格地说，善与美不但不相冲突，而且到最高境界，根本是一回事，它们的必有条件同是和谐与秩序。从伦理观点看，美是一种善；从美感观点看，善也是一种美。所以在古希腊文与近代德文中，美善只有一个字，在中文和其他近代语文中，"善"与"美"二字虽分开，仍可互相替用。真正的善人对于生活不苟且，犹如艺术家对于作品不苟且一样。过一世生活好比作一篇文章，文章求惬心贵当，生活也须求惬心贵当。我们嫌恶行为上的鄙卑龌龊，不仅因其不善，也因其丑，我们赞赏行为上的光明磊落，不仅因其善，也因其美，一个真正有美感修养的人必定同时也有道德修养。

美育为德育的基础，英国诗人雪莱在《诗的辩护》里也说得透辟。他说："道德的大原在仁爱，在脱离小我，去体验我以外的思想行为和体态的美妙。一个人如果真正做善人，必须能深广地想象，必须能设身处地替旁人想，人类的忧喜苦乐变成他的忧喜苦乐。要达到道德上的善，最大的途径是想象；诗从这根本上做工夫，所以能发生道德的影响。"换句话说，道德起于仁爱，仁爱就是同情，同情起于想象。比如你哀怜一个乞丐，你必定先能设身处地想象他的痛苦。诗和艺术对于主观是情境必能"出乎其外"，对于客观的情境必能"入乎其中"，在想象中领略它，玩索它，所以能扩大想象，培养同情。这种看法也与儒家学说暗合。儒家在诸德中特重"仁"，"仁"近于耶稣教的"爱"、佛教的"慈悲"，是一种天性，也是一种修养。仁的修养就在诗。儒家有一句很简赅深刻的话："温柔敦厚诗教也。"诗教就是美育，温柔敦厚就是仁的表现。

美育不但不妨害德育而且是德育的基础，如上所述。不过美育的价值还不仅在此。西方人有一句恒言说："艺术是解放的，给人自由的。"（Art is liberative）这句话最能见出艺术的功用，也最能见出美育的功用。现在我们就在这句话的意义上发挥。从哪几方面看，艺术和美育是"解放的，给人自由的"呢？

第一是本能冲动和情感的解放。人类生来有许多本能冲动和附带的情感，如性欲、生存欲、占有欲、爱、恶、怜、惧之类。本自然倾向，它们都需要活动，需要发泄。但是在实际生活中，它们不但常彼此互相冲突，而且与文明社会的种种约束如道德、宗教、法律、习俗之类不相容。我们每个人都知道，本能冲动和欲望是无穷的，而实际上有机会实现的却寥寥有数。我们有时察觉到本能冲动和欲望不大体面，不免起羞恶之心，硬把它们压抑下去；有时自己对它们虽不羞恶而社会的压力过大，不容它们赤裸裸地暴露，也还是被压抑下去。性欲是一个最显著的例。从前哲学家宗教家大半以为这些本能冲动和情感都是卑劣的、不道德的、危险的，承认压抑是最好的处置。他们的整部道德信条有时只在理智镇压情欲。我们在上文指出这种看法的不合理，说它违背平均发展的原则，容易造成畸形发展。其实它的祸害还不仅此。弗洛伊德（Freud）派心理学告诉我们，本能冲动和附带的情感仅可暂时压抑而不可永远消灭，它们理应有自由活动的机会，如果勉强被压抑下去，表面上像是消灭了，实际上在隐意识里凝聚成精神上的疮疖，为种种变态心理和精神病的根源。依弗洛伊德看，我们现代文明社会中人因受道德、宗教、法律、习俗的裁制，本能冲动和情感常难得正常的发泄，大半都有些"被压抑的欲望"所凝成的"情意综"（complexes）。这些情意综潜蓄着极强烈的捣乱力，一旦爆发，就成精神上种种病态。但是这种潜力可以藉文艺而发泄，因为文艺所给的是想象世界，不受现实世界的束缚和冲突，在这想象世界中，欲望可以用"望梅止渴"的办法得到满足。文艺还把带有野蛮性的本能冲动和情感提到一个较高尚较纯洁的境界去活动，所以有升华作用（sublimation）。有了文艺，本能冲动和情感才得自由发泄，不致凝成疮疖酿精神病，它的功用有如机器方面的"安全瓣"（safety volve）。弗洛伊德的心理学有时近于怪诞，但实含有一部分真理。文艺和其他美感活动给本能冲动和情感以自由发泄的机会，在日常经验中也可以得到证明。我们每当愁苦无聊时，费一点工夫来欣赏艺术作品或自然风景，满腹的牢骚就马上烟消云散了。读古人痛快淋漓的文章，我们常有"先得我心"的感觉。看过一部戏或是读过一部小说之后，我们觉得曾经紧张了一阵是一件痛快事。这些快感都起于本能冲动和情感在想象世界中得解放。最好的例子是歌德著《少年维特之烦恼》的经过。他少时爱过一个已经许人的女子，心里痛苦已极，想自杀以了一切。有一天他听到一位朋友失恋自杀的消息，想到这事和他自己的境遇相似，可以写成一部小说。他埋头两礼拜，写成《少年维特之烦恼》，把自己心中怨慕愁苦的情绪一齐倾泻到书里，书成了，他的烦恼便去了，自杀的念头也消了。从这实例看，文艺确有解放情感的功用，而解放情感对于心理健康也确有极大的裨益，我们通常说一个人情感要有所寄托，才不致苦恼烦闷，文艺是大家公认为寄托情感的最好的处所。所谓"情感有所寄托"还是说它要有地方可以活动，可得解放。

其次是眼界的解放。宇宙生命时时刻刻在变动进展中，希腊哲人有"濯足急流，抽足再入，已非前水"的譬喻。所以在这种变动进展的过程中每一时每一境都是个别的、新鲜的、有趣的。美感经验并无深文奥义，它只在人生世相中见出某一时某一境特别新鲜有趣而加以流连玩味，或者把它描写出来。这句话中"见"字最紧要。我们一般人对于本来在那里的新鲜有趣的东西不容易"见"着。这是什么缘故呢？不能"见"必有所蔽。我们通常把自己围在习惯所画成的狭小圈套里，让它把眼界"蔽"着，使我们对它以外的世界都视而不见，听而不闻。比如我们如果围于饮食男女，饮食男女以外的事物就见不着；围于奔走钻营，奔走以外的事就见不着。有人向海边农夫称赞他的门前海景美，他很羞涩地指着屋后菜园说："海没有什么，屋后的一园菜倒还不差。"一园菜围住了他，使他不能见到海景美。我们每个人都有所囿，有所蔽，许多东西都不能见，所见到的天地是非常狭小，陈腐的、枯燥的。诗人和艺术家所以超过我们一般人者就在情感比较真挚，感觉比较锐敏，观察比较深刻，想象比较丰富。我们"见"不着的他们"见"得着，并且他们"见"得到就说得出，我们本来"见"不着的他们"见"着说出来了，就使我们也可以"见"着。像一位英国诗人所说的，他们"借他们的眼睛给我们看"（They lend their eyes for us to see）。中国人爱好自然风景的趣味是陶、谢、王、韦诸诗人所传染的。在 Turner 和 Whistler 以前，英国人就没有注意到泰晤士河上有雾。Byron 以前，欧洲人很少赞美威尼斯。前一世纪的人崇拜自然，常咒骂城市生活和工商业文化，但是现代美国、俄国的文学家有时把城市生活和工商业文化写得也很有趣。人生的罪孽灾害通常只引起怨恨，悲剧却教我们于罪孽灾祸中见出伟大壮严；丑陋乖讹通常只引起嫌恶，喜剧却教我们在丑陋乖讹中见出新鲜的趣味。Rembrandt 画过一些疲癃残疾的老人以后，我们见出丑中也还有美。象征诗人出来以后，许多一纵即逝的情调使我们觉得精细微妙，特别值得留恋。文艺逐渐向前伸展，我们的眼界也逐渐放大，人生世相越显得丰富华严。这种眼界的解放给我们不少的生命力量，我们觉得人生有意义，有价值，值得活下去。许多人嫌生活干燥，烦闷无聊，原因就在缺乏美感修养，见不着人生世相的新鲜有趣。这种人最容易堕落颓废，因为生命对于他们失去意义与价值。"哀莫大于心死"，所谓"心死"就是对于人生世相失去解悟与留恋，就是不能以美感态度去观照事物。美感教育不是替有闲阶级增加一件奢侈品，而是使人在丰富华严的世界中随处吸收支持生命和推展生命的活力。朱子有一首诗说："半亩方塘一鉴开，天光云影共徘徊，问渠哪得清如许？为有源头活水来。"这诗所写的是一种修养的胜境。美感教育给我们的就是"源头活水"。

第三是自然限制的解放。这是德国唯心派哲学家康德、席勒、叔本华、尼采诸人所最着重的一点，现在我们用浅近语来说明它。自然世界是有限的，受因果律支配的，其中毫末细故都有它的必然性，因果线索命定它如此，它就丝毫移动不得。社会由历史铸就，人由遗传和环境造成。人的活动寸步离不开物质生存条件的支配，没有翅膀就不能飞，绝饮食就会饿死。由此类推，人在自然中是极不自由的。动植物和非生物一味顺从自然，接受它的限制，没有过分希冀，也就没有失望和痛苦。人却不同，他有心灵，有不可压的欲望，对于无翅不飞、绝食饿死之类事实总觉有些歉然。人可以说是两重奴隶，第一服从自然的限制，其次要受自己的欲望驱使。以无穷欲望处有限自然，人便觉得处处不如意、不自由，烦闷苦恼都由此起。专就物质说，人在自然面前是很渺小的，它的力量抵不住自然的力量，无论你有如何大的成就，到头终不免一死，而且科学告诉我们，人类一切成就到最后都要和诸星球同归于毁灭，在自然圈套中求征服自然是不可能的，好比孙悟空跳来跳去，终跳不出如来佛的掌心。但是在精神方面，人可以跳开自然的圈套而征服自然，他可以在自然世界之外另在想象中造出较能合理慰情的世界。这就是艺术的创造。在艺术创造中可以把自然拿在手里来玩弄，剪裁它、锤炼它，重新给以生命与形式。每一部文艺杰作以至于每人在人生自然中所欣赏到的美妙境界都是这样创造出来的。美感活动是人在有限中所挣扎得来的无限，在奴属中所挣扎得来的自由。在服从自然限制而汲汲于饮食男女的寻求时，人是自然的奴隶；在超脱自然限制而创造欣赏艺术境界时，人是自然的主宰，换句话说，就是上帝。多受些美感教育，就是多学会如何从自然限制中解放出来，由奴隶变成上帝，充分地感觉人的尊严。

　　爱美是人类天性，凡是天性中所固有的必须趁适当时机去培养，否则像花草不及时下种及时培植一样，就会凋残萎谢。达尔文在自传里懊悔他一生专在科学上做工夫，没有把他年轻时对于诗和音乐的兴趣保持住，到老来他想用诗和音乐来调剂生活的枯燥，就抓不回年轻时那种兴趣，觉得从前所爱好的诗和音乐都索然无味。他自己说这是一部分天性的麻木。这是一个很好的前车之鉴。美育必须从年轻时就下手，年纪愈大，外务日纷繁，习惯的牢笼愈坚固，感觉愈迟钝，心理愈复杂，欣赏艺术力也就愈薄弱。我时常想，无论学哪一科专门学问，干哪一行职业，每个人都应该会听音乐，不断地读文学作品，偶尔有欣赏图画雕刻的机会。在西方社会中这些美感活动是每个受教育者的日常生活中的重要节目。我们中国人除专习文学艺术者以外，一般人对于艺术都漠不关心。这是最可惋惜的事。它多少表示民族生命力的低降，与精神的颓靡。从历史看，一个民族在最兴旺的时候，艺术成就必伟大，美育必发达。史诗悲剧时代的希腊、文艺复兴时代的意大利、莎士比亚时代的英国、歌德和贝多芬时代的德国都可以为证。我们中国人古代对于诗乐舞的嗜好也极普遍。《诗经》《礼记》、

《左传》诸书所记载的歌乐舞的盛况常使人觉得仿佛是置身近代欧洲社会。孔子处周衰之际，特置慨于诗亡乐坏，也是见到美育与民族兴衰的关系密切。现在我们要想复兴民族，必须恢复周以前歌乐舞的盛况，这就是说，必须提倡普及的美感教育。

（选自《谈修养》，中周出版社 1943 年版。）

精彩一句：

美感教育的功用就在怡情养性，所以是德育的基础工夫。

小平品鉴：

这篇文章一开始，朱先生就说真善美的追求是人的一种"天性"。

既然是天性，儒家讲的"尽性"就是美感教育的出发点。"尽性"不是放任自由不受道德约束，而是"怡情养性"。

美育是一种情感教育。美感教育就是陶冶性情，给情感赋予一定的形式。你把所见的意象和情趣融合为一体而俱化，所谓情景交融物我两忘就是如此，这表明达到"美"了，也达到"和"了。

美育也是一种艺术教育。艺术由本能的冲动而舒发情感，它使人畅神。弗洛伊德看到米开朗琪罗雕的大理石摩西像时，他按捺不住内心和精神上获得的愉悦之情。同样，我们读《庄子》，也为他那天马行空式的自由心灵的驰骋所打动。艺术教育给人带来的不仅仅是一种技能，更是一种潜移默化的陶冶和精神的愉悦。

朱光潜说，假如不是艺术家"借他们的眼睛给我们看"，有多少美好是会被我们视而不见的啊！比如，没有特纳和惠斯勒，英国人也许至今不会欣赏泰晤士河上雾景之美。没有陶渊明、谢灵运、王维、韦应物，中国人也不一定能如此体得山水之美。

谈摆脱

朋友：

近来研究黑格尔（Hegel）讨论悲剧的文章，有时拿他的学说来印证实际生活，颇觉欣然有会意。许久没有写信给你，现在就拿这点道理作谈料。

黑格尔对于古今悲剧，最推尊希腊索福克勒斯（Sophocles）的《安提戈涅》（Antingone）。安提戈涅的哥哥因为争王位，借重敌国的兵攻击他自己的祖国忒拜，他在战场中被打死了。忒拜新王克瑞翁（Creon）悬令，如有人敢收葬他，便处死罪，因为他是一个国贼。安提戈涅很像中国的聂嫈，毅然不避死刑，把她哥哥的尸骨收葬了。安提戈涅又是和克瑞翁的儿子海蒙（Haemon）订过婚的，她被绞以后，海蒙痛恨她，也自杀了。

黑格尔以为凡悲剧都生于两理想的冲突，而安提戈涅是最好的实例。就克瑞翁说，做国王的职责和做父亲的职责相冲突。就安提戈涅说，做国民的职责和做妹妹的职责相冲突。就海蒙说，做儿子的职责和做情人的职责相冲突。因此冲突，故三方面结果都是悲剧。

黑格尔只是论文学，其实推广一点说，人生又何尝不是一种理想的冲突场？不过实在界和舞台有一点不同，舞台上的悲剧生于冲突之得解决，而人生的悲剧则多生于冲突之不得解决。生命途程上的歧路尽管千差万别，而实际上只有一条路可走，有所取必有所舍，这是自然的道理。世间有许多人站在歧路上只徘徊顾虑，既不肯有所舍，便不能有所取。世间也有许多人既走上这一条路，又念念不忘那一条路。结果也不免差误时光。"鱼我所欲，熊掌亦我所欲，二者不可得兼，舍鱼而取熊掌可也。"有这样果决，悲剧决不会发生。悲剧之发生就在既不肯舍鱼，又不肯舍熊掌，只在那儿垂涎打算盘。这个道理我可以举几个实例来说明：

"禾"是一个大学生，很好文学，而他那一班的功课有簿记、有法律，都是他所厌恶的。他每见到我便愁眉蹙额地说："真是无聊！天天只是预备考试！天天只是读这些没有意味的课本！"我告诉他，"你既不欢喜那些东西，便把它们丢开就是了。"他说："既然花了家里的钱进学堂，总得要勉强敷衍考试才是。"我说："你要敷衍考试，就敷衍考试了。"然而他天天嫌恶考试，天天又在那儿预备考试。

我有一个幼时的同学恋爱了一个女子。他的家庭极力阻止他。他每次来信都向我诉苦。我去信告诉他说，"你既然爱她，便毅然不顾一切去爱她就是了。"他又说："家庭骨肉的恩爱就能够这样恝然置之么？"我回复他说："事既不能两全，你便应该趁早疏绝她。"但是他到现在还是犹豫不知所可，还是照旧叫苦。

"禹"也是一个旧相识。他在衙门里充当一个小差事。他很能做文章，家里虽不丰裕，也还不至于没有饭吃。衙门里案牍和他的脾胃不很合，而且妨碍他著述。他时常觉得他的生活没有意味，和我谈心时，不是说，"嗳，如果我不要就这个事，这本稿子久已写成了。"就是说："这事简直不是人干的，我回家陪妻子吃糙米饭去了！"像这样的话我也不知道听他说过多少回数，但是他还是依旧风雨无阻地去应卯。

这些朋友的毛病都不在"见不到"而在"摆脱不开"。"摆脱不开"便是人生悲剧的起源。畏首畏尾，徘徊歧路，心境既多苦痛，而事业也不能成就。许多人的生命都是这样模模糊糊地过去的。要免除这种人生悲剧，第一须要"摆脱得开"。消极说是"摆脱得开"，积极说便是"提得起"，便是"抓得住"。认定一个目标，便专心致志地向那里走，其余一切都置之度外，这是成功的秘诀，也是免除烦恼的秘诀。现在姑且举几个实例来说明我所谓"摆脱得开"。

释迦牟尼当太子时，乘车出游，看到生老病死的苦状，便恍然解悟人生虚幻，把慈父娇妻爱子和王位一齐抛开，深夜遁入深山，静坐菩提树下，冥心默想解脱人类罪苦的方法。这是古今第一个知道摆脱的人。其次如苏格拉底，如耶稣，如屈原，如文天祥，为保持人格而从容就死，能摆脱开一般人所摆脱不开的生活欲，也很可以廉顽立懦。再其次如希腊第欧根尼提倡克欲哲学，除一个饮水的杯子和一个盘坐的桶子以外，身旁别无长物，一日见童子用手捧水喝，他便把饮水的杯子也掷碎。犹太斯宾诺莎学说与犹太教义不合，犹太教徒行贿不遂，把他驱逐出籍，他以后便专靠磨镜过活。他在当时是欧洲第一个大哲学家，海得尔堡大学请他去当哲学教授，他说："我还是磨我的镜子比较自由，"所以谢绝教授的位置。这是能为真理为学问摆脱一切的。卓文君逃开富家的安适，去陪司马相如当垆卖酒，是能为恋爱摆脱一切的。张翰在齐做大司马东曹掾，一天看见秋风乍起，想起吴中菰菜莼羹鲈鱼脍，立刻就弃官归里。陶渊明做彭泽令，不愿束带见督邮，向县吏说："我岂能为五斗米折腰向乡里小儿！"立即解绶辞官。这是能摆脱禄位以行吾心所安的。英国小说家司各特早年颇致力于诗，后读拜伦著作，知道自己在诗的方面不能有大成就，便丢开音律专去做他的小说。这是能为某一种学问而摆脱开其他学问之引诱的。孟敏堕甑，不顾而去。郭林宗问他的缘故，他回答说："甑已碎，顾之何益？"这是能摆脱过去之失败的。

斯蒂文森论文，说文章之术在知遗漏（the art of omitting），其实不独文章如是，生活也要知所遗漏。我幼时，有一位最敬爱的国文教师看出我不知摆脱的毛病，尝在我的课卷后面加这样的批语："长枪短戟，用各不同，但精其一，已足致胜，汝才有偏向，姑发展其所长，不必广心博骛也。"十年以来，说了许多废话，看了许多废书，做了许多不中用的事，走了许多没有目标的路，多尝试，少成功，回忆师训，殊觉赧然，冷眼观察，世间像我这样暗中摸索的人正亦不少。大节固不用说，请问街头那纷纷群众忙的为什么？为什么天天做明知其无聊的工作，说明知其无聊的话，和明知其无聊的朋友假意周旋？在我看来，这都由于"摆脱不开"。因为人人都"摆脱不开"，所以生命便成了一幕最大的悲剧。

朋友，我写到这里，已超过寻常篇幅，把上面所写的翻看一过，觉得还没有把"摆脱"的道理说得透。我只谈到粗浅处，细微处让你自己暇时细心体会。

你的朋友　孟实

（选自《给青年的十二封信》，开明书店 1929 年版。）

精彩一句：

许多人的生命都是这样模模糊糊地过去的。要免除这种人生悲剧，第一须要"摆脱得开"。消极说是"摆脱得开"，积极说便是"提得起"，便是"抓得住"。

肖泳品鉴：

拿不起，放不下，白蹉跎了好时光，一无所得，这就是人生的悲剧。概括起来，朱光潜在这封给青年的信里，大致是这个意思。文学中的悲剧，像《安提戈涅》这样属于"两种理想冲突"的悲剧，主人公都有些英雄气概，他们委决不下的都是事关重大的抉择，无论他们选择了哪种行动都是高尚的选择。最后悲剧的结局，也是明明了了的悲剧，观众对此十分清楚。但这毕竟是文学。现实生活就不是这样英雄、高尚和清晰了。因为现实生活里我们都是平凡的小人物，我们要面对的不是什么国家职责和亲情职责的冲突，而是十分琐碎的工作、考试、恋爱等等每个人都会遇到的事情。拿起什么放下什么，每天都有数不清的选择，多数是无关理想的，然而这就是生活。朱光潜选择的原则很清楚，他认为"鱼与熊掌不可兼得"，所以拿起一个，必须放下另一个，选择了一条路就专心地一直走下去。这种原则，即使在平凡小人物身上，也是有点英雄气概的。因为，不少人总是思量利益最大化，"鱼与熊掌兼而得之"，结果就是两头徘徊，可能两败俱伤。两头徘徊，委决不下的人生，就是矛盾没有解决无处安顿的人生，朱光潜举了不少他身边人的实例，这样的例子我们自己周围也不少见吧。朱光潜说文学与现实界不同，文学最终给矛盾冲突一个出路，而现实界很多矛盾没有解决的出路。其实不然，现实生活中的非英雄人物可以向文学中的悲剧借鉴，拿起一个，放下另一个就是出路，虽然那个舍弃的难免会让人心痛。这就是摆脱。

谈人生与我

朋友：

我写了许多信，还没有郑重其事地谈到人生问题，这是一则因为这个问题实在谈滥了，一则也因为我看这个问题并不如一般人看得那样重要。在这最后一封信里我所以提出这个滥题来讨论者，并不是要说出什么一番大道理，不过把我自己平时几种对于人生的态度随便拿来做一次谈料。

我有两种看待人生的方法。在第一种方法里，我把我自己摆在前台，和世界一切人和物在一块玩把戏；在第二种方法里，我把我自己摆在后台，袖手看旁人在那儿装腔作势。

站在前台时，我把我自己看得和旁人一样，不但和旁人一样，并且和鸟兽虫鱼诸物也都一样。人类比其他物类痛苦，就因为人类把自己看得比其他物类重要。人类中有一部分人比其余的人苦痛，就因为这一部分人把自己比其余的人看得重要。比方穿衣吃饭是多么简单的事，然而在这个世界里居然成为一个极重要的问题，就因为有一部分人要亏人自肥。再比方生死，这又是多么简单的事，无量数人和无量数物都已生过来死过去了。一个小虫让车轮压死了，或者一朵鲜花让狂风吹落了，在虫和花自己都决不值得计较或留恋，而在人类则生老病死以后偏要加上一个苦字。这无非是因为人们希望造物主宰待他们自己应该比草木虫鱼特别优厚。

因为如此着想，我把自己看作草木虫鱼的侪辈，草木虫鱼在和风甘露中是那样活着，在炎暑寒冬中也还是那样活着。像庄子所说，它们"诱然皆生，而不知其所以生；同焉皆得，而不知其所以得。"它们时而庚天跃渊，欣欣向荣，时而含葩敛翅，晏然蛰处，都顺着自然所赋予的那一副本性。它们决不计较生活应该是如何，决不追究生活是为着什么，也决不埋怨上天待它们特薄，把它们供人类宰割凌虐。在它们说，生活自身就是方法，生活自身也就是目的。

从草木虫鱼的生活，我觉得一个经验。我不在生活以外别求生活方法，不在生活以外别求生活目的。世间少我一个，多我一个，或者我时而幸运，时而受灾祸侵逼，我以为这都无伤天地之和。你如果问我，人们应该如何生活才好呢？我说，就顺着自然所给的本性生活着，像草木虫鱼一样。你如果问我，人们生活在这幻变无常的世相中究竟为着什么？我说，生活就是为着生活，别无其他目的。你如果向我埋怨天公说，人生是多么苦恼呵！我说，人们并非生在这个世界来享幸福的，所以那并不算奇怪。

这并不是一种颓废的人生观。你如果说我的话带有颓废的色彩，我请你在春天到百花齐放的园子里去，看看蝴蝶飞，听听鸟儿鸣，然后再回到十字街头，仔细瞧瞧人们的面孔，你看谁是活泼，谁是颓废？请你在冬天积雪凝寒的时候，看看雪压的松树，看看站在冰上的鸥和游在水中的鱼，然后再回头看看遇苦便叫的那"万物之灵"，你以为谁比较能耐苦持恒呢？

我拿人比禽兽，有人也许目为异端邪说。其实我如果要援引"经典"，称道孔孟以辩护我的见解，也并不是难事。孔子所谓"知命"，孟子所谓"尽性"，庄子所谓"齐物"，宋儒所谓"廓然大公，物来顺应"，和希腊廊下派哲学，我都可以引申成一篇经义文，做我的护身符。然而我觉得这大可不必。我虽不把自己比旁人看得重要，我也不把自己看得比旁人分外低能，如果我的理由是理由，就不用仗先圣先贤的声威。

以上是我站在前台对于人生的态度。但是我平时很欢喜站在后台看人生。许多人把人生看作只有善恶分别的，所以他们的态度不是留恋，就是厌恶。我站在后台时把人和物也一律看待，我看西施、嫫母、秦桧、岳飞也和我看八哥、鹦鹉、甘草、黄连一样，我看匠人盖屋也和我看鸟鹊营巢、蚂蚁打洞一样，我看战争也和我看斗鸡一样，我看恋爱也和我看雄蜻蜓追雌蜻蜓一样。因此，是非善恶对我都无意义，我只觉得对着这些纷纭扰攘的人和物，好比看图画，好比看小说，件件都很有趣味。

这些有趣味的人和物之中自然也有一个分别。有些有趣味，是因为它们带有很浓厚的喜剧成分；有些有趣味，是因为它们带有很深刻的悲剧成分。

我有时看到人生的喜剧。前天遇见一个小外交官，他的上下巴都光光如也，和人说话时却常常用大拇指和食指在腮旁捻一捻，像有胡须似的。他们说这是官气，我看到这种举动比看诙谐画还更有趣味。许多年前一位同事常常很气忿地向人说："如果我是一个女子，我至少已接得一尺厚的求婚书了！"偏偏他不是女子，这已经是喜剧；何况他又麻又丑，纵然他幸而为女子，也决不会有求婚书的麻烦，而他却以此沾沾自喜，这总算得喜剧之喜剧了。这件事和英国文学家哥尔德斯密斯的一段逸事一样有趣。他有一次陪几个女子在荷兰某一个桥上散步，看见桥上行人个个都注意他同行的女子，而没有一个睬他自己，便板起面孔很气忿地说："哼，在别地方也有人这样看我咧！"如此等类的事，我天天都见得着。在闲静寂寞的时候，我把这一类的小小事件从记忆中召回来，寻思玩味，觉得比抽烟饮茶还更有味。老实说，假如这个世界中没有曹雪芹所描写的刘姥姥，没有吴敬梓所描写的严贡生，没有莫里哀所描写的达尔杜弗和阿尔巴贡，生命更不值得留恋了。我感谢刘姥姥、严贡生一流人物，更甚于我感谢钱塘的潮和匡庐的瀑。

其次，人生的悲剧尤其能使我惊心动魄；许多人因为人生多悲剧而悲观厌世，我却以为人生有价值正因其有悲剧。我在几年前做的《无言之美》里曾说明这个道理，现在引一段来：

"我们所居的世界是最完美的，就因为它是最不完美的。这话表面看去，不通已极。但是实含有至理。假如世界是完美的，人类所过的生活——比好一点，是神仙的生活，比坏一点，就是猪的生活——便呆板单调已极，因为倘若件件事都尽美尽善了，自然没有希望发生，更没有努力奋斗的必要。人生最可乐的就是活动所生的感觉，就是奋斗成功而得的快慰。世界既完美，我们如何能尝创造成功的快慰？这个世界之所以美满，就在有缺陷，就在有希望的机会，有想象的田地。换句话说，世界有缺陷，可能性才大。"

　　这个道理李石岑先生在《一般》三卷三号所发表的《缺陷论》里也说得很透辟。悲剧也就是人生一种缺陷。它好比洪涛巨浪，令人在平凡中见出庄严，在黑暗中见出光彩。假如荆轲真正刺中秦始皇，林黛玉真正嫁了贾宝玉，也不过闹个平凡收场，哪得叫千载以后的人稀嘘赞叹？以李太白那样天才，偏要和江淹戏弄笔墨，做了一篇"反恨赋"，和"上韩荆州书"一样庸俗无味。毛声山评《琵琶记》，说他有意要做"补天石"传奇十种，把古今几件悲剧都改个快活收场，他没有实行，总算是一件幸事。人生本来要有悲剧才能算人生，你偏想把它一笔勾销，不说你勾销不去，就是勾销去了，人生反更索然寡趣。所以我无论站在前台或站在后台时，对于失败，对于罪孽，对于殃咎，都是用一副冷眼看待，都是用一个热心惊赞。

　　朋友，我感谢你费去宝贵的时光读我的这十二封信，如果你不厌倦，将来我也许常常和你通信闲谈，现在让我暂时告别罢！

你们的朋友　孟实

（选自《给青年的十二封信》，开明书店 1929 年版。）

精彩一句：

　　我有两种看待人生的方法。在第一种方法里，我把我自己摆在前台，和世界一切人和物在一块玩把戏；在第二种方法里，我把我自己摆在后台，袖手看旁人在那儿装腔作势。

小平品鉴：

　　这一篇与 40 年代末写的《看戏与演戏》可参照来读。

　　文中朱光潜以"前台"和"后台"作比来看人生。在前台时，把自己看作和普通人没有什么两样，顺其自然。在后台时，既不留恋，也不厌恶。

朱光潜说，许多人因为人生多悲剧而悲观厌世，我却以为人生有价值正因其有悲剧。我们所居的世界是最完美的，就因为它是最不完美的。这很有点佛家的韵味。莎翁也有"乾坤一场戏，生命一悲剧"之说。人生永远是充满缺憾的。因此，朱光潜的态度是，人生本来要有悲剧才能算人生，你偏想把它一笔勾销，不说你勾销不去，就是勾销去了，人生反更索然寡趣。所以我无论站在前台或站在后台时，对于失败，对于罪孽，对于殃咎，都是用一副冷眼看待，都是用一个热心惊赞。

乐的精神与礼的精神
——儒家思想系统的基础

　　儒家论学问，素重"知类通达"、"豁然贯通"，用流行语来说，他们很注重学术思想要有一贯的系统。他们探讨的范围极广；从心理学、伦理学、教育学、政治学，以至于宇宙哲学与宗教哲学，群经群子都常约略涉及。他们所常提到的观念很多，如忠恕、中庸、智仁勇、仁义礼智信、忠孝慈悌友敬等等；他们设教有德行、言语、政事、文学四科；他们的经典有诗、书、易、礼、春秋。从表面看，头绪似很纷繁，名谓也不一致。但是儒家究竟有没有一两个基本观念把他们的哲学思想维系成一个一贯的系统呢？本篇的用意就在给这个问题以一个肯定的答复，说明乐与礼两个观念如何是基本的，儒家如何从这两个观念的基础上建筑起一套伦理学、一套教育学与政治学，甚至于一套宇宙哲学与宗教哲学。作者的意旨重解说不重批判。

一

一般人对于礼乐有一个肤浅而错误的见解，以为礼只是一些客套仪式，而乐也只是弦管歌唱。孔子早见到这个普通的误解，曾郑重地申明说："礼云礼云，玉帛云乎哉？乐云乐云，钟鼓云乎哉？"在《礼记·孔子闲居》篇里，他特标"无声之乐"与"无礼之礼"。儒家论礼乐，并不沾着迹象，而着重礼乐所表现的精神。礼乐的精神是什么呢？《乐记》里有几段话说得最好：

> 礼节民心，乐和民声。
> 大乐与天地同和，大礼与天地同节。
> 乐者天地之和也，礼者天地之序也。
> 乐自中出，礼自外作。乐自中出故静，礼自外作故文。
> 礼者殊事合敬者也，乐者异文合爱者也。
> 仁近于乐，义近于礼。
> 乐者乐也，君子乐得其道，小人乐得其欲。
> 乐也者情之不可变者也，礼也者理之不可易者也。

《礼记》他篇论礼乐的话尚有几条可引来补充：

> 夫礼所以制中也。——仲尼燕居。
> 言而履之礼也，行而乐之乐也。——仲尼燕居。
> 先王之制礼也以节事，修乐以道志。——礼器。

统观上引诸语，乐的精神是和、静、乐、仁、爱、道志、情之不可变；礼的精神是序、节、中、文、理、义、敬、节事、理之不可易。乐的许多属性都可以"和"字统摄，礼的许多属性都可以"序"字统摄。程伊川也说："礼只是一个序，乐只是一个和，只此两字含蓄多少义理。"

这"和"与"序"两个观念真是伟大。先说和。欧洲第一位写伦理学专书的亚理斯多德就以为人生最高目的是幸福，而幸福是"不受阻挠的活动"，他所谓"活动"意指人性的生发，所谓"不受阻挠"可以解作"自由"，也可以解作"和谐"。从来欧洲人谈人生幸福，多偏重"自由"一个观念，其实与其说自由，不如说和谐，因为彼此自由可互相冲突，而和谐是化除冲突后的自由。和谐是个人修养的胜境。人生来有理智、情感、意志、欲念。这些心理机能性质各异，趋向不同，在普通生活中常起冲突。不特情理可以失调，志欲虽趋一致，就是同一心理机构，未到豁然贯通的境界，理与理可以冲突；未到清明在躬的境界，情与情可以冲突，至于意志纷歧，欲念驳杂，尤其是常有之事。一个人内部自行分家吵闹，愁苦由此起，心理变态由此起，罪恶行为也由此起。所以无论从心理卫生的观点看，或是从伦理学的观点看，一个人都需要内心和谐；内心和谐，他才可以是健康的人，才可以是善人，也才可以是幸福的人。社会也是如此。一部人类历史自头至尾是一部战争史，原因是在人类生来有一副自私的恶根性。人与人相等，利害有冲突，意见有分歧，于是欺诈、凌虐、纷争、攘夺种种乱象就因之而起。人与人斗争，阶级与阶级斗争，国与国斗争，闹得一团怨气，彼此不泰平。有些思想家因为社会中有冲突，根本反对社会的存在，也有些思想家为现实辩护，说社会需要冲突才能生展。但是社会已存在，为不可灭的事实，而社会所需要的冲突也必终以和谐为目的。一个有幸福的社会必然是一个无争无怨、相安和谐、群策群力的社会，因为如此社会才有它的生存理由，才能有最合理的发展。

"和"是个人修养与社会生展的一种胜境，而达到这个胜境的路径是"序"。和的意义原于音乐，就拿音乐来说，"声成文，谓之音"，一曲乐调本是许多不同的甚至相反的声音配合起来的，音乐和谐与不和谐，就看这配合有无条理秩序。音乐是一种最高的艺术，像其他艺术一样，他的成就在形式，而形式之所以为形式，可因其具有条理秩序，即中国语所谓"文"。就一个人的内心说，思想要成一个融贯的系统，他必定有条理秩序，人格要成一个完美的有机体，知情意各种活动必须各安其位，各守其分。就一个社会说，分子与分子要和而无争，他也必有制度法律，使每个人都遵照。世间决没有一个无"序"而能"和"的现象。

"和"是乐的精神，"序"是礼的精神。"序"是"和"的条件，所以乐之中有礼。《乐记》说得好："乐者通伦理者也"，"知乐则几于礼矣"。先秦儒家中，荀子最精于诗礼，也见到这个道理，他说："凡礼始乎税（从卢校，税训敛），成乎文，终乎悦恔（从卢校，恔训快乐）。""文"者条理秩序，是礼的精神；"悦恔"即快乐，是乐的精神。礼之至必达于乐。周子在《通书》里也说道："礼，理也；乐，和也。阴阳和而后理。君君，臣臣，父父，子子，兄兄，弟弟，夫夫，妇妇，万物各得其理而后和，故礼先而乐后。"

乐之中有礼，礼之中也必有乐。"乐自内出，礼自外作"。乐主和，礼主敬，内能和而后外能敬。乐是情之不可变，礼是理之不可易，合乎情然后当于理。乐是内涵，礼是外现，和顺积中，而英华发外，"乐不可以为伪"，礼也不可以为伪。内不和而外敬，其敬为乡愿；内不合乎情而外求当于理，其礼为残酷寡恩；内无乐而外守礼，其礼必为拘板的仪式，枯渴而无生命。礼不可以无乐，犹如人体躯壳不可无灵魂，艺术形式不可无实质。《礼器》里有一段说："先王之立礼也，有本有文。忠信，礼之本也；义理，礼之文也。无本不立，无文不行。"忠信仍是"和"的表现，仍是乐的精神。《论语》记有子的话："礼之用，和为贵。""和"是儒家素来认为乐的精神，而有子拿来说礼，也是见到礼中不可无乐。《论语》又记孔子与子夏谈诗，孔子说到"绘事后素"，子夏就说，"礼后乎"！孔子称赞他说："启予者商也"。乐是素，礼是绘。乐是质，礼是文。绘必后于素，文必后于质。

就偏向说，虽是"仁近于乐，义近于礼"，而就本原说，乐与礼同出于仁——儒家所公认的最高美德。孔子说得很明白："人而不仁如礼何？人而不仁如乐何？"仁则内和而外敬，内静而外文。就其诚于中者说，仁是乐，就其形于外者说，仁是礼。所以礼乐是内外相应的，不可偏废。儒家常并举礼乐，如单说一项，也常隐含另一项。"关雎乐而不淫，哀而不伤"，是说乐兼及礼；"丧礼，与其哀不足而礼有余也，不若礼不足而哀有余也"，"拜下礼也，今拜乎上，泰也，虽违众，吾从下"，是说礼兼及乐。

礼乐本是内外相应，但就另一观点说，也可以说是相反相成，其义有三。第一，乐是情感的流露，意志的表现，用处在发扬宣泄，使人尽量地任生气洋溢；礼是行为仪表的纪律，制度文为的条理，用处在调整节制，使人于发扬生气之中不至泛滥横流。乐使人活跃，礼使人敛肃；乐使人任其自然，礼使人控制自然；乐是浪漫的精神，礼是古典的精神；乐是《易》所谓"阳"、"元亨"、"乾天下之至健"、"其动也辟"，礼是《易》所谓"阴"、"利贞"、"坤天下之至

顺"、"其静也翕"。《乐记》以"春作夏长"喻乐，以"秋敛冬藏"喻礼，又说
"礼主其减，乐主其盈"，都是这个道理。其次乐是在冲突中求和谐，礼是混乱
中求秩序；论功用，乐易起同情共鸣，礼易显出等差分际；乐使异者趋于同，
礼使同者现其异；乐者综合，礼者分析；乐之用在"化"，礼之用在"别"。在
宗教大典中，作乐时，无论尊卑长幼，听到乐声，心里都起同样反应，一哀都
哀，一乐都乐，大家都化除一切分别想，同感觉到彼此属于一个和气周流的人
群；行礼时，则尊卑长幼，各就其位，升降揖让，各守其序，奠祭荐彻，各依
其成规，丝毫错乱不得，错乱因为失礼，这时候每人都觉得置身于一个条理井
然、纪律森然的团体里，而自己站在一个特殊的岗位，做自己所应做的特殊的
事。但这是一个浅例，小而家庭，大而国家社会，礼乐在功用上都有这个分别，
《乐记》论这个分别最详，最精深的话是："乐者为同，礼者为异；同则相亲，
异则相敬；乐胜则流，礼胜则离"，"乐者天地之和也，礼者天地之序也；和故
百物皆化，序故群物皆别"。第三，乐的精神是和、乐、仁、爱，是自然，或是
修养成自然；礼的精神是序、节、文、制，是人为，是修养所下的功夫。乐本
乎情，而礼则求情当于理。原始社会即有乐，礼（包含制度典章）则为文化既
具的征兆。就个人说，有礼才能有修养；就社会说，有礼才能有文化。《乐记》
中"乐著大始而礼居成物"一句话的意义，就是如此（应与《易·系词》"乾知
大始，坤作成物"二语参看）。荀子也说吉凶忧愉之情人所固有，而"文礼隆
盛"则为"伪"（荀子所谓"伪"即人为）。

总观以上所述，礼乐相遇相应，亦相友相成。就这两种看法说，礼乐都不
能相离。"乐胜则流，礼胜则离"，"达于乐而不达于礼，谓之素，达于礼而不达
于乐，谓之偏"。礼经一再警戒人只顾一端的危险。一个理想的人，或是一个理
想的社会，必须具备乐的精神和礼的精神，才算完美。

二

乐与礼的性质，分别和关系如上所述。儒家的全部哲学思想大半从乐与礼

两个观念出发，现在分头来说明。我们在开始即说过，儒家特别看重个人的修养，修身是一切成就的出发点，所以伦理学为儒家哲学的基础。儒家的伦理学又根据他们的心理学。依他们看，生而有性，性是潜能，一切德行都必由此生发，"率性之谓道"，道只是潜能的实现。依现代心理学者看，性既为潜能，本身自无善恶可言，它可以为善，也可以为恶。但儒家以为性的全体是倾向于善的，尽性即可以达道，例如恻隐之心为性所固有，发挥恻隐之心即为仁。至于恶的起源儒家则归之于习。性是静的，感于物而动，于是有情有欲，情欲得其正，可以帮助性向善的方向发展，情欲不得其正，于是真性梏没，习染于恶。所以修养的功夫就在调节性欲，使归于正，使复于性的本来善的倾向。乐与礼就是调节情欲使归于正的两大工具。《乐记》有一段说这道理最透辟：

> 先王之制礼乐也，……将以教民平好恶而反人道之正也。人生而静，天之性也；感于物而动，性之欲也。物至知知，然后好恶形焉；原恶无节于内，知诱于外，不能反躬，天理灭矣。夫物之感人无穷，而人之于恶无节，则是物至而人化物也。人化物也者灭天理而穷人欲者也。于是有悖逆诈伪之心，有淫佚作乱之事……是故先王之制礼乐，人为之节。……礼节民心，乐和民声。

礼乐的功用都在"平好恶而反人道之正"，不至"灭天理，穷人欲"，宋儒的"以天理之公胜人欲之私"一套理论，都从此出发。在礼与乐之中，儒家本来特别看重乐，因为乐与仁是一体，仁为儒家所认为最高的美德。乐在古代与诗相连。《尧典》中载夔典乐，而教胄子以"诗言志"。周官太师本掌乐，而所教者是"六诗"。儒家说诗的话都可以应用于乐。孔子说诗可以兴观群怨，诗教为温柔敦厚，温柔敦厚者乐之体，兴观群怨者乐之用。孔子论德行最重仁，论教化最重诗乐。道理是一贯的，因为诗的用在感，而感便是仁的发动。（马一浮先生论《论语》中凡答问仁者皆诗教义，甚详且精。惟别诗于乐，合乐于礼，谓礼乐教主孝，书教主政，与本篇立论精神稍异。从本篇的立场说，孝为仁之施于亲，仍是一种和，仍是乐的精神；书以道政事，仍是秩序条理之事，仍是礼的精神。）

诗教有二义，就主者说，"诗言志"，"乐以道志"，"道"即"达"，"言"即"表现"；就受者言，诗可以兴，乐感人深，"兴"与"感"都有"移动"的意思。这两个意义都很重要。就"道"的意义说，人的情欲需要发散，生机需要宣泄，一切文艺都起于这种需要。需要发散而不能发散，需要宣泄而不能宣泄，则抑郁烦闷；情欲不得其正，酿成心理的变态与行为的邪僻。亚理斯多德论音乐与悲剧对于情感有宣泄与净化（katharsis）的功用，为近代弗洛伊德派心理学所本。儒家论诗乐特标"道"的功用，实与亚理斯多德的见解不谋而合，道则畅，畅则和，所谓"平好恶而反人道之正"。儒家并不主张"戕贼"情欲，于此也可见。其次，就感的意义说，心感于物而后动，动而后"心术形"，动为善或动为恶，"是故先王慎所以感之者"。乐感人最深，所以乐对于人的品德影响最大。《乐记》"志微焦杀之音作而民思忧……顺成和动之音作而民慈爱，流辟邪散狄成涤滥之音作而民淫乱"一段说得最详尽。《孝经》谓"移风易俗莫善于乐"。孔子在齐闻韶，三月不知肉味，所以他深感觉到乐的影响之大，颜渊问为邦，他开口就答"乐则韶舞，放郑声"，至于"远佞人"还在其次。音乐感人最深，音乐中和，人心也就受他感动而达于中和。乐之中有礼仍有"节"的功用。关雎乐而不淫，哀而不伤；"国风好色而不淫，小雅怨悱而不乱"，也正因其有"节"，节故能"平好恶而反人道之正"。

儒家本来特别看重乐，后来立论，则于礼言之特详，原因大概在乐与其特殊精神"和"为修养的胜境，而礼为达到这胜境的修养功夫，为一般人说法，对于修养功夫的指导较为切实，也犹如孟子继承孔子而特别重"义"的观念，是同一道理。

礼有三义。第一义是"节"，节所以有"序"，如上所述。道家任自然，倡无为；儒家则求胜自然，主有为；"为"的功夫就在对于自然的利导与控制。颜渊问为仁，孔子答以"克己复礼"。这句话的意思就是：就自然在己的情欲加以节制使其得其中，得中便是复礼。《檀弓》记子思语："先王之制礼也，过之者俯而就之，不至焉者跂而及之"，《礼器》记孔子语"先王之制礼也，不可多也，不可寡也，唯其称也"。"中"与"称"就是有序有理，恰到好处。从这点我们可以看见礼与儒家所称道的"中庸"关系甚密切。中者不偏，庸者不易，"礼以制中"，为"理之不可易者"，所以中庸仍是礼的精神。亚理斯多德在《伦理学》

中也特别着重"中"的观念，把一切德行都看成过与不及之"中"，与儒家学说可谓不谋而合。

其次礼有"养"义。这个意义《礼记》和《论语》都未曾提出，孟子曾屡提"养性"，苟得其养，无物不长，"养其大礼为大人"，却未曾明白说养的工夫就是礼。首先著"礼者养也"的是荀子。他说"制礼义……以养人之欲"，"理义文理之所以养情"。这个养的意思极好，他明白说情欲是应该"养"而不应该戕贼的。礼的功用不但使情欲适乎中，而且使他得其养。"适乎中"便是使他"得其养"的唯一方法。中国人把在道德学问方面做工夫叫做"修养"，是从荀孟来的，其意义大可玩味。从"养"的方面想，品格的善与心理的健康是一致的。

第三，礼有"文"义。"文"是"节"与"养"的结果，含"序"、"理"、"义"诸义在内。"义者事之宜"，正因其有"理"有"序"，自旁人观之，则为"焕乎有文"。文为诚于中形于外，内和而外敬，和为质，敬仍是文。从"序"与"理"说，礼的精神是科学的；从"义"与"敬"说，礼的精神是道德的；从含四者而为"文"说，礼的精神也是艺术的。孟子有一句很精深的话："始条理者智之事也，终条理者圣之事也"，朱子解为"知得彻然后行得彻"，甚为妥当，其意思与苏格拉底所说"知识即德行"一句名言暗相吻合。其实还不仅此，文艺也始终是条理之事。所以理融贯真善美为一体。儒家因为透懂礼的性质与功用，所以把伦理学、哲学、美学打成一气，真善美不像在西方思想中成为三种若不相谋的事。

总观以上乐礼诸义，我们可以看出儒家的伦理思想是很健康的，平易近人的。他们只求调节情欲而达于中和，并不主张禁止或摧残。在西方思想中，灵与肉，理智与情欲，往往被看成对敌的天使与魔鬼，一个人于是分成两橛。西方人感觉这两方面的冲突似乎特别锐敏，他们的解决方法，如同在两敌国中谋和平，必由甲国消灭乙国。大哲学家如柏拉图，宗教家如中世纪的耶教徒，都把情欲本身看成恶的，以为只有理智是善的，人如果想为善人，必须用理智把情欲压制下去甚至铲除净尽，于是有所谓苦行主义与禁欲主义。佛家似也有这样主张，末流儒家也有误解克己复礼之"克"与"以天礼胜人欲"之"胜"为消除的。这实在是一个不健全的人生理想，因为他要戕贼一部分人性去发展另一部分人性。从文艺复兴以后，西方人也逐渐觉悟到这是错误，于是提倡所谓"全人"理想。近代心理学家更明白指出压抑情欲的流弊。英儒理查兹（Richards）在他的《文学批评原理》里有一章说得很中肯。他以为人类生来有许多生机（impulses）如食欲、性欲、哀怜、恐惧、欢欣、愁苦之类。通常某一种生机可自由活动时，相反的生机便须受压抑或消灭。但是压抑消灭是一种可惜的损耗。道德的问题就在如何使相反的生机调和融洽，并行不悖。这需要适宜的组织（organization）。活动愈多方愈自由，愈调和，则生命亦愈丰富。儒家所提倡的礼乐就是求"对于人类生机损耗最少的组织"。孟子看这道理尤其明白。他主张"尽性"，意思就指人应该发展人类所有的可能性。他反对告子的"性犹杞柳，意犹桮棬"的比喻："如将戕贼杞柳而以为桮棬，则亦将戕贼人以为仁义与？"禁欲主义在儒家看来是"戕贼"，儒家的办法是"节"而不是"禁"。这是人生理想中一个极健康的观念，值得特别表出。

三

礼乐的功用这样伟大，所以儒家论教育，大半从礼乐入手。孔子常向弟子们叮咛嘱咐道："小子何莫学夫诗？"考问他的儿子伯鱼说："汝为周南召南矣乎？"陈亢疑惑，孔子教育自己的儿子有一套秘诀，问伯鱼说："子亦有异闻乎？"伯鱼答道："未也。尝独立，鲤趋而过庭，曰：'学诗乎？'对曰：'未也。''不学诗，无以言。'鲤退而学诗。他日又独立，鲤趋而过庭，曰：'学礼乎？'对曰：'未也。''不学礼，无以立。'鲤退而学礼。闻斯二者。"礼乐在孔门教育中是基本学科，于此可见。孔子自己是最深于诗礼的人，我们读《论语》听他的声音笑貌，看他的举止动静，就可以想象到他内心和谐而生活有纪律，恬然自得，蔼然可亲。他在老年的境界尤其是能混化乐与礼的精神，所谓"从心所欲，不逾矩"，"从心所欲"是乐，"不逾矩"是礼。宋儒谈修养理想有两句话说得很好："扩然大公，物来顺应。"非深于乐者不能扩然大公，非深于礼者不能物来顺应。

《孝经》里说："移风易俗，莫善于乐；安上治民，莫善于礼。"礼乐的最大功用，不在个人修养而在教化。教化是兼政与教而言。普通师徒授受的教育，对象为个人，教化的对象则为全国民众；前者目的在养成有德有学的人，后者目的则在化行俗美，政治修明。"群"的观念，不如一般人所想象的，在中国实在发达得很早，而中国先儒所讲的治群与化群的方法也极彻底。他们早就把社会看成个人的扩充，所以论个人修养，他们主张用礼乐；论社会教化，他们仍是主张用礼乐。内仁而外义，内心和谐而生活有秩序纪律，这是个人的伦理的理想，也是社会的政治的理想。实现这个理想，致和以乐，致序以礼，这是个人的修养方法，也是社会的教化方法，所以儒家的教育就是政治，他们的教育学与政治学又都从伦理学出发。《周礼》司徒掌邦教，职务在"敷五典，扰兆民"，"佐王安扰邦国"，不但要"明七教"，还要"齐八政"。教化兼政与教，但着重点在教而不在政，因为教隆自然政举。儒家论修身治国，都从最根本处着眼。

就政与教言，基本在教，就礼与乐言，基本在乐。乐是最原始的艺术，感人不但最深，也最普遍。上文已说到乐有"表现"、"感动"二义。就表现言，国民的性格与文化状况如何，所表现的音乐也就如何。"是故治世之音安以乐，其政和；乱世之音怨以怒，其政乖；亡国之音哀以思，其民困。"就感动言，音乐的性质如何，所感化成的国民性格与文化状况也就如何。"是故志微噍杀之音作而民思忧，啴谐慢易繁文简节之音作而民康乐，粗厉猛起奋末广贲之音作而民刚毅，廉直劲正庄诚之音作而民肃敬，宽裕肉好顺成和动之音作而民慈爱，流僻邪散狄成涤滥之音作而民淫乱。"音乐关系政教如此其大，所以周官乐有专司，孔子要教化鲁，第一件大事是"正乐"，颜渊问为仁，孔子不说别的，光说"乐则韶舞，放郑声"。古代中国人要明白一国的政教风化，必从研究他的歌乐入手，在自己的国里常采风，在别人的国里必观乐。他们要从音乐窥透一国民的内心生活秘奥，来推断这一国的政教风化好坏，犹如医生看病，不问症，先按脉。现代人到一国观光，只问政教制度，比起来真是肤浅多了。

乐较礼为基本，因为"乐者为同，礼者为异；同则相亲，异则相敬"，相亲而后能相敬；"乐至则无怨，礼至则不争"，无怨而后能不争。因此儒家论治国，重德化而轻政刑。孔子说："道之以政，齐之以刑，民免而无耻；道之以德，齐之以礼，有耻且格。""道之以德"是乐教中事，政刑仍属于礼，不过是礼之中比较下乘的节目。

礼的大用在使异者有别，纷者有序。有别有序就是"治"，否则为"乱"。治国在致治去乱，所以不能无礼。《礼记》对于这个道理曾反复陈说："礼者所以空亲疏，决嫌疑，别异同，明是非"；"道德仁义，非礼不成；教训正俗，非礼不备；分争辨讼，非礼不决；君臣上下父子兄弟，非礼不定"。此外类似的话还很多。

礼的范围极广。个人的言行仪表、人与人的伦常关系、人与人交接的仪式和道理、政府的组织与职权、国家的制度与典章、社会的风俗习惯等等都包含在内。所以近代社会科学所讲的几无一不在礼的范围以内，我们读三礼，特别是周礼，更会明白儒家所谓"礼"是一切文化现象的总称。儒家虽特重德化，却亦不废政刑，因为政刑的功用在维持社会的秩序纪律，与礼本是一致。荀子说得很明白："礼者法之大分，类之纲纪也。"《乐记》也说："礼以道其志，乐以和其声，政以一其行，刑以防其奸。礼乐刑政，其极一也，所以同民心而出治道也。"儒家所忌讳的不是政刑而是专任政刑。政刑必先之以礼乐。礼乐的功夫到，政刑可以不用；如果没有礼乐而只有政刑，政刑必流于偏枯、烦琐、残酷，反足以生事滋乱。近代所谓"法的精神"似过于偏重政刑，未免失之狭隘。礼虽是"法之大分"而却不仅是法，有"法的精神"不必有"礼的精神"，有"礼的精神"却必有"法的精神"，因为礼全而法偏。现在我们中国人以缺乏"法的精神"为世所诟病，其原因仍在缺乏"礼的精神"。所以礼也是救时弊的一剂良药。知道礼，我们才会要求而且努力在紊乱中建设秩序。

四

儒家看宇宙，也犹如看个人和社会一样，事物尽管繁复，中间却有一个"序"；变化尽管无穷，中间却有一个"和"。这就是说，宇宙也有他的礼乐。《乐礼》中有一段语最为朱子所叹赏："天高地下，万物散殊，而礼制行矣；流而不息，合同而化，而乐兴焉。"这几句话很简单，意义却很深广。宇宙中一切现象，静心想起来，真令人起奇异之感，也令人起雄伟之感。每一事每一物都有它的特殊性与特殊的生命史，有一定的状态，一定的活动，一定的方位，不与任何其他事物全同或相混；所以万事万物杂处在一起，却井井有条，让科学家能把它们区分类别，纳于原理，这便是所谓"天高地下，万物散殊，而礼制行"。事物彼此虽相殊，却并非彼此不相谋；宇宙间充满着的并非无数零星孤立的事物常落在静止状态；任何事物都与其他一切事物有或多或少的关系，每事物虽有一定的状态与方位，而却都在变化无穷，生生不息，事与事相因相续，物与物相生相养，形成柏格荪所说的"创化"，这便是所谓"流而不息，合同而化，而乐兴"。所以这两句话说尽宇宙的妙谛。看到繁复中的"序"只有科学的精神就行；看到变动中的"和"却不止是科学的事，必须有一番体验，或则说，有一股宗教的精神。在宇宙中同时看到序与和，是思想与情感的一个极大的成就。《易经》所以重要，道理就在此。《易经》全书要义可以说都包含在上引《乐记》中几句话里面，它所穷究的也就是宇宙中的乐与礼。太极生两仪，一阳一阴，一刚一柔，一动一静，于是有乾坤。"刚柔相推而生变化"，于是有"天下之赜"与"天下之动"。"一阖一辟，往来不穷"，"变动不居，周流六虚"，于是宇宙的生命就这样绵延下去。《易经》以卦与象象征阴阳相推所生的各种变化，带有宗教神秘色彩，似无可疑；但是它的企图是哲学的与科学的，要了解"天下之赜"与"天下之动"，结果它在"天下之赜"中见出"序"（宇宙的礼），在"天下之动"中见出"和"（宇宙之乐）。《易经》未明言礼乐之分，但是《乐记》的"天高地下"一段实本于《易·系词》（注：《乐记》后于《系词》是假定，尚待考证）。我们不妨引来比较：

> 天高地卑，乾坤定矣；卑高以陈，贵贱位矣；动静有常，刚柔断矣；方以类聚，物以群分，吉凶生矣；在天成象，在地成形，变化见矣。是故刚柔相摩，八卦相荡，鼓之以雷霆，润之以风雨，日月运行，一寒一暑，乾道成男，坤道成女。
>
> ——《易·系词》

> 天尊地卑，君臣定矣，卑高已陈，贵贱位矣；动静有常，大小殊矣；方以类聚，物以群分，则性命不同矣，在天成象，在地成形，如

此则礼者天地之别也。地气上齐，天气下降，阴阳相摩，天地相荡，鼓之以雷霆，奋之以风雨，动之以四时，暖之以日月，而百化兴焉，如此则乐者天地之和也。

———《礼记·乐记》

先秦儒家以礼乐释《易》，这是一个最早的例。孔子对于宇宙运行所表现的礼乐意味，尝在观赏赞叹。《论语》中"子在川上曰，逝者如斯夫，不舍昼夜"，以及"天何言哉，四时行焉，百物生焉，天何言哉"，两段话都是"学易"有得的话，都是证明宇宙的序与和在他的脑里留下的印象很深。

儒家有一个重要的观念，叫做"法天"，或是"与天地合德"。人是天生的，一切应该以天为法。人要居仁由义，因为天地有生长欲藏；人要有礼有乐，因为天地有和有序。《乐记》一再说："大乐与天地同和，大礼与天地同节"；"乐由天作，礼以地制"；"明于天地然后能兴礼乐"；乐者致和，率神而从天；礼者别宜，居鬼而从地。故圣人作乐以应天，制礼以配地。人天一致，原来仍有"和"的意味在内，但这种"和"比一般的"和"更为基本的，人对于天的"和"是一种"孝敬"，是要酬谢生的大惠。孝天敬天，因为天予我以生命；仁民爱物，因为民物同是天所予的生命。在此看来，人的德行都由孝天出发。张子《西铭》发挥这个意思最精当。他说："乾称父，坤称母，予兹藐焉；乃混然中处。故天地之塞吾其体，天地之帅吾其性，民吾同胞，物吾与也。大君者吾父母宗子，其大臣，宗子之家相也。"儒家尊天的宗教就根据这个孝天的哲学，与耶稣教在精神上根本实一致。

天地是人类的父母，父母是个人的天地，无天地，人类生命无自来，无父母，个人生命无自来。我们应孝敬父母，与应孝敬天地，理由只是一个，礼所谓"报本反始"。《孝经》一再说："人之行莫大于孝，孝莫大于严父，严父莫大于配天"；"昔者明王事父孝，故事天明，事母孝，故事地察。"在儒家看，这对于所生的孝敬是一切德行之本，敬长慈幼，忠君尊贤，仁民爱物，以至于谨言慎行，都从这一点孝敬出发。拿礼乐来说，乐之和从孝亲起，礼之序从敬亲起。《孝经》说："爱亲者不敢恶于人，敬亲者不敢慢于人"；"不爱其亲而爱他人者，谓之悖德，不敬其亲而敬他人者，谓之悖礼"。

孝敬天地与祖先所以成为一种宗教者，因为它不仅是一种伦理思想而有一套宗教仪式。曾子说："慎终追远，民德归厚矣"，这是伦理思想；"生则敬养，死则敬享"，一部《礼记》大半都谈丧祭典礼，这是宗教仪式。祭礼以祭天地之郊社禘尝为最隆重。孔子说："明乎郊社之礼，禘尝之义，治国其如示诸掌乎！"这话初看来像很奇怪，实在含有至理。知道孝敬所生，仁爱才能周流，民德才能归厚。《乐礼》甚至以为礼乐的本原就在此："乐也者施也，礼也者报也；乐乐其所自生，而礼反其所自始。乐章德，礼报情，反始也。"

"报德反始"意在尊生，一切比较进化的宗教都由这个道理出发，不独儒家的敬天孝亲为然。希腊的酒神教，波斯的拜火教，用意都在尊敬生的来源。佛家戒杀生，以慈悲教世，也还是孝敬所生。耶教徒到中国传教，劝人放弃崇拜祖先，他们似误解耶稣的"弃父母兄弟妻子去求天国"一句话。其实耶教徒之崇拜耶稣，是因为耶稣本是天父爱子，能体贴天父的意思，降世受刑，替天父所造的人类赎"原始罪恶"，免他们陷于永劫；这就是因为他对于天父的孝敬和对于天父的儿女们的仁慈。耶稣是孝慈的象征，耶稣教仍是含有"报本反始"的意味，这一点西方人似不甚注意到。

现在把以上所述的作一个总束。乐的精神在和，礼的精神在序。从伦理学的观点说具有和与序为仁义；从教育学的观点说，礼乐的修养最易使人具有和与序；从政治学的观点说，国的治乱视有无和与序，礼乐是治国的最好工具。人所以应有和与序，因为宇宙有和有序。在天为本然，在人为当然。和与序都必有一个出发点，和始于孝天孝亲，序始于敬天敬亲。能孝才能仁，才能敬，才能孝天孝亲，序始于敬天敬亲。能孝才能仁，才能敬，才能有礼乐，教孝所以"根本反始"，"慎终追远"。这是宗教哲学的基础。儒家最主要的经典是五经。五经所言者非乐即礼。诗属于乐，书道政事，春秋道名分，都属于礼。易融贯礼乐为一体，就其论"天下之赜"言，是礼；就其论"天下之动"言，是乐。礼乐兼备是理想，实际上无论个人与国家，礼胜乐胜以至于礼失乐失的现象都尝发现。我们可以用这个标准评论一个人的修养，一派学术的成就，一种艺术的风格，以至于一个文化的类型，但是这里不能详说，读者可以举一反三。

（原刊《思想与时代》1942 年第 7 期。）

精彩一句：

"和"是乐的精神，"序"是礼的精神。

小平品鉴：

朱光潜认为乐的精神是"和"，礼的精神是"序"，这构成了中国文化尤其是儒家的思想基础。朱光潜没有按照一般孔学专家从仁义礼智信谈起，而且依照西方伦理学、教育学和政治学，乃至宇宙哲学和宗教哲学学科形态来看儒学，企图以"礼乐"两个基本概念贯串起来。《乐记》是他常印证的经典。因此，朱光潜的儒家精神是一个很宽泛的概念，并不限于孔学。他认为，乐的精神是和、静、乐、仁、爱、道志，是情之不可变；礼的精神则是序，是节、中、文、理、义、敬、节事，是理之不可易。这乐和礼、情和理是相通的。"和"是个人修养与社会生展的一种胜境，要达到这个境界当然要有路径——"序"。简言之，"序"是"和"的条件，所以乐之中有礼。然而，礼之中也要有乐。礼乐本是内外相应，是相遇相应，相友相成。两者是不能相离的。古人说"乐胜则流，礼胜则离"，"达于乐而不达于礼，谓之素，达于礼而不达于乐，谓之偏"。朱光潜相信礼乐精神是打破二元对立的调和精神。这和西方把人的性情与理相分离的二元思维不同。他说："就一个人的内心说，思想要成一个融贯的系统，他必定有条理秩序，人格要成一个完美的有机体，知情意各种活动必须各安其位，各守其分。就一个社会说，分子与分子要和而无争，他也必有制度法律，使每个人都遵照。世间决没有一个无'序'而能'和'的现象。"总之，"乐本乎情，而礼则求情当于理。"乐与礼是相辅相成的，情与理也不是截然对立的。这样，情溢于理或理胜于情都不免偏执，惟有在这两极之间求"中和"方是正道。

从"距离说"辩护中国艺术

　　从前有一个海边的种田人，碰见一位过客称赞他们门前的海景，很不好意思地回答说，"门前虽然没有什么可看的，屋后有一园菜还不差，请先生来看看。"心无二用，这位种田人因为记挂着他的一园菜，就看不见大海所呈现给他的世界，虽然这个世界天天横在他的眼前。我们一般人也是如此，通常都把全副精力费于饮食男女的营求，这丰富华严的世界除了可效用于生活需要之外，便没有什么可以让我们看看的。一看到天安门大街，我就想到那是到东车站或是广和饭庄的路，除了这个意义以外，天安门大街还有它的本来面目没有？我相信它有，我并且有时偶然地望见过。有一个秋天的午后，我由后门乘车到前门，到南池子转弯时，猛然看见那一片淡黄的日影从西长安街一路射来，看见那一条旧宫墙的黄绿的玻璃瓦在日光下辉煌地严肃地闪耀，看见那些忽然现着奇光异彩的电车马车人力车以及那些穿时装的少女和灰尘满面满衣的老北平人，这一切猛然在我眼前现出一个庄严而灿烂的世界，使我霎时间忘去它是到前门的路和我去前门一件事实。不过这种经验是不常有的，我通常只记得它是到前门的路，或是想着我要去广和饭庄。我们对于这个世界经验愈多，关系也愈复杂，联想愈纷乱，愈难见到它们的本来面目。学识愈丰富，视野愈窄狭；对于一件事物见的愈多，所见到的也就愈少。

艺术的世界也还是我们日常所接触的世界——是它的不经见的另一面。它不经见，因为我们站得太近。要见这一面，我们须得跳开日常实用在我们四围所画的那一个圈套，把世界摆在一种距离以外去看。同是一个世界，站在圈子里看和站在圈子外看，景象大不相同。比如说海上的雾。我在船上碰着过雾，现在回想起来，还有些戒惧。耽误行程还不用说，听到若远若近的邻舟的警钟，水手们手慌脚乱地走动以及乘客们的喧嚷，仿佛大难临头。真令人心焦气闷。茫无边际的大海中没有一块可以暂时避难的干土，一切都任不可知的命运去摆布。在这种情境中，最有修养的人最多也只能做到镇定的功夫。但是我也站在干岸上看过海雾，那轻烟似的薄纱笼罩着那平谧如镜的海水，许多远山和飞鸟都被它轻抹慢掩，现出梦境的依稀隐约。它把天和海接成一气，你仿佛伸一只手就可以抓住天上浮游的仙子。你的四围全是广阔、沉寂、秘奥和雄伟，见不到人世的鸡犬和烟火，你究竟在人间还在天上，也有些不易决定。

同样海雾却现出两重面目，完全由于观点的不同。你坐在船上时，海雾是你的实用世界中一片段，它和你的知觉、情感、希望以及一切实际生活的需要都连瓜带葛地固结在一块，把你围在里面，使你只看见它的危险性。换句话说，你和海雾的关系太密切了，距离太接近了，所以不能用处之泰然的态度去欣赏它。你站在岸上时，海雾是你的实际世界以外的东西，它和你中间有一种距离，所以变成你的欣赏的对象。

一切事物都可以如此看去。在艺术欣赏中我们取旁观者的态度，丢开寻常看待世物的方法，于是现出事物不平常的一面，天天遇见的素以为平淡无奇的东西，例如破墙角的一枝花，林间一片阴影或是一个老妇人的微笑，便陡然现出奇姿异彩，使我们觉得它美妙。艺术家和诗人的本领就在能跳出习惯的圈套，把事物摆在适当的距离以外去看，丢开他们的习惯的联想，聚精会神地观照它们的本来面目。他们看一条街只是一条街，不是到某车站或某商店的指路标。一件事物本身自有价值，不因为和人或其他事物有关系而发生价值。

艺术的世界仍然是在我们日常所接触的世界中发现出来的。艺术的创造都是旧材料的新综合。希腊神像的模型仍是有血有肉的凡人，但丁的《地狱》也还是拿我们的世界做蓝本。唯其是旧材料，所以观者能够了解；唯其是新综合，所以和实际人生有距离，不易引起日常生活的纷乱的联想。艺术一方面是人生的返照，一方面也是人生隔着一层透视镜面现出的返照。艺术家必了解人情世故，可是他能不落到人情世故的圈套里。欣赏者也是如此，一方面要拿实际经验来印证作品，一方面又要脱净实际经验的束缚。无论是创造或是欣赏，这"距离"都顶难调配得恰到好处。太远了，结果是不能了解；太近了，结果是不免让实际人生的联想压倒美感。

比如说看莎士比亚的《奥瑟罗》。假如一个人素来疑心他的太太不忠实，受过很大的痛苦，他到戏院里去看这部戏，必定比旁人较能了解奥瑟罗的境遇和衷曲，但是他却不是一个理想的欣赏者。那些暗射到切身的经验的情节容易惹起他联想到自己和妻子处在类似的境遇，不能把戏当作戏看，结果是不免自伤身世。《奥瑟罗》对于猜疑妻子的丈夫"距离"实在太近了，所以容易失去艺术的效用。艺术的理想是距离适当，不太远，所以观者能以切身的经验印证作品；不太近，所以观者不以应付实际人生的态度去应付它，只把它当作一幅图画摆在眼前去欣赏。

艺术的"距离"有天生自然的。最显明的是空间隔阂。比如一幅写实的巫峡图或西湖图，在西湖或巫峡本地人看，距离太近，或许不觉得有什么美妙，在没有见过西湖或巫峡的人看，就有些新奇了。旅行家到一个新地方总觉得它美，就因为它还没有和他的实际生活发生多少关联，对于它还有一种距离。时间辽远也是"距离"的一种成因。比如卓文君的私奔，海伦后的潜逃，在百世之下虽传为佳话，在当时人看，却是秽行丑迹。当时人受种种实际问题的牵绊，不能把这桩事情从繁复的社会习惯和利害观念中划出，专作一个意象来观赏；我们时过境迁，当时的种种牵绊已不存在，所以比较自由，能以纯粹的美感的态度对付它。

艺术的"距离"也有时是人为的。我们可以说，调配"距离"是艺术的技巧最重要的一部分。比如戏剧生来是一种距离最近的艺术，因为它用极具体极生动的方法把人情世故表现在眼前，表演者就是有血有肉的人，这最易使人回想到实际生活，把应付实际人生的态度来应付它，所以戏剧作者用种种方法把"距离"推远。古希腊悲剧大半不以当时史实而以神话为题材，表演时戴面具，穿高跟鞋，用歌唱的声调，用意都在不使人忘记眼前是戏而不是实际人生中的一片段。造形艺术中以雕刻的距离为最近，因为它表现立体，和实物几乎没有分别。历来雕刻家也有许多制造"距离"的方法。埃及雕刻把人体加以抽象化，不表现个性；希腊雕刻只表现静态，不常表现运动，而且常用裸体，不雕服装，意大利文艺复兴时代雕刻往往染色。这都是要避免太像实物的毛病。图画以平面表现立体，本来已有若干距离。古代画艺不用远近阴影，近代立体派把生物形体加以几何线形化，波斯图案画把生物形体加以极不自然的弯曲或延长，也是要把"距离"推远。这里只随便举几个例说明"距离"的道理，其实例子是举不尽的。

艺术和实际人生之中本来要有一种距离，所以近情理之中要有几分不近情理。严格的写实主义是不能成立的。是艺术就免不了几分形式化，免不了几分不自然。近代技巧的进步逐渐使艺术逼近实在和自然。这在艺术上不必是进步。中国新进艺术家看到近代西方艺术的技巧完善，画一匹马就活像一匹马，布一幕月夜深林的戏景就活像月夜深林，以为这真是绝大本领，拿中国艺术来比，真要自惭形秽。其实西方艺术固然有它的长处，中国艺术也固然有它的短处，但是长处不在妙肖自然，短处也并不在不自然。西方艺术的写实运动从文艺复兴以后才起，到十九世纪最盛，一般人仍然被这个传统的"妙肖自然"一个理想围住，所以"皇家学会"派画家仍在"妙肖自然"方面用工夫。但是无论在理论方面或实施方面，欧洲的真正艺术却从一个新方向走。在理论方面，从康德起，一直到现在，美学思想主潮都是倾向形式主义。康德分美为纯粹的和依赖的两种。纯粹的美只在颜色、线形、声音诸原素的谐和的配合中见出，这种美的对象只是一种不具意义的"模型"（pattern），最好的例是阿拉伯式图案、音乐和星辰云彩。有依赖的美则于形式之外别具意义，使观者由形式旁迁到意义上去。例如我们赞美一匹马，因为它活泼、雄壮、轻快；赞美一棵树，因为它茂盛、挺拔、坚强。这些观念都是由实用生活得来的。因如此等类的性质而觉得一件事物美，那种美就是有依赖的。依康德看，凡是模仿实物的艺术，价值须在模仿是否逼真和所模仿的性质是否对于人生有用两点见出。这种价值都是外在的，实不足据以为凭来断作品本身的美丑。康德以后，美学家把艺术分为"表现的"（representative）和"形式的"（formal）两种成分。比如说图画、题材和故事属于"表现的成分"，颜色、线形、阴影的配合属于"形式的成分"。近代艺术家多看轻"表现的成分"而特重"形式的成分"。佩特（Walter Pater）以为一切艺术到最高的境界都逼近音乐，因为在音乐中内容完全混化在形式里，不能于形式之外见出什么意义（即表现的部分）。

在实施方面，形式主义也很盛行，图画方面的后期印象主义和主体主义都不以模仿自然为能事。塞尚（Cezanne）是最好的例。看他的作品，你绝对看不出写实派的浮面的逼真，第一眼你只望见颜色、线形、阴影的谐和配合，要费一番审视，才能辨别它所表现的是一片崖石或是一座楼台。不但在创造方面，在欣赏方面，标准也和从前不同了，从前人以为画艺到十五世纪的意大利画家手里已算是登峰造极，现在许多学者却嫌达·芬奇、拉斐尔一般人的技巧过于成熟，缺乏可以回味的东西。他们反推崇中世纪拜占庭派（Byzantine）和文艺复兴初期意大利的"原始派"的那种技巧简陋而意味却深长的艺术。从此可知西方人已经逐渐觉悟到技巧的进步和艺术的进步是两回事，而艺术的能事也不仅在妙肖自然了。

从欧洲艺术的新倾向看，我们觉得在这里应该替中国旧艺术作一个辩护。骂旧戏拉着嗓子唱高调为不近人情的先生们如果听听瓦格纳的歌剧，也许恍然大悟这种玩艺原来不是中国所特有的"国耻"或"国粹"。如果他们再稍费点工夫去研究古希腊的戏艺，也许知道带面具、打花脸、穿古装、著高跟鞋等等也不一定是野蛮艺术的特征。在画图雕刻方面，远近阴影原来是技巧上的一大进步，这种技巧的进步原来可以帮助艺术的进步，但是无技巧的艺术终于胜似非艺术的技巧。中世纪欧洲诸大教寺的雕像的作者原来未尝不知道他们所雕的人体长宽的比例不近情理，但是他们的作品并不因这一点不近情理而减低它们的价值。专就技巧说，现在一个普通的学徒也许知道许多乔托（Giotto）或顾恺之所不知道的地方，但是乔托和顾恺之终于不朽。中国从前画家本有"远山无皴，远水无波，远树无枝，远人无目"一类的说法，但是画家的精义并不在此。看到乔托或顾恺之的作品而嫌他们不用远近阴影，这种人对于艺术只是"腓力斯人"而已！

再说诗，它和散文不同，因为它是一种更"形式的"艺术，和实际人生的"距离"比较更远。诗决不能完全是自然的，自然语言不讲究音韵，诗宜于讲究一点音韵。音韵是形式的成分，它的功用是把实用的理智"催眠"，引我们到纯粹的意象世界里去。许多悲惨或淫秽的材料，用散文写，仍不失其为悲惨或淫秽，用诗的形式写，则我们往往忘其为悲惨或淫秽。女儿逐父亲，母亲杀儿子，以及儿子娶母亲之类的故事很难成为艺术的对象，因为它们容易引起实际人所应有的痛恨和嫌恶。但是在希腊悲剧和莎士比亚的悲剧里，它们居然成为极庄严灿烂的艺术的对象，就因为它们披上诗的形式，不容易使人看成实际人生中一片段，以实用的态度去应付它们。《西厢》里"软玉温香抱满怀，春至人间花弄色，露滴牡丹开"几句诗，其实只是说男女交媾，但是我们读这几句诗时常忽略它的本意。拿这几句诗来比《水浒》里西门庆和潘金莲的故事，分别立刻就见出。《水浒》这一段本是妙文，但淫秽的痕迹仍然存在，不免引动观者的性欲冲动。材料相同，影响大相悬殊，就因为王实甫把淫秽的事迹摆在很幽美的意象里，再用音乐很和谐的词句表现出来，使我们一看到就为这种美妙和谐的意象和声音所摄引，不易想到背后淫秽的事迹。这就是说，诗的形式把它的"距离"推远了。《水浒》写潘金莲的淫秽用散文，这就是说，用日常实际应用的文字，所以较易引起实际应用的联想和反应。

总之，艺术上的种种习惯既然造成很悠久的历史，纵然现代的时尚叫我们觉得它离奇不近情理，它们却未尝没有存在的理由，本文所说的"距离"即理由之一。艺术取材于实际人生，却须同时于实际人生之外另辟一世界，所以要借种种方法把所写的实际人生的距离推远。戏剧的脸谱和高声歌唱，雕刻的抽象化，图画的形式化，以及诗的音韵之类都不是"自然的"，但并不是不合理的。它们都可以把我们搬到另一个世界里去，叫我们暂时摆脱日常实用世界的限制，无粘无碍地聚精会神地谛视美的形相。

参看 Edward Bullough：Psychical Distance British Journal of Psychology，1912。

（选自《孟实文钞》，良友图书公司 1936 年版。）

精彩一句：

同是一个世界，站在圈子里看和站在圈子外看，景象大不相同。

小平品鉴：

"距离说"是1913年英国心理学家爱德华·布洛（Edward Bullough）提出来的，出自于他的一篇题为《作为艺术——要素及其美学——原理的"心理距离"》的文章。朱光潜写这篇文章就是要从"距离说"来看中国艺术，并为中国艺术作一辩护。

在朱光潜看来，艺术理想就是要和人生保持一种"不即不离"的距离。他扩大了布洛的"距离"概念，不单用它来指心理距离，也指艺术和人生的一种距离。

距离产生美。艺术"距离"可以是自然的，如空间的隔阂。艺术"距离"也可以是人为的，如艺术家用神话把表现对象推远以达到理想的效果。朱光潜说，是艺术，近情理之中要有几分不近情理；是艺术，就免不了几分形式化。根据这一定论，他为中国旧艺术从几个方面进行了辩护：一就中国旧戏来说，带面具、打花脸、穿古装、着高跟鞋，其实都是一种"形式化"，是将艺术和现实拉开一定的"距离"。二就中国绘画来说，有人嫌顾恺之的作品不用西方惯用的明暗透视、远近阴影，这也是不懂中国绘画的精义，是艺术中的"腓力斯人"。三就中国诗来说，更是一种"形式的"艺术，和实际人生的"距离"更是遥远。朱光潜拿《西厢》里"软玉温香抱满怀，春至人间花弄色，露滴牡丹开"几句诗和《水浒》用散文体描写西门庆和潘金莲的一段故事对比，认为材料大致相同，但诗的形式由于和实际拉开了"距离"，也使得"把淫秽的事迹摆在很幽美的意象里，使我们一看就为这种美妙和谐的意象和声音所摄引，不易想到背后淫秽的事迹"。

物我同一

一

在凝神观照时，我们心中除开所观照的对象，别无所有，于是在不知不觉之中，由物我两忘进到物我同一的境界。比如我们在第一章所举的欣赏古松的例，看古松看到聚精会神时，我一方面把自己心中清风亮节的气概移注到松，于是松俨然变成一个人；同时也把松的苍老劲拔的情趣吸收于我，于是人也俨然变成一棵古松。这种物我同一的现象就是近代德国美学家讨论最剧烈的"移情作用"。有人拿美学上的移情作用说和生物学上的天演说相比，以为它们有同样的重要，并且把移情作用说的倡导者立普斯（Lipps）称为美学上的达尔文。在一般德国美学家看，它是美学上的最基本的原则，差不多一切美学上的问题都可以拿它来解答。不过诸家对于移情作用的解释各各不同，有时并且互相矛盾。在本章和次章中，我们想把一些纷乱的问题提纲挈领地整理清楚。

说粗浅一点，移情作用是外射作用（projection）的一种。外射作用就是把在我的知觉或情感外射到物的身上去，使它们变为在物的。先说知觉的外射。事物有许多属性都不是它们所固有的，它们大半起于人的知觉。本来是人的知觉，因为外射作用便成为物的属性。比如桌上摆着一个苹果，我一眼看到，就知道它红，香，甜，圆滑，沉重。我们通常把红、香、甜等等都看成苹果的属性，以为它本来就有这些属性；纵然没有人知觉它，这些属性也还是在那里。但是严格地说，这种常识是不精确的。苹果本来只有使人感受红、香、甜种种知觉的可能性，至于红却起于视觉，香却起于嗅觉，甜却起于味觉，其他仿此。单拿红色来说，这是若干长的光波射到眼球网膜上所生的印象。如果光波长一点或短一点，或是网膜构造换一个模样，红的色觉便不会发生。有一种色盲根本就不能辨红色，就是视觉健康的人在黄昏或黑暗中也看不清红花的颜色。再比如说沉重。从的我用手提过同样的东西，那时候皮肤和筋肉都发生一种特殊感觉，这种皮肤感觉和筋肉感觉，与当时的视觉发生了关联，以后我遇见这样的东西就联想起从前用于提它时所得的皮肤和筋肉感觉，于是知道它像什么样的"沉重"。我觉得它重，你也许觉得它轻，重量感觉是和膂力成反比例的。此外还有许多似乎在物的属性，用心理学研究起来，都是由知觉外射出来的。从此可知严格地说，我们应该说："我觉得这个苹果是红的，香的，甜的，沉重的，圆滑的。"通常我们把"我觉得"三字省略去，于是"我觉得它如此如此"就变成"它如此如此"了。我们不说"我觉得天气热"或是"天气叫我发热"而直说"天气热"，不说"我觉得路太长，时间太久"而直说"路太长，时间太久"。这都是把我的知觉外射为物的属性。习久成自然，我们反觉得把话说得精确一点有些离奇。常识与科学、哲学的冲突大半起于此。

次说情感、意志、动作等等心理活动的外射。我们对于人和物的了解和同情，都因为有"设身处地"或"推己及物"一副本领。本来每个人都只能直接地了解他自己的生命，知道自己处某种境地，有某种知觉、情感、意志和活动，至于知道旁人旁物处某种境地有同样知觉、情感、意志和活动时，则全凭自己的经验而推测出来的。《庄子·秋水》篇有这样一段故事："庄子与惠子游于濠梁之上。庄子曰：'儵鱼出游从容，是鱼乐也。'惠子曰：'子非鱼，安知鱼之乐？'庄子曰：'子非我，安知我不知鱼之乐？'"这个道理可以推广到一切己身以外的人和物，如果不凭自己的经验去推测，人和物的情感是无从了解的，这种推测自然有时错误。小孩子常和玩具谈话，不肯让人去敲打它，有时还让它吃饭睡觉。这也是因为他"设身处地"地体验玩具的情感和需要。我们成人也并没有完全脱离去这种心理习惯。诗人和艺术家看世界，常把在我的外射为在物的，结果是死物的生命化，无情事物的有情化。这个道理我们在下文还要举例详解。

移情作用只是一种外射作用，换句话说，凡是外射作用不尽是移情作用。移情作用和一般外射作用有什么分别呢？它们有两个最重要的分别。第一，在外射作用中物我不必同一，在移情作用中物我必须同一，我觉得花红，红虽是我的知觉，我虽然把我的知觉外射为花的属性，我却未尝把我和花的分别忘去，反之，突然之间我觉得花在凝愁带恨，愁恨虽是我外射过去的，如果我真在凝神观照，我决无暇回想花和我是两回事。第二，外射作用由我及物，是单方面的；移情作用不但由我及物，有时也由物及我，是双方面的。我看见花凝愁带恨，不免自己也陪着花愁恨，我看见山耸然独立，不免自己也挺起腰杆来。概括地说，知觉的外射大半纯是外射作用，情感的外射大半容易变为移情作用。

二

移情作用在德文个原为 Einfühlung。最初采用它的是德国美学家费肖尔（R. Vischer）、美国心理学家蒂庆纳（Tithener），把它译为 empathy。照字面看，它的意义是"感到里面去"，这就是说，"把我的情感移注到物里去分享物的生命"。黑格尔（Hegel）说过："艺术对于人的目的在让他在外物界寻回自我。"这话已隐寓移情说，洛慈（Lotze）在他的《缩形宇宙论》里说得更清楚：

凡是眼睛所见到的形体，无论它是如何微琐，都可以让想象把我们移到它里面去分享它的生命。这种设身处地地分享情感，不仅限于和我们人类相类似的生物，我们不仅能和鸟鹊一齐飞舞，和羚羊一齐跳跃，或是钻进蚌壳里面，去分享它在一张一翕时那种单调生活的况味，不仅能想象自己是一棵树，享受幼芽发青或是柔条临风的那种快乐；就是和我们绝不相干的事物，我们也可以外射情感给它们，使它们别具一种生趣。比如建筑原是一堆死物，我们把情感假借给它，它就变成一种有机物，楹柱墙壁就俨然成为活泼泼的肢体，现出一种气魄来，我们并且把这种气魄移回到自己的心中。

这是移情说的雏形，到了立普斯的手里就变成美学上一条最基本的原理。立普斯如何解释移情作用，待下文详说，现在我们多举事例，来证明移情作用是一种最普遍的现象。

最明显的例是欣赏自然。大地山河以及风云星斗原来都是死板的东西，我们往往觉得它们有情感，有生命，有动作，这都是移情作用的结果。比如云何尝能飞？泉何尝能跃？我们却常说云飞泉跃。山何尝能鸣？谷何尝能应？我们却常说山鸣谷应。诗文的妙处往往都从移情作用得来。例如"天寒犹有傲霜枝"句的"傲"，"云破月来花弄影"句的"弄"，"数峰清苦，商略黄昏雨"句的"清苦"和"商略"，"徘徊枝上月，空度可怜宵"句的"徘徊"、"空度"、"可怜"；"相看两不厌，唯有敬亭山"句的"相看"和"不厌"，都是原文的精彩所在，也都是移情作用的实例。

在聚精会神的观照中，我的情趣和物的情趣往复回流。有时物的情趣随我的情趣而定，例如自己在欢喜时，大地山河都随着扬眉带笑。自己在悲伤时，风云花鸟都随着黯淡愁苦。惜别时蜡烛可以垂泪，兴到时青山亦觉点头。有时我的情趣也随物的姿态而定，例如睹鱼跃鸢飞而欣然自得，对高峰大海而肃然起敬，心情浊劣时对修竹清泉即洗刷净尽，意绪颓唐时读《刺客传》或听贝多芬的《第五交响曲》便觉慷慨淋漓。物我交感，人的生命和宇宙的生命互相回还震荡，全赖移情作用。

移情作用有人称为"拟人作用"（anthropomorphism）。拿我做测人的标准，拿人做测物的标准，一切知识经验都可以说是如此得来的。把人的生命移注于外物，于是本来只有物理的东西可具人情，本来无生气的东西可有生气，所以法国心理学家德拉库瓦教授把移情作用称为"宇宙的生命化"（animation de l'univers）。从理智观点看，移情作用是一种错觉，是一种迷信。但是如果没有它，世界便如一块顽石，人也只是一套死板的机器，人生便无所谓情趣，不但艺术难产生，即宗教亦无由出现了。诗人、艺术家和狂热的宗教信徒大半都凭移情作用替宇宙造出一个灵魂，把人和自然的隔阂打破，把人和神的距离缩小。这种态度在一般人看，带有神秘主义，其实"神秘主义"并无若何神秘，不过是相信事物里面藏有一种不可思议的意蕴。本来事物自身无所谓"意蕴"。意蕴都是人看出来的，所谓"仁者见仁，智者见智"。分析起来，神秘主义的来源仍是移情作用。从在一草一木中见出生气到极玄奥的泛神主义，从认定一件玩具有灵魂到推想整个宇宙有主宰，范围广狭虽有不同，道理却是一样。在物我同一中物我交感，物的意蕴深浅常和人的性分深浅成正比例。深人所见于物者深，浅人所见于物者亦浅。一朵花对于我只是一朵花，对于你或许是凝愁带恨，对于另一人或许是"欣欣向荣"。英国诗人华兹华斯说："一朵微小的花对于我可以唤起不能用泪表达出来的那么深的思想。"一朵花如此，一切事物也都如此。

各民族的神话和宗教大半都起于拟人作用，这就是推己及物，自己觉得一切举动有灵魂意志或心做主宰，便以为外物也是如此，于是风有风神，水有水神，桥有桥神，谷有谷神了。多神教就是如此起来的。推广一点说，全体宇宙的运行也似乎是心灵意志的表现，宇宙也似应有一种主宰，于是一神教就起来了。神和宇宙的关系向来有两种看法。一种看法把神放在宇宙之外，他和宇宙的关系好比匠人和作品，或是船长和船一样。他站在虚空里转运法轮，于是宇宙才能运行。老子说："天地不仁，以万物为刍狗，"李白说："谁挥鞭策驱四运？"就是用这种看法。另一种看法以为宇宙全体是神的表现，神无处不在，大而时代的推移，山河的更改，小而昆虫的蠕动，草木的荣枯，都只是一个神的"显圣"。这就是泛神主义。近代许多西方诗人都用这种看法。歌德、华兹华斯和雪莱是显著的例。无论如何，神都是人所创造的，都是他自己的返照，都是拟人作用或移情作用的结果。

三

移情作用对于文艺的创造也有很大的影响。在文学家的传记笔录里，我们常遇到描写移情经验的文字。法国女小说家乔治·桑（George Sand）在她的《印象和回忆》里说：

> 我有时逃开自我，俨然变成一棵植物，我觉得自己是草，是飞鸟，是树顶，是云，是流水，是天地相接的那一条水平线，觉得自己是这种颜色或是那种形体，瞬息万变，去来无碍。我时而走，时而飞，时而潜，时而吸露。我向着太阳开花，或栖在叶背安眠。天鹅飞举时我也飞举，蜥蜴跳跃时我也跳跃，萤火和星光闪耀时我也闪耀。总而言之，我所栖息的天地仿佛全是由我自己伸张出来的。

象征派诗人波德莱尔（Baudelaire）也说：

> 你聚精会神地观赏外物，便浑忘自己存在，不久你就和外物混成一体了。你注视一棵身材停匀的树在微风中荡漾摇曳，不过顷刻，在诗人心中只是一个很自然的比喻，在你心中就变成一件事实：你开始把你的情感欲望和哀愁一齐假借给树，它的荡漾摇曳也就变成你的荡漾摇曳，你自己也就变成一棵树了。同理，你看到在蔚蓝天空中回旋的飞鸟，你觉得它表现"超凡脱俗"一个终古不磨的希望，你自己也就变成一个飞鸟了。

艺术家们不但看自然景物时能够这样"体物入微"，就是对于自己所创造的人物和情境也往往如此。法国小说家福楼拜（Flaubert）在他的信札里曾有这么一段话描写他写《包法利夫人》的经过：

> 写书时把自己完全忘去，创造什么人物就过什么人物的生活，真

是一件快事。比如我今天就同时是丈夫和妻子，是情人和他的娇头，我骑马在一个树林里游行，当着秋天的薄暮，满林都是黄叶，我觉得自己就是马，就是风，就是他们俩的甜蜜的情语，就是使他们的填满情波的眼睛眜着的太阳。

此外文艺创作家的同样的自供不胜枚举。福楼拜素来被人认为写实派的大师，他描写极客观的情境，也还是设身处地，亲领身受地分享其中人物的生命，可见文艺上客观和主观的分别是很勉强的。

移情作用对于创造文艺的影响还可以在另一方面见出。文学的媒介是语言文字。语言文字的创造和发展往往与艺术很类似。照克罗齐看，语言自身便是一种艺术，语言学和美学根本只是一件东西。不说别的，单说语言文字的引申义。在各国语言文字中引申义大半都比原义用得更广。引申义大半起源于类似联想和移情作用，尤其是在动词方面。例如"吹"、"打"、"行"、"走"、"站"、"诱"等原来都表示人或其他动物的动作，现在我们可以说"风吹雨打"、"这个办法行"、"电走了"、"车站住了"、"花香诱蝶"等等。古文中引申义更多，例如"子路拱之"的"拱"引申为"众星拱北辰"的"拱"，"招我以弓"的"招"引申为"言易招尤"的"招"，"鲤趋而过庭"的"趋"引申为"世风愈趋愈下"的"趋"，"我欲仁斯仁至矣"的"欲"引申为"星影摇摇欲坠"的"欲"。这些引申义现在已用成习惯，我们不复觉其新鲜，但是创始者创一个引申义时，大半都带有几分艺术的创造性。整个的语言的生展就可以看成一种艺术。

四

在艺术的欣赏中，移情作用也是一个重要的成分。例如写字，横直钩点等等笔画原来都是墨涂的痕迹，它们不是高人雅士，原来没命什么"骨力"、"姿态"、"神韵"和"气魄"。但是在名家书法中我们常觉到"骨力"、"姿态"、"神韵"和"气魄"。康有为在《广艺舟双楫》中说字有十美："一曰魄力雄强，二曰气象浑穆，三曰笔法跳越，四曰点画峻厚，五曰意态奇逸，六曰精神飞动，七曰兴趣酣足，八曰骨法洞达，九曰结构天成，十曰血肉丰美。"这十美除第九以外大半都是移情作用的结果，都是把墨涂的痕迹看作有生气有性格的东西。这种生气和性格原来存在观赏者的心里，在移情作用中他不知不觉地把字在心中所引起的意象移到字的本身上面去。字所以能引起移情作用者，因为它像一切其他艺术一样，可以表现作者的性格和临池时的兴趣，它也可以说是"抒情的"。颜鲁公的字就像颜鲁公，赵孟頫的字就像赵孟頫。不但如此，同是一个书家，在正襟危坐时写的字是一种意态，在酒酣耳热时写的字又是一种意态；在风日清和时写的字是一种意态，在风号雨啸时写的字又是一种意态。某境界的某种心情都由腕传到笔端上去，所以一点一画变成性格和情趣的象征，使观者觉得生气蓬勃。作者把性格和情趣贯注到字里去，我们看字时也不知不觉地吸收这种性格和情趣，使在物的变成在我的。例如看颜鲁公的字那样劲拔，我们便不由自主地耸肩聚眉，全身的筋肉都紧张起来，模仿它的严肃；看赵孟頫的字那样秀媚，我们也不由自主地展颐扬眉，全身筋肉都弛懈起来，模仿它的袅娜的姿态。

移情作用并不限于眼睛看得见的形体。比如音乐纯粹是一种形式的艺术，我们只能听出抑扬顿挫开合承转的关系，但是也能在这种纯为形式的关系之中寻出情感来，说某种曲调悲伤，某种曲调快活。这是什么缘故呢？立普斯在《美感的移情作用》一文中讨论"节奏"（rhythm）的道理，曾对于这个问题给了一个有趣的答案。所谓"节奏"是各种艺术的一个普遍的要素，形体的长短大小相错杂，颜色的深浅浓淡相调和，都是节奏。不过在音乐中节奏用得最广。音乐的节奏就是长短高低宏纤急缓相继承的关系，这些关系时时变化，听者所费的心力和所用的心的活动也随之变化。因此，听者心中自发生一种节奏和音乐的节奏相平行。听一曲高而缓的调子，心力也随之作一种高而缓的活动；听一曲低而急的调子，心力也随之作一种低而急的活动。这种高而缓或低而急的心力活动常蔓延浸润，使全部心境和它同调共鸣。高而缓的节奏容易引起欢欣鼓舞的心情，低而急的节奏容易引起抑郁凄恻的心情。这些情调原来在我，在物我同一的境界中，我们把在我的情调外射出去，于是音乐也有情调了。

写字和听音乐只是两个实例，其他艺术所引起的移情作用可以由此类推。

五

从以上许多实例看，我们可以见出移情作用为用之广。现在我们再进一步来研究它的原因。我们已经说过，在凝神观照中物我由两忘而同一，于是我的情趣和物的姿态往复回流。这话已略将移情作用的原因指出，不过还嫌笼统，我们应该把它再说清楚一点。

移情说发源于立普斯。他的学说大半以几何形体所生的错觉为根据。它的精华全在《空间美学》（Raumaesthetik）一部书里，现在我们引用他所常举的一个实例来说明他对于移情作用的见解。

比如说希腊"多利克式"（Doric）石柱。古希腊的神庙建筑通常都不用墙，让一排一排的石柱来撑持屋顶的压力，这种石柱往往很高大，外面刻着凸凹相间的纵直的槽纹。照物理学说，我们看石柱时应该觉得它承受重压顺着地心吸力而下垂，但是看"多利克式"石柱，我们却往往觉得它耸立飞腾，现出一种出力抵抗不甘屈挠的气概。这里有两个问题：第一，我们何以不觉得它下垂？第二，我们何以觉得它上腾？

先解决第一个问题。这里我们首先要明白物体本身和形象的分别。比如石柱上下粗细一律时，就物体本身说，它的力量强弱也应该上下一律；可是就形象说，它的中腰却好像比上下较细弱。这种错觉的发生，是因为柱的中腰在受重压时是最易弯曲或折断的部分。希腊建筑家往往把石柱的中腰雕得比上下较粗壮，以弥补这种细弱的错觉。它本来是中腰略粗（就物体本身说），看起来却仍是上下一律（就形象说）。这种形象立普斯称之为"空间意象"（spatial image）。在观赏石柱时，我们只以它的"空间意象"为对象，并非它的物体本身为对象，所以对于物体本来下垂的事实便无暇顾到了。换句话说，下垂属于石柱本身，不下垂属于它的形象或"空间意象"。

同理，石柱使我们觉得它耸立上腾的也是它的"空间意象"而不是它的本身。这里我们可以引用立普斯自己的话来说明：

石柱在耸立时，耸立的动作是谁发出来的呢？是做成石柱的那堆顽石么？不是，它不是石柱本身而是石柱所呈现给我们的"空间意象"；它是线、面和形，而不是线面形所围成的物体。作伸张和收缩的姿态者也是这些线、面和形。

不过我们何以觉得这些线面形所成的"空间意象"作耸立上腾种种动作，却又另是一个问题。立普斯的答案是"类似联想"。知觉都是凭以往经验解释目前事实。我们最原始、最切身的经验就是自己的活动以及它所生的情感，我们最原始的推知事物的方法也就是根据自己的活动和情感，来测知我以外一切人物的活动和情感。我们不知道鼠被猫迫捕时的情感，但是记得起自己处危境的恐惧；我们不知道一条线在直立着和横排着的时候有什么不同，但是记得起自己在站着和卧着时的分别。以己测物，我们想象到鼠被追的恐怖；同理，我们也想象线在直立时和我们在站着时一样紧张，在横排时和我们在卧着时一样弛懈安闲。我们觉得石柱耸立上腾，出力抵抗，也是因为这个道理。我们也硬着颈项，挨过艰难困苦，亲领身受过出力抵抗时的一种特殊的身心的紧张。这种经验已凝结为记忆，变为"自我"的一部分。现在目前的石柱不也是在那里撑持重压么？不是仿佛在挺起腰杆向上面的重压说"你要压倒我，我偏要腾起来"么？我和石柱就出力抵抗一点经验说，有些类似。这个类似点就成为移情作用的媒介。石柱的姿态引起我出力抵抗的记忆，在聚精会神中，我们忘记物我的分别，于是出力抵抗、耸立上腾虽本来是我心中的意象，就移到石柱身上去了。

我见石柱而想起耸立上腾、出力抵抗的况味时，心中只是有这么一种抽象观念呢？还是同时局部地或全部地复演这些动作呢？我是否觉到耸立上腾、出力抵抗的"运动的冲动"（motorimpulse）呢？这个问题是立普斯和旁人争论的焦点所在，我们在下章还要详论，现在只说立普斯自己的主张。他是一位极端厌恶"身心平行"说者，反对拿生理来解释心理，所以否认移情作用伴有任何筋肉运动的感觉。依他说，移情作用是一种美感经验。在美感经验中，筋肉感觉愈明了，自我意识也就愈治醒，美感也就愈淡薄。比如看一座《掷铁饼者》的雕像，我们如果觉到很强烈的筋肉感觉，注意力就不免由形象转到自己的身体，就不能算是享美了。移情作用全以观念为媒介，石柱所引起的是耸立上腾、出力抵抗的观念、我们所移授于石柱的也还是这种观念，自己并不必耸起肩膀，挺起腰杆来。

照这样说，移情作用不全是一种联想作用么？立普斯又竭力声明这是误解。可引起联想的事物只能唤起某情感的记忆而不能"表现"那个情感，它和那个情感的关系是偶然的。可引起移情作用的事物不但能唤起某情感的记忆．而且还能"表现"那个情感，它和那个情感的关系是必然的。比如有一座阴暗的房屋是一个亲爱的亡友住过的，我如果因哀悼亡友而觉得它凄惨，那只是联想；我如果因为它本身的线纹、色调、形状而觉得它凄惨，那才是移情。引起移情作用的事物必定是一种情趣的象征，例如松菊耐寒，象征劲节；火焰炙人，象征热情。法国美学家巴希（Victor Basch）把移情作用叫做"象征的同情"（sympathie-symbolique），就是因为这个道理。

六

移情作用是否尽是美感经验呢？美感经验是否尽带移情作用呢？这两个问题也是美学家所常争论的。立普斯一派学者如谷鲁斯（K. Groos）、浮龙·李（Vernon Lee）等把美感经验和移情作用看成一件事。依立普斯看，移情作用所以能引起美感，是因为它给"自我"以自由伸张的机会。"自我"寻常都囚在自己的躯壳里面，在移情作用中它能打破这种限制，进到"非自我"（non-ego）里活动，可以陪鸢飞，可以随鱼跃。外物的形象无穷，生命无穷，自我伸张的领域也就因而无穷。移情作用可以说是由有限到无限，由固定到自由。这是一种大解脱，所以能发生快感。但是这种快感何以就是美感呢？立普斯的移情对象能"表现"情感说已见上文，那就是一部分理由。他还有一说，与克罗齐的形象直觉说很相近。他再三地解释过，"自我"和"非自我"同一时，所谓"自我"并非"实用的自我"而是"观赏的自我"（contemplative ego），所谓"非自我"并非物体本身而是它的"空间意象"或"形象"，所谓"同一"并非以"实用的自我"与"非自我"的物体相同一，而是以"观赏的自我"与"非自我"的形象相同一。"自我"和"非自我"都是净化过来的,所以它们的同一所生的不是寻常快感而是美感。立普斯绕大弯子说话,玄秘气很重,其实归根到底,他的主张还是像我们在第一章所说的:"在美感经验中心所以接物者只是直觉而不是知觉和概念;物所以呈现于心者是它的形象本身而不是与它有关系的事项,如实质、成因、效用、价值等等意义。"话到此为止,立普斯的学说是大致不差的,但是他还有其他更玄秘的话。比如他论悲剧的美感时,否认谷鲁斯的模仿说,以为"模仿痛苦仍不外是自己感受痛苦"。"我固然要在自己心中把剧中悲苦的实境创造出来,但是不像持模仿说者那样办法,我创造它是用同情,是用移我于物,在物见我的情感。"他又说:"使我觉得畅快的并不是浮土德(Faust)的绝望而是我自己的同情。"依他看,我所同情的人物虽不必实有其人,但从伦理观点看,必定是我所赞许的,所以我在分享他的情感时才能意识到"自我价值"(self-value)。一切美感之中,依立普斯说,都含有"自我价值"的意识。这里他已离开科学立场,无缘无故地把道德观念拉进美感来,而只"自我价值"意识说与"物我同一"说也互相矛盾。物我的界限既忘去,我们何以觉到"自我价值"呢?

一般持移情说者都跟着立普斯把移情作用和美感经验看成同义词。美国学者杜卡斯(Ducasse)在他的《艺术哲学》里竭力反对这种看法。依他看,移情作用是一种极普遍的现象,凡是知觉到或是想象到别的人物在发动作或受动作时,我们都要用移情作用:

> 但是知觉或想象动作是一回事,以美感态度来观照这知觉到或想象到的动作却另是一回事。无移情作用,即不能对于别人的动作起美感的观照,因为觉到别人的动作根本要靠移情作用。……但是无移情作用也可以有美感的观照。例如颜色臭味之类,几乎不能引起移情作用,但能引起美感的观照。线形、动态(motion)等也是如此,虽然我们的自然倾向是常把事物看成活动的。就另一方面说,我们可以有(而且是在大部分移情实例中常有)移情作用,而对于移情作用所使我觉到的事物并不起美感的观照,因为我们注意及知觉别人所作所受的事,通常不是为美感而是为实用或随意取乐。

　　杜卡斯的大意是说：美感经验只有在对象为可发动作或受动作的事物时，才必须有移情作用；如果它是静物如颜色、线形、臭味之类，即不必有移情作用。杜卡斯的毛病在不用"移情作用"的习惯义，只把它看成一种"知"的过程，与"情"根本无涉。而且他对于近代实验美学似乎没有注意到，否则他应该明白一切事物，连颜色、线形等等在内，都可以起移情作用，例如红色可以看成热烈的，蓝色时以看成平静的，直线可以看成刚劲的，横线可以看成安逸的之类。

　　不过美感态度不一定带移情作用却是事实。移情作用只是一种美感经验，不能起移情作用也往往可以有很高的审美力。德国美学家佛莱因斐尔斯（Müller Freienfels）把审美者分为两类，一为"分享者"（Mitspieler, participant），一为"旁观者"（Zuschauer, contemplator）。"分享者"观赏事物，必起移情作用，把我放在物里，设身处地，分享它的活动和生命。"旁观者"则不起移情作用，虽分明察觉物是物，我是我，却仍能静观形象而觉其美。这和尼采的意见暗合。尼采分艺术为两种，一种是狄俄倪索斯式（Dionysian 酒神的），专在自己的活动中领略世界的美，例如音乐、跳舞；一种是阿波罗式（Apollonian 日神的），专处旁观的地位以冷静的态度去欣赏世界的美，例如图画、雕刻。前者是分享，后者是旁观。

　　这两种人谁最富于审美力呢？持移情说者当然袒护"分享者"。其实这是偏见。英国学者罗斯金（Ruskin）在《近代画家》里所说的"情感的误置"（Pathetic fallacy）就是"移情作用"的别名。据他说，第一流诗人都看清事物的本来面目，第二流诗人才有"情感的误置"，把自己的情感误移于外物。这种分别我们在《诗论》里讨论"有我之境"与"无我之境"时另加详论，现在只举演戏和看戏为例，证明"旁观者"如果不比"分享者"的艺术的趣味较高，至少也可以并驾齐驱。

　　从名演员的传记看，戏有两种演法。一种是取"分享者"的态度，忘记自己在演戏，仿佛自己变成所扮演的角色，分享他或她的情感，一切动作姿势言笑全任当时情感支配，自然流露，出于不得已。法国著名女演员莎拉·邦娜（Sarah Bernhardt）就是如此。她说："通常我们可以把人生忧患一齐丢开，在演戏的那几点钟内，把自己的性格脱去，另穿上一个性格，在另一生活的梦境中往复周旋，把一切都忘去。"她谈到在伦敦演拉辛（Racine）的悲剧《斐德尔》（Phédre）的经验说："我悲痛，我哭泣，我哀求，我呼号，这一切全是真的；我的痛苦是人所不能堪的，我的泪是酸辛热烈的。"当时法国著名的男演员安托万（Antoine）的演法也是如此。他谈到演易卜生的《群鬼》时曾经说过："从第二幕以后，我什么都忘去了，忘记观众，忘记戏所生的印象；幕闭后，我还是在呜咽，还是垂头丧气，过了一些时候才能恢复原状。"另一种演法是取旁观者的态度，时时明白自己是在演戏，表情尽管非常生动自然，而一举一动一言一笑却都是用心揣摩得来的，面上尽管慷慨淋漓，而心里却非常冷静。中国演旧戏的人们大半是如此，扮演一个角色都先须经过长期的学习训练，怎样笑，怎样掀胡须，都有一定不移的"家法"。十八世纪英国著名演莎士比亚戏剧的演员伽立克（Garrick）也是最好的例。他有一次演理查（Richard），演到兴酣局紧时，神色生动，如出自然，他的女配角见到他那副可怕的样子，在台上吓慌了，他却仍能以眼示意，叫她镇定些。十九世纪意大利著名的女演员杜斯（La Duse）也说她无论表演到如何生动时，心里依然是冷静的。

这两种演法根本不同，在分享者起移情作用，演什么角色就变成什么角色，旁观者不起移情作用，演任何角色都意识到他自己。这两种究竟哪一种比较优胜呢？十八世纪法国哲学家狄德罗（Diderot）在《谈演员的矛盾》（Paradoxe sur le Comédien）中，竭力主张演员须能很冷静地控制自己，时时听着自己的声音，瞟着自己的姿态动作，切忌分享所扮演的人物的情感。这个主张后来演为戏艺中的所谓"不动情感"（insensibilité）主义，影响颇大。不过也有人辩护"分享者"的演法，以为狄德罗的主张太偏，俄国著名导演柯米沙耶夫斯基（Komisarjevsky）说："一个戏角如果瞟着自己表演，决不能感动观众，或是有若何创造的意味。"在我们看，上述两派都各有极成功者，两种演法各有长短，演者应顾到自己性之所近，不必勉强走哪一条路。不过有一点是很显然的，在舞台上创造性格时，冷静的有意的揣摩也可以成功，移情作用并非必要的条件。

看戏者也有分享者和旁观者两种。分享者看戏如看实际人生，到兴会淋漓时自己同情于某一个人物，便把自己当作那个人物，他成功时陪他欢喜，他失败时陪他懊丧。比如看《哈姆雷特》，男子往往把自己看成哈姆雷特，女子往往把自己看成皇后或我菲丽雅。有些人可以同时分享几个人物的情感。比如看

《哈姆雷特》，无论是男是女，注意到哈姆雷特时便变成哈姆雷特，注意到莪菲丽雅时便变成莪菲丽雅。演员出没无常，观赏者的移情对象也转变无常。此外也有些人虽不把自己看成一个角色，却闯进戏里去凑热闹，仿佛他自己也是戏中角色之一，或者戏中角色是他的实际世界中的仇人或友人。一位英国老太婆看《哈姆雷特》到最后决斗的一幕，大声警告哈姆雷特说："当心呀，那把剑是上过毒药的！"这一班人看戏最起劲，所得的快感也最大。但是这种快感往往不是美感，因为他们不能把艺术当作艺术看，艺术和他们的实际人生之中简直没有距离，他们的态度还是实用的或伦理的。真正能欣赏戏的人大半是冷静的旁观者，看一部戏和看一幅画一样，能总观全局，细察各部，衡量各部的关联，分析人物的情理。这种活动当然仍是科学的而不是美感的。但是经过这番衡量分析以后，整个作品所现的形象才愈加明显，美者愈见其美，所得的美感也愈加浓厚。

总之，移情作用与物我同一虽然常与美感经验相伴，却不是美感经验本身，也不是美感经验的必要条件。

（节选自《文艺心理学》，开明书店 1936 年版。）

精彩一句：

在凝神观照中物我由两忘而同一，于是我的情趣和物的姿态往复回流。

小平品鉴：

人有喜怒哀怨，总得排遣、宣泄，这排遣、宣泄用中国古代诗家的说法就是"比"和"兴"，用近代西方的说法就是"移情"。脍炙人口的庄子和惠子的濠梁之辩便是实例。诗人和艺术家看这世界，常常是以这种移情化的态度。

朱光潜说，移情是一种外射作用，但外射作用不一定就是移情。因为外射是由我及物单向的，而移情则是由我及物和由物及我（内摹仿）双向的。所以，朱光潜很强调情趣和意象的"往复回流"之同一。这种情趣意象化（由我及物）

和意象情趣化（由物及我）的契合过程，也是一种"升华"的过程，物我两忘达物我同一。

朱先生认为，移情作用不都是美感经验。有些"不动情感"的"旁观者"可能比"分享者"（移情）在欣赏和创作上的趣味更高。事实上，朱先生主张，在情趣和意象往复回流中，能"冷静回味"或者说"静观"的艺术家更值得推崇，这是继承了中国传统文论的"以物观物"的审美态度。当然，这种"物我同一"中的主客观对立痕迹几乎近于"零"。这也是朱先生说的，文艺上客观和主观的分别是很勉强的。

刚性美与柔性美

一

　　凡美都是"抒情的表现"，都起于"形象的直觉"，并不在事物本身。所以就理论说，艺术是不可分类的。可分类的只是事物，而直觉是心理的活动，是最单纯而不可再区分的现象。克罗齐竭力反对历来学者把艺术分为抒情的、叙事的、表演的、造型的、悲剧的、喜剧的等等，就是因为这个道理。但就事实说，事物的形态不同，它们所引起的美感的反应也往往不一致。为方便起见，我们可把这些不一致的美感的反应加以分类，说某类作品是悲剧的，某类作品是喜剧的，某类作品是叙事的，某类作品是抒情的。本文所说的两种美也就是根据这种办法而分别出来的。

　　自然界事事物物都可以说是理式的象征，共相的殊相，像柏拉图所比拟的，都是背后堤上的行人射在面前墙壁上的幻影。科学家、哲学家和艺术家都想揭开自然之秘，在殊相中见出共相。但是他们出发点不同，目的不同，因而在同一殊相中所见得的共相也不一致。

比如走进一个园子里，你抬头看见一只老鹰站在一株苍劲的古松上，向你瞪着雄赳赳的眼，回头又看见池边旖旎的柳枝上有一只娇滴滴的黄莺，在那儿临风弄舌，这些不同的物体在你心中所引起的情感如何呢？依科学家看，"松"和"柳"同具"树"的共相，"鹰"和"莺"同具"鸟"的共相；然而在情感方面，老鹰却和古松同调，娇莺却和嫩柳同调。借用名学的术语在艺术上来说，鹰和松同具一种美的共相，莺和柳又同具另一种美的共相。它们所象征的性格不相同，所引起的情调也不相同。倘若莺飞上古松的枝上，或是鹰栖在嫩柳的枝上，你立刻就会发生不调和的感觉；虽然为变化出奇起见，这种不伦不类的配合有时也为艺术家所许可。

自然界本有两种美，老鹰古松是一种，娇莺嫩柳又是一种。倘若你细心体会，凡是配用"美"字形容的事物，不属于老鹰古松的一类，就属于娇莺嫩柳的一类；否则就是两类的混合。从前人有两句六言诗说："骏马秋风冀北，杏花春雨江南。"这两句诗每句都只举出三个殊相，然而它们可以象征一切美。你遇到任何美的事物，都可以拿它们做标准来分类。比如说峻崖，悬瀑，狂风，暴雨，沉寂的夜或是无垠的沙漠，垓下哀歌的项羽或是横槊赋诗的曹操，你可以说这都是"骏马秋风冀北"式的美；比如说清风，皓月，暗香，疏影，青螺似的山光，媚眼似的湖水，葬花的林黛玉或是"侧帽饮水"的纳兰成德，你可以说这都是"杏花春雨江南"式的美。这两种美有时也可以混合调和。老鹰有栖嫩柳的时候，娇莺有栖古松的时候，犹如男子中之有杨六郎，女子中之有木兰和秦良玉，西子湖滨之有两高峰，西伯利业荒原之有明媚的贝加尔。比如说菊花，在"天寒犹有傲霜枝"之中它有"骏马秋风冀北"式的美，在"帘卷西风，人比黄花瘦"之中它有"杏花春雨江南"式的美。李白在写《蜀道难》和《将进酒》时，陶渊明在写"纵浪大化中，不喜亦不惧"时，属于前一类；李在写《闺怨》、《长相思》和《清平调》时，陶在写《游斜川》和《闲情赋》时属于后一类。

这两种美的共相是什么呢？定义正名向来是难事，但是形容词是容易找的。我说"骏马秋风冀北"时，你会想到"雄浑"、"劲健"；我说"杏花春雨江南"时，你会想到"秀丽"、"典雅"；前者是"气概"，后者是"神韵"；前者是刚性美，后者是柔性美。

二

刚性美是动的，柔性美是静的。动如醉，静如梦。尼采在《悲剧的起源》里说艺术有两种，一种是醉的产品，音乐和跳舞是最显著的例；一种是梦的产品，一切造形艺术如图画、雕刻等都是。他拿日神阿波罗和酒神狄俄倪索斯来象征这两种艺术。你看阿波罗的光辉那样热烈闪耀么？其实他的面孔比瞌睡汉的还更恬静，世界一切色相得他的光才呈现，所以都可说是从他脑里梦出来的。诗人、画家和雕刻家的任务也和阿波罗一样，全是在造色相，换句话说，全是在做梦。狄俄倪索斯的精神则完全相反，他要喷出心中积蓄得很深厚的苦闷，要图刹那间尽量的欢乐，在青葱茂密的葡萄丛里，看蝶在翩翩地飞，蜂在嗡嗡地舞，他也不由自主地没入生命的狂澜里，放着嗓子高歌，提着足尖狂舞。他虽然没有造出阿波罗所造的那些光怪陆离的图画，可是，他的歌迸出内心的情感，他的舞和大自然的脉搏共起伏，也是发泄，也是表现，总而言之，也是人生一种不可少的艺术。在尼采看，这两种相反的美熔化于一炉，从深心迸出的苦闷借鲜明的意象而呈现，于是才有希腊的悲剧（详见第十七章）。

尼采所谓狄俄倪索斯的艺术是刚性的，阿波罗的艺术是柔性的。不过在同一艺术之中，作品也有刚柔之别。比如说音乐，贝多芬的第三交响曲和第五交响曲固然像狂风暴雨，极沉雄悲壮之致。而月光曲和第六交响曲则温柔委婉，如怨如诉，与其谓为"醉"，不如谓为"梦"了。

三

艺术是自然和人生的返照。创作家往往因性格的偏向而作品也因而畸刚或畸柔。米开朗琪罗在性格上和艺术上都是刚性美的极端的代表。你看他的《摩西》！有比他的目光更烈的火焰么？有比他的须髯更硬的钢丝么？你看他的《大卫》！他那副脑里怕藏着比亚力山大的更惊心动魄的雄图罢？他那只庞大的右臂迟一会儿怕要拔起喜马拉雅峰去撞碎哪一个星球罢？亚当是上帝首创的人，可是要结识世界第一个理想的伟男子，你须得到罗马西斯廷教寺的顶壁上去物色。这一幅大气磅礴的《创世纪》中没有一个面孔不露着超人的意志，没有一条筋肉不鼓出海格立斯的气力。但是柔性美在这里是很难寻出的。除德尔斐仙（Delphic Sibyl）以外，简直没有一个人像女子。这里的夏娃和圣母都是英气逼人的。

雷阿那多·达·芬奇恰好替米开朗琪罗做一个反称。假如《亚当》和《大卫》是男性美的象征，女性美的象征从《密罗斯爱神》以后，就不得不推《蒙娜·丽莎》了。那庄重中寓着妩媚的眼，那轻盈而神秘的笑，那丰润灵活的手，艺术家已经摸索追求了不知几许年代，到达·芬奇才带着血肉表现出来，这是多么大的一个成功！达·芬奇的天才是多方面的。他的世界中固然也有些魁梧奇伟的男子（例如《自画像》），可是他的特长则在能摄取女性中最令人留恋的表现出来。藏在日内瓦的那幅《授洗者圣约翰》活像女子化身，固不用说，连藏在卢浮官的那幅《酒神》也只是一位带醉的"蒙娜·丽莎"。再看《最后的晚餐》中的耶稣，他披着发，低着眉，在慈祥的面孔中现出悲哀和恻隐，而同时又毫没有失望的神采，除着抚慰病儿的慈母以外，你在哪里能寻出他的"模特儿"呢？

四

中国古代哲人观察宇宙，似乎都从艺术家的观点出发，所以他们在万殊中所见得的共相为"阴"与"阳"。《易经》和后来纬学家把万事万物都归原到两仪四象，其所用标准，就是我们把老鹰配古松、娇莺配嫩柳所用的标准。这种观念在一般人脑里印得很深，所以历来艺术家对于刚柔两种美分得很严。在诗的方面有李杜与韦孟之别，在词的方面有苏辛与温李之别，在书法方面有颜柳与褚赵之别，在画的方面有北派与南派之别，在拳术有太极与少林之别。清朝阳湖派和桐城派对于文章的争执也就起于刚柔的嗜好不同。姚姬传的《复鲁絜非书》是讨论文章上刚柔之别的，他说：

> 自诸子而降，其为文无有弗偏者。其得于阳与刚之美者，则其文如霆如电，如长风之出谷，如崇山峻崖，如决大河，如奔骐骥；其光也如杲日，如火，如金镠铁；其于人也如凭高视远，如君而朝万众，如鼓万勇士而战之。其得于阴与柔之美者，则其为文如升初日，如清风，如云，如霞，如烟，如幽林曲涧，如沦，如漾，如珠玉之辉，如鸿鹄之鸣而入寥阔；其于人也漻乎其如叹，邈乎其如有思，煗乎其如喜，愀乎其如悲。观其文，讽其音，则为文者之性情形状举以殊焉。

姚姬传所拿来形容阳刚之美的，如雷电、长风、崇山、峻崖、大河等等，在西方文艺批评中素称为 sublime；他所拿来形容阴柔之美的如云霞、清风、幽林、曲涧等等，在西方文艺中素称为 grace。grace 可译为"清秀"或"幽美"。sublime 是最上品的刚性美，它在中文中没有恰当的译名，"雄浑"、"劲健"、"伟大"、"崇高"、"庄严"诸词都只能得其片面的意义，本文姑且称之为"雄伟"（理由见下文）。西方学者常讨论"雄伟"和"秀美"的分别，对于"雄伟"的研究尤其努力。

五

sublime 一词起源于希腊修辞学者郎吉弩斯（Longinus）。他曾著一书《论雄伟体》。不过他专指诗文的高华的风格，后人言"雄伟"则意义较为广泛。近代关于"雄伟"的学说大半发源于康德。康德早年曾作一文《论秀美与雄伟的感觉》，以为"秀美"使人欣喜，"雄伟"使人感动；对"秀美"者多欢笑，对"雄伟"者多严肃。花坞、日景、女子、拉丁民族都以"秀美"胜，高山、暴风雨、夜景、男子、条顿民族都以"雄伟"胜。在这篇论文里康德只列举事实，到后来写《审美判断的批评》时他才讨论学理。在这部书里他仍然把"雄伟"和"秀美"对举，关于"雄伟"的文字占了全书二分之一。他以为"雄伟"的特征为"绝对大"。一切东西和它相比都显得渺小的就是"雄伟"。"雄伟"有两种，一种是"数量的"，其大在体积，例如高山；一种是"精力的"，其大在精神气魄，在不受外物的阻挠，在能胜过一切障碍，例如狂风暴雨［我们的译名中"伟"字可以括尽康德的"数量的"（sublime）的意义，"雄"字可以括尽"精力的"（sublime）的意义］。我们对着"雄伟"事物时，心里都觉到一种"霎时的抗拒"，仿佛自己不能抵挡这么浩大的力量。这是"雄伟"所以异于"秀美"的，"秀美"所生的情感始终是愉快，"雄伟"所生的情感却微含几分不愉快的成分。但是这种"霎时的抗拒"究竟是霎时的，它唤起内心的自觉，使我们隐约想到外物的力量和体积尽管巨大无比，却不能压服我们的内心的自由；因此，外物的"雄伟"适足激起自己焕发振作。

六

康德之说如此，后来有许多学者把它加以阐明修改，其中以英人布拉德雷在《牛津诗歌演讲集》所提出来的最为明晰精当，我们现在把它撮要介绍在这里。上文关于康德的话稍嫌粗略，布拉德雷的学说可以当作一个注脚用。

何种事物才能使人觉得"雄伟"呢？诗人柯尔律治有一次观瀑布，想找一个最合式的字样来形容它，推敲了许久，觉得只有"雄伟"两个字最恰当，他听到后来的一位游客惊赞道："这真是雄伟！"心里非常高兴。但是他的同游的一位太太接着说道；"真的，在我生平所见过的东西之中这是最乖巧（pretty）的了。""乖巧"用在这里，何以使我们觉得太杀风景呢？因为只有很小的东西才可以说"乖巧"，而"雄伟"恰是与"乖巧"相反的，"雄伟"的东西大半具有巨大的体积。比如嶙峋峻峭的悬崖，一望无边的大海，包罗万宿的天空，耸入云霄的高塔，才能产生"雄伟"的印象；在动物中只有狂啸生风的虎，回旋天空的鹰和逍遥大海的长鲸；在植物中只有十寻苍松和千年翠柏，才能配上这个形容词。一只猫或是一只金丝雀，一棵柳或是一朵海棠只能说"秀美"；如果说它"雄伟"，就未免像上例那位太太说瀑布"乖巧"了。

没有巨大体积的东西是否绝对不能为"雄伟"呢？"雄伟"不惟在体积方面可以见出，在精神方面也可以见出，有时体积愈弱小，愈足衬出精神魄力的伟大。屠格涅夫在散文诗中所写的麻雀是一个最好的例：

> 我正打猎归来，沿着园中的大路向前走，我的狗在前面跑。
>
> 猛然间它的脚步慢了起来，屏声息气地偷偷地向前走，好像它嗅到前面有猎物似的。我沿路探望，看见地上躺着一只还未出窠的小麻雀，喙上有一条黄色的边缘，顶上的毛还是很嫩的，它是从窠里落下来的，那时正在刮大风，把路旁的树吹得发抖。它躺在地上不动，只是鼓着两只羽毛未丰的翅膀作半飞的姿势，却没法飞得起。
>
> 我的狗慢慢地向它走去，突然间好像弹丸似的从树上落下来一只黑颈项的老麻雀，紧紧地落在狗的口边，浑身都蓬乱得不成个样子，它还是一壁哀鸣，一壁向狗的张着的大口和大齿飞撞了一回又一回。
>
> 它要援救它的雏鸟，所以把自己的身子来搪塞灾祸。它的渺小的身躯在惊怖震颤，微细的喉咙渐叫渐哑；它终于倒毙了。它牺牲了它的性命。
>
> 在它的心眼中狗是多么巨大的一个怪物！但是它却不能留在安全的枝上，一种比它的更强的力量把它拖下来了。
>
> 我的狗站着不动，后来垂尾丧气地踱回来。它显然也认识到这种力量。我唤它来到身边；我向前走过时，一阵虔敬的心情涌上我的心头。
>
> 是的，请莫要笑，我在看到那只义勇的小鸟和它的热爱的迸发时，心里所感觉到的确实是虔敬。
>
> 爱比死，我当时默想到，比死所带的恐怖还更强有力。因为有爱，只因为有爱，生命才能支持住，才能进行。

屠格涅夫所描写的这只麻雀可以说是 sublime 了。使它"雄伟"的究竟是什么东西呢？这自然不是它的体积而是它的爱和勇。爱和勇虽能使人敬重，却不常使人觉得"雄伟"，何以在这里特别使人觉得"雄伟"呢？这就与麻雀的体积有关。假使从犬口中营救雏鸟的是一只巨鹰，它的爱和勇就不免难够上"雄伟"的程度了。以麻雀那样微小脆弱的鸟，而能显出那样伟大的爱和勇，它的精神和它的体积相比较，更显出它的伟大，所以它使人产生"雄伟"的印象。

照这样看，"雄伟"之所以为"雄伟"，不仅在体积而尤在精神。高山大河的"雄伟"在体积，屠格涅夫的麻雀的"雄伟"在精神，前者是康德所说的"数量的雄伟"，后者是康德所说的"精力的雄伟"。康德讨论"雄伟"，举例大半取自然界事物，后人颇疑其主张自然之外无"雄伟"，以为他没有注意到道德和艺术的"雄伟"，其实这大半可以包在"精力的雄伟"里面。康德在《实践理性批判》里本来说过："世间有两件东西，你愈默想它们，愈体验它们，它们愈使你惊羡敬仰：一个是在我们上面的繁星灿然的天空，一个是在我们心里面的道德律。"这就是显然承认后人所谓"道德的雄伟"了。有时一件事物可以同时见出上面所说的两种"雄伟"。《创世纪》开章的"上帝说要有光，世上就有了光"这句话就是好例。从黑暗混沌之中猛然现出光来，而这个光又是普照全世界的，这是"数量的雄伟"。这么一件大事单靠上帝说一句话就做成了，这是何等气魄！这是"精力的雄伟"！

康德所下的"雄伟"的定义是"绝对大"，从有限中见出无限才是"雄伟"。后人多附和此说，于是"不可测量"成为"雄伟"的一个特质。法人巴希（V. Basch）在《康德美学论》里辩驳此说。布拉德雷也颇不以为然。"时间"和"空间"两个观念可以说是"不可测量的"，"有限"的东西都不能说是"不可测量"。比如一座高山或是一只巨鹰可以给人以"雄伟"的印象，却不是"不可测量"的，据布拉德雷的意见，"雄伟"所具的"大"与其说是"不可测量的"（immeasurable），无宁说是"未经测量的"（immeasurable）。我们在觉得一件事物"雄伟"时，心中只是惊赞其伟大，并不曾有意要测量它究竟伟大到何种程度，并不曾拿它和一个标准来比较，而明确地断定它比任何物都较人，像康德所说的。我们只觉得它极伟大，非常伟大。这所谓"极"和"非常"常仅为美感经验中霎时的幻觉。这种幻觉是感觉"雄伟"所必有的，没有这种幻觉就不能发生"雄伟"的印象。比如在惊赞泰山"雄伟"时，猛然想到峨眉山还更比它高大，在惊赞一只老鹰"雄伟"时，猛然想到一只比它小的鹞子就可以打杀它，"雄伟"的印象便无形消失了。所以"不加比较""未经测量"是感觉"雄伟"的一个必要的条件。本来在一切美感经验中，"意象"都要"绝缘"，都要"孤立"，不仅"雄伟"的意象是如此。

七

在觉到一件事物"雄伟"时，我们的心里起何种变化呢？我们说娇莺嫩柳秀美，说老鹰古松雄伟，就主观方面说，我们自己的心境有什么不同呢？感觉"秀美"时心境是单纯的，始终一致的。感觉"雄伟"时心境是复杂的，有变化的。秀美的事物立刻就叫我们觉得愉快，它的形态恰合我们感官脾胃，它好比一位亲热的朋友，每逢见面，他就眉开眼笑地赶上来，我们也就眉开眼笑地迎上去，彼此毫不迟疑地、毫无畏忌地握手道情款。我们对于秀美事物的情感始终是欢喜的，肯定的，积极的，其中不经丝毫波折。雄伟事物则不然。它仿佛挟巨大的力量倾山倒海地来临，我们常于有意无意之中觉得自己渺小，觉得它不可了解，不可抵挡，不敢贸然尽量地接收它，于是对它不免带着几分退让回避的态度。但是这种否定的消极的态度只是一瞬间的。我们还没有明白察觉到自己的迟疑时，就已经发现它可景仰，可敬佩。我们对它那样浩大的气魄，因为没经常见过，只是望着发呆。在发呆之中，我们不觉忘却自我，聚精会神地审视它，接受它，吸收它，模仿它，于是猛然间自己也振作奋发起来，腰杆比平常伸得直些，头比平常昂得高些，精神也比平常更严肃，更激昂。受移情作用的影响，我们不知不觉地泯化我和物的界限，物的"雄伟"印入我的心中便变成我的"雄伟"了。在这时候，我也不觉得还是在欣赏物的"雄伟"，还是在自矜我的"雄伟"，这种紧张激昂而却严肃的情感是极愉快的。总之，在对着"雄伟"事物时，我们第一步是惊，第二步是喜；第一步因物的伟大而有意无意地见出自己的渺小，第二步因物的伟大而有意无意地幻觉到自己的伟大。第一步心情就是康德所说的"霎时的抗拒"，它带着几分痛感。第二步心情本已欣喜，加以得着霎时痛感的搏击反映，于是更显得浓厚。这个道理我们在看高山大海时都可以体验得到。山的巍峨，海的浩荡，在第一眼看时，都要给我们若干震惊。但是不须臾间，我们的心灵便完全为山海的印象占领住，于是仿佛自觉也有一种巍峨浩荡的气概了。

第二种心情是一切美感经验所同具的，第一种心情是感到"雄伟"时所特有的。始终不带几分震惊，不带几分自己渺小的意识，便不能感到"雄伟"。英人博克（Burke）所以说"雄伟"之中都含有"可恐怖的"（terrible）一个成分。但是"恐怖"的字样用在这里未免稍嫌过火。"恐怖"所引起的反应态度通常是逃避，"雄伟"对于观者的心魂却有极大的摄引力。"恐怖"是一种实际人生的情感，而"雄伟"的感觉像一切其他美感经验一样，却离开实用的索绊而聚精会神地陶醉于目前意象。"雄伟"的感觉之中含有类似"恐怖"的成分而却未至于"恐怖"。我们只能说"雄伟"大半是突如其来的，含有几分不可了解性的。心灵骤然和它接触，在仓皇之中，不免穷于应付。但是这只是霎时的，不是明白地现于意识的。这种突然性就是"霎时的抗拒"的主因。失去"突然性"则本来"雄伟"的事物往往失其为"雄伟"。同是一座高山，第一次望见时觉得它"雄伟"，以后愈熟识就不免愈觉其平常。杜甫在"造化钟神秀，阴阳割昏晓"中，所见到的是山的"雄伟"，李白在"相看两不厌，唯有敬亭山"中，苏东坡在"青山有约常当户"中，却只是见到山的和蔼可亲了。同是一件事物也可以常常使人觉到"雄伟"，这是由于观者别具慧眼，常常发现它的新奇，并不足证明"雄伟"的感觉不必带有"突然性"。

所谓"突然性"是出于意料之外的，是寻常知觉不能完全抓得住的。知觉不能完全抓得住它，便不免嫌它不合常规，嫌它还有缺陷。"雄伟"的东西往往使人觉得它有些卤莽粗糙，就是因为这个道理。米开朗琪罗的作品中往往留有一片不加雕琢的顽石，这种粗枝大叶的做法最易产生"雄伟"的印象，也最易使人嫌它不"完美"，不"精致"。所以康德派美学往往拿"雄伟"和"美"对举，不把"雄伟"当作一种美。黑格尔则以为形式不称精神，精神不就范于形式而泛滥横流，才有"雄伟"。其实美有难易，"雄伟"是美之难者，因为它不像平易的美只容纳一些性质相同的单调的成分。它不惟容纳美，还要驯服丑，它要把美的和丑的同纳在一个炉子里面去锤炼。

八

和"雄伟"相对的为"秀美"，历来学者多偏重"雄伟"，很少把"秀美"单提出来讨论的，因为"秀美"的问题没有"雄伟"的问题那么复杂。把它单提出来讨论的有斯宾塞（H. Spencer）。在他看，"秀美"的印象起源于筋肉运动时筋力的节省。运动愈显出轻巧不费力的样子，愈使人觉得"秀美"。动物中最"秀美"的如羚羊、猎犬和赛跑的马等等，运动器官都特别发达；最不"秀美"的如龟、象、海马等等，运动器官都特别迟钝。从此可知"秀美"和运动有关了。斯宾塞自述发现秀美和运动的关系之经过说：

> 有天晚上我去看一个舞女奏技，她的动作大半很牵强过分，我暗地骂她鄙陋。如果观众不是一般以随人拍掌叫好为时髦的懦者，她那种技艺是一定受人嗤鄙的。但她偶然也现出一点秀美的动作，都是比较不大费力做出来的，我注意到这点，同时想起许多互证的事实，因而下了这样一个结论：在要换一个姿势或是要做一个动作时，费的力量愈少，就愈现得秀美。换句话说，动作以节省筋力者为秀美，动物形状以便于得到筋力节省者为秀美，姿态以无须费力维持者为秀美，至于非生物的秀美则因其和这种形态有类似的地方。

这个道理很容易拿例证来说明，兵士在稍息时比在立正时秀美，因为在立正时他现出有意做作的样子，而稍息时则手足放在自然的位置，无须费力。我们取站的姿势时常把体重放在一只腿上，这只腿总是竖得笔直的，其余一只腿则很安闲地弯着，这是由于节省筋力的缘故；头稍偏向某一方，也是因为这个道理。雕刻家常模仿这种姿势，就因为它特别秀美。初学滑冰或骑脚踏车的东歪西倒，胖汉跑路时肢体不灵活，跛子走路时两足上下参差，口吃者说话时用尽气力说不出一个字来，乡下人在绅士面前讲礼，处处都露出尴尬的样子，这都是最不秀美的举动。我们何以觉得它们最不秀美呢？就因为旁人看得出卖气力的痕迹。会做一件事的人（无论是跳舞、说话、走路或是行礼）往往驾轻就熟，行若无事，旁人看不见他费力，所以觉得他"秀美"。

拿筋力节省的原则来解释非生物的"秀美"似比较难些，其实也并不难。非生物的形态和生物的形态往往有许多类似点。因有类似点，我们往往把非生物当作生物看待，以为它也有知觉和情感。原始式的知觉都不免带有"拟人作用"。看见一棵树或是一座山，我们常常把它看作一个人，以人的经验来了解物的姿态。因此"秀美"虽本来是能运动的生物所表现的一种特质，就被人引申用来形容非生物了。比如橡树看来不如柳树"秀美"，是什么缘故呢？橡树的枝子是平直伸出的，和树干几成垂直线，我们看到它时，便隐约想到维持平直的姿势，好比人平举两手一样，是多么费力的事，所以我们说它不"秀美"。反之，柳树枝条是向下垂着的，我们看到它时，便隐约想到它像人的胳膊在安闲无事时的姿势，用不着费大力，所以我们觉得它"秀美"。再比如波纹似的曲线是一般人所公认为最美的线，依斯宾塞说，它所以最美者就由于曲线运动是最省力的运动。直线运动在将转弯时须抛弃原有的动力（momentum）而另起一种新动力，转弯愈多，费力愈大。曲线运功则可以利用转弯以前的动力，所以用力较少。我们觉得曲线运动最秀美，因为它最省力；我们觉得一切曲线都美，因为由它联想到曲线运动。

斯宾塞以为这种现象起于同情作用。他说："赖有同情作用，我们看旁人临险，自己也战栗起来；看见旁人挣扎或跌落时，自己的肢体也动作起来；我们并且仿佛分享他们所经验到的筋肉感觉。他们的动作如果卤莽笨拙，我们也微微觉到自己发笨拙动作时所应有的不快感；他们的动作如果轻巧娴熟。我们也尝到轻巧动作所应有的快感。"照这段话看，斯宾塞的"同情作用"（sympathy）就是我们在第三章所讨论的"移情作用"（empathy）了。那时候学者本来还没有采用"移情作用"这个名词。近来兰格斐尔德在他的《美感的态度》一书中采用斯宾塞的学说，就把"秀美"当作移情作用的一个实例。我们在上文讨论"雄伟"时已经说过感觉"雄伟"时常起移情作用，现在我们知道感觉"秀美"时也是如此，可见得移情作用在美感经验中是一个最广泛的现象，而"雄伟"和"秀美"的感觉在根本上也并无二致了。

九

斯宾塞的筋力节省说虽含有一部分真理，但是并不能尽"秀美"的意蕴。我们看到"秀美"事物时所感觉到的与其说是筋力的节省，不如说是欢爱的表现。"秀美"事物仿佛向我们微笑，这种微笑是表现它自己的欢喜，也是表示它对于我们的亲爱。"秀美"是女子所特有的优点，大半含有几分女性的引诱。德国哲学家谢林（Schelling）说过："艺术和自然一样，极境全在秀美。它不但与事物以形象，使它们各具个性，还要进一步作画龙点睛的功夫，使它们显出'秀美'。'秀美'事物可爱，就因为艺术先使它们现出向人表示爱情的样子。"爱和欢喜是相连的。"秀美"事物表示爱，所以都带几分喜气。英国文艺批评学者罗斯金说过："你如果想一位姑娘显得秀美，须先使她快活。"

"秀美"表现欢爱的道理，法国美学家顾约在他的《现代美学问题》里说得最透辟：

> "秀美"不是像斯宾塞所说的，只是力量的节省；最要紧的是它表现一种意志。在生物中"秀美"的动作总是伴着两种相邻的情感，一是欢喜，一是亲爱。欢喜是由于觉到生活美满，和环境恰相谐和；既与环境谐和，就已有同情的倾向。"秀美"表现两种心境：一种是自己的满意，一种是要旁人也满意。"秀美"都伴着筋肉的松懈，动物只有在安息时，在生活圆满平静时筋肉才会松懈，到了悲哀愤怒和斗争的时候，肢体就立刻僵硬起来了。比如有一条狗在玩耍，你在树林里做一点声响，便可以看见它立刻交换姿势，把颈子伸直，耳尾和躯干也立刻耸竖起不动。反之，亲爱往往表现于波纹似的轻巧的动作，全无卤莽暴躁或棱角的痕迹。这种动作是同情的流露，所以能引起观者的同情。此外如微微弯曲的体势，尤其是颈项稍向下低着，胳膊随意垂着的时候，除同情之外，还表现一种凄恻忧愁的神情，似乎求人怜惜的样子；观者看到这种姿态就不免起怜惜的心情。垂柳惹人怜惜，就因为这个道理。最后，"秀美"都带有自舍（abandon）的样

子，人不是在爱的时候不会完全自舍，所以我们赞同谢林的秀美表现爱情说；因其表现爱情，所以"秀美"最易动人；它向人表示爱，所以人也爱它。年轻的姑娘在没有尝到爱的滋味时，就还没有比'美'（beatuté）更美的绝顶的"秀美"（grâce）。她像小孩子一样，可以具有欢喜时的"秀美"，却还没有柔情所流露的"秀美"。

总观上述各节，关于"秀美"的学说有两种，一派人说它是由于筋力的节省，一派人说它由于欢爱的表现。这两说是否互相冲突呢？法国哲学家柏格森也曾经注意这个问题。他兼采这两个学说。我们看见省力的运动，自己也仿佛觉到它所伴着的筋肉感觉，这是"物理的同情"（sympathie physique）。这种"物理的同情"随即引起"精神的同情"（sympathie morale）。我们不但觉得秀美的事物表现轻巧的运动，并且还觉得它是向我们运动，来亲近我们，我们所以觉得它和蔼可亲。柏格森不否认秀美中有"物理的同情"，但是以为"精神的同情"为它的最要紧的元素。我们觉得柏格森的说法比较圆满。"秀美"本来是女性的。我们描写女性美时通常用"幽闲"、"轻盈"、"温柔"、"娇弱"等等字样，这些特征可以说是"不露费力痕迹的"（斯宾塞说），也可以说是"引起同情的"（顾约说）。因为它现出不费气力的样子，所以我们觉得它弱，觉得它不抗拒我们而亲近我们，因此向它表示怜爱，这就是柏格森所谓"物理的同情引起精神的同情"。

（节选自《文艺心理学》，开明书店 1936 年版。）

精彩一句：

这两种美的共相是什么呢？定义正名向来是难事，但是形容词是容易找的。我说"骏马秋风冀北"时，你会想到"雄浑"、"劲健"；我说"杏花春雨江南"时，你会想到"秀丽"、"典雅"；前者是"气概"，后者是"神韵"；前者是刚性美，后者是柔性美。

小平品鉴：

朱光潜说，刚性美是动的，柔性美是静的。动如醉，静如梦。朱先生把尼采的日神解作静观的默照，酒神解作动的如醉如痴的欢欣。美是日神和酒神精神的调和。朱先生又说狄俄倪索斯的艺术是刚性的，阿波罗的艺术是柔性的。

"崇高"范畴最早由郎吉弩斯（Longinus）提出，后经博克从修辞学的论述上升到认知的心理解读，再到康德以哲学述语诠释，日臻完善。我们可以大体说，崇高是自然与艺术之无限大、有力与可敬的性质，所能产生的夹杂着痛的快感。康德尤其强调崇高由痛向快感转化的自由、豪放、雄浑与油然而生的人的尊严感，表现为由感性提升到理性的领域的感性和理性的合一，使人走出狭窄的自我空间，融入到无限的宇宙。朱先生非常着重康德这种超越体积大小而更侧重人的道德尊严伟大的崇高美。

"秀美"在历史上没有像"崇高"那样受到重视，讨论的文献相对少些。朱先生给"秀美"的说明是，"秀美"本来是女性的，通常用"幽闲"、"轻盈"、"温柔"、"娇弱"等字样，这些特征是不费气力的，弱的，不抗拒的，亲近的，是柏格森说的"物理的同情引起精神的同情"，是外在形式的纤细、优雅而生的快感与人的理性结合时，造就精神上的融合、顺从的依恋感，使人走出狭隘的自我，融入到美的世界中。

悲剧的喜感

一

　　莎士比亚曾经说过，世界只是一座舞台，生命只是一个可怜的演员。从另一意义说，这种比拟是不甚精确的。若是堕楼的是你自己的绿珠，无辜受祸的是你自己的苔丝狄蒙娜，你要哭泣，你要心寒胆裂。但是在看表演他们的悲剧时，你纵然也偶尔洒一洒同情之泪，你的眉宇却很飞舞，你的心腔却很伸张。欧里庇得斯和莎士比亚诸大悲剧家都把生的苦恼和死的幻灭通过放大镜，而后再用极浓的色彩把它们描绘出来。我们站在他们所描写的图画之前，虽然更觉悟到"生命只是一段蠢人演述的故事，满口的叫嚣和愤慨，没有一点儿意义"，可是并不因此而悲观绝望。血和泪往往能给我们比欢笑更甜美的滋味。这种悲剧的喜感何自而来呢？

　　这个问题的历史同美学思想史一样久远，许多诗人、哲学家和科学家都在这上面费过心思，到现在还没有定论。我们姑且把历来重要的学说加以介绍和批评，然后再提出一个比较满意的答案来。

最初想到这个问题的是柏拉图。他以凌迈千古的大诗人而大声疾呼，逐诗人于理想国之境外。悲剧家尤其是他所嫉视的。在他看，怜悯和悲愁都是人性中的卑劣癖，应该受理智压住。悲剧家却逢迎人性中这个弱点，拿灾祸罪孽的幻象来激动它，滋养它，实在不道德。所以他们应该受政府限制。

柏位图的学说在后来影响甚深，幸灾乐祸说可以说从他起来的。据这一说，悲剧的喜感是幸灾乐祸的表示。自己站在干岸上，所以看到旁人手慌脚乱地救翻船，心里觉得愉快。卢梭曾写过一封万言书劝阻达朗贝尔在日内瓦开剧场，用意就是如此。近来法国批评家法格（E. Faguet）把它更加以扩充。在他看，悲剧和喜剧都是一样，都是描写旁人的灾祸。这些灾祸如果是可笑的，就叫做喜剧；如果是可怕的，就叫做悲剧。悲剧和喜剧所生的愉快程度虽有深浅，而为幸灾乐祸则一。他在《古今戏剧》里面说："人是一群猛兽。我知道很清楚，因为我自已就是其中之一。"他又假设这样一段对话：

"我看过《斐德尔》（Phédre），真悲惨，我看得哭起来了。"

"戏的情节怎样？"

"其中有一个女子失恋自杀，还有一个男子因为妒忌，把亲生的儿子弄死了。"

"你去看这种戏吗？不是好人！"

"但是我流过眼泪的。"

"虽然流眼泪，心里却觉得一种喜感。"

"这话倒对。"

"这种喜感把哭时一点好意都打消了。你原来是要在旁人的灾祸中求喜感，总算你达到了目的。骨子里就是这么一回事，你是一个凶恶的人。泰纳要说你还没有脱净猴子的根性哩。你知道，他以为人的祖先是两种猴子，一种凶恶，一种狡猾，人还没有完全变形。爱看喜剧的是狡猾的猴子，爱看悲剧的是凶恶的猴子。"

站在法格这面照妖镜前，我们都不免有几分自惭形秽。平心而论，人这种动物确实是魔性多于神性的。罗马的人兽斗，西班牙的中斗，中世纪凌辱异教徒的酷刑，以及历史上许多其他残暴的行为，都可以证明幸灾乐祸的心理。在人世较大的剧场中，也是很普遍的。近代"人道主义"的文化已经把这野蛮根性洗净了么？报纸上每遇离婚、暗杀、失火、地震、打仗一类的天灾人祸，观者都仿佛有一种喝热血似的狂热，以先睹为快。这种动机是不难推测的。但丁描写的地狱，比天堂生动活跃多了。残酷成性的何止于人？上帝不惮琼楼玉宇的高寒，怕也是像诗人丁尼生在《食藕者歌》里面所说的，因为俯看下界阴霾毒焰中的众生，是一件赏心乐事吧？

但是人性繁复，如果我们把性恶看成悲剧喜感的唯一原因，就不免把问题看得太简单了。这个世界里还缺乏灾祸罪孽么？如果你要幸灾乐祸，看实在的应该比看想象的更痛快，又何必花钱进剧场呢？何况好事多磨，也是古今中外所同声惋惜的。读《刺客传》到图穷匕首见，秦王绕柱而走时，我们固然觉得兴会淋漓，不忍释手，可是同时也觉得荆轲失败，是终古一大恨事。读热烈悲壮的故事，我们常于不知不觉中替它们臆造一个圆满收场。有江淹的《恨赋》就有尤侗的《反恨赋》，有《红楼梦》就有使宝黛终成眷属的《续红楼梦》。十八世纪英国剧场演莎士比亚的《李尔王》，都把它的悲惨结局完全改过，让 Cordelia 嫁了 Edgar，带兵回来替李尔王报了仇。这种翻悲剧为喜剧的玩艺，中外都很流行。我们尽管说它不是艺术，却不能不承认它有一般人的心理要求做后盾。从此可知幸灾乐祸说不圆满了。

英国十八世纪学者博克所提出来的悲剧说很可以做幸灾乐祸说的一个有趣的对比。法格拿悲剧的喜感来证明性恶，博克却拿它来证明性善。法格比拟人猿，博克也借重于生物学的论证。在他看，社会之所以能成立，全赖同情心的维系。人在何种境遇最需要同情心的温慰呢？不消说得，是在悲愁苦恼的时候。如果旁观者见着悲愁苦恼便生痛感，同情心便不易发生。悲剧的喜感就是同情心的表现。我们同情于不幸者，所以不幸的事能使我们愉快。境界愈悲惨，同情心的需要也愈大，因此它所引起的喜感也愈强烈。实际人生的悲剧，据博克说，比舞场上所表现的更能引人同情，所以引起的愉快也愈大。他曾经用过这样一个比喻：

倘若你择定一个日子，去表演一部最庄严最动人的悲剧，选聘最有本领的名演员，用尽心力去饰台布景，使诗歌、图画、音乐三种艺术熔冶于一炉，正当观众齐集，人心悬悬待开幕时，你如果猛然宣告有一位居高位的国事犯要在邻场就死刑，则立刻之间剧场必为之一空。这时候你就会知道模仿艺术的力量比较薄弱，而承认同情心的胜利了。

这种学说带着很浓厚的十八世纪英国功利主义的色彩，言之成理，析之无稽。博克忘记人世间确实有痛感这么一问事，而痛感实在起于灾祸罪孽。身经其境，固然叫苦，袖手旁观，也不免哀矜。亲眼看邻人受刀刺火焚，决不像看但丁《神曲·地狱》章那样兴会淋漓。实际的悲剧和经过艺术点染过的悲剧究竟不同，历来谈悲剧者很少人注意它的不同点究竟何在，法格和博克都犯了这个毛病。博克的弃剧场而就刑场的假设，拿来说政治趣味浓于艺术趣味的英国人，也许近于事实；若是说人性本来如此，就不免以偏概全，所据不足了。如果依他的见解，我们同情于哈姆雷特，所以欢喜看他惨死，同情于罗密欧与朱丽叶，才高兴知道他们的姻缘不成就，这种推理也显然是怪诞。总之，人性是善的，也是恶的。只见到恶的方面便说看悲剧是幸火乐祸，只看到善的方面便说看悲剧是由于同情心。这对于人生的真面目和悲剧的真面目都是没有看得清楚。

二

法格和博克都拿整个人性来说。还有一派学者丢开性善性恶的争辩，而专研究观剧时一瞬间的心理变化。法国十七世纪学者杜博斯（Dubos）在他的《诗画评论》中首开端倪。他以为悲剧的功用只是在满足强烈刺激的需要。人心原来好动，一遇闲散，便苦厌倦无聊。因此，消遣是人生中一大需要。消遣有两种方法：一种是观心冥想，一种是感受外来印象的刺激。观心冥想的乐趣只有少数幸运者能享受，一般人都沉溺于感官刺激。刺激愈强烈，喜感也愈浓厚。最强烈的刺激莫如悲哀苦恼，悲剧之能动人，即出于此。悲剧好比强烈的饮料，是帮助排遣烦闷的。

哥伦布大学教授汤姆斯（C. Thomas）曾作一文，立意与此颇相近。他说："有一种喜感，只要一出力，只要一运用官能，便可觉到。要寻求这种由发泄心力而来的喜感，我们不一定要去寻通常所谓赏心乐事，最好是去寻苦痛悲惨和危险。这些东西才能给人以强烈的震撼，才能引起与生命同义的情感的兴奋。"悲剧常以死为题材，"因为在我们远祖看，死是最大的灾祸，是最可恐怖的事件，所以也是激动想象的最强烈的磁石。"

这种学说含有若干真理，以看戏为解闷之助者都该承认。但是它的最大弱点在没有分清实在和想象。实在的灾祸苦恼往往使人不快，想象的灾祸苦恼才有时引起喜感。如果亲眼看见一位白发衰翁见弃于子女，深夜里冒着雷电风雨在荒野中挨命，你会像看表演《李尔王》时那样兴高采烈、拍掌叫好么？

法国十七世纪学者芳丹纳尔（Fontenelle）的学说可以拿来做这个难点的答辩，他说：

> 喜和痛虽是两种不同的情感，而原因却无大异。如搔皮肤，太激烈则生痛感，稍轻缓则可生喜感。从此可知本来虽是痛感，只要把它变弱些，就变成一种轻松愉快的微痒了。人心本来好动，使它动的就是悲哀苦恼也无妨，只要有一件东西把它们的力量减轻一点就行了。在剧场中凡所表现的虽跃跃如实境而究竟不是实境。观者尽管耳迷目眩，理智尽管为感觉和想象所蒙蔽，心里总还脱离不了"这是虚幻"一个想头。这个想头尽管很薄弱，尽管受蒙蔽，其力量还能减杀观者看见无辜受祸所生的痛感，把它一直减轻到变为喜感的程度。观者一方面见到自己所爱好的主角不幸受祸，替他流泪，而同时返想到这幸亏还仅是空中楼阁，心里又觉到快慰。

这个学说很值得注意，因为它从艺术观点立论，把实际的悲剧和想象的悲剧分开来说，是个创见。它颇近于下文所说的"心理距离说"，不过它着重"这是虚幻"的意识，还是没有明白美感经验。观者在兴高采烈时决不会回想到"这是虚幻"。英国哲学家休谟在他的《悲剧论》里也不满意芳丹纳尔的学说，但是根据另一理由。罗马著名演说家西塞罗（Cicero）弹劾维尔斯屠杀西西里人那一篇诉词，把当时屠杀的惨状描写尽致，法官和观众听了都非常高兴。他所描写的尽是事实，所以听者所得的喜感不能推原于芳丹纳尔所谓"这是虚幻"的想头。据休谟的分析，当时听者的心理变化有两种成分，一种是痛感，起于残酷的印象；一种是喜感，起于雄辩（eloquence）。这两种成分之中，喜感较占优势，不但压住痛感，而且能借用痛感的力量来扩张自己的情绪之流。痛感如何能扩大喜感呢？心好比琴弦，已在震颤之际，稍加弹动，便成宏响。有悲惨印象而无艺术，痛感固终为痛感；有艺术而无悲惨印象，则喜感虽存在而不强烈。悲惨印象感动心弦之后，心才愈加敏捷，受艺术的浸润力也愈加强大。比如说，原来痛感只有四成，而喜感却有六成，弱不敌强，四成痛感于是把所有的力量转借给喜感，而喜感便扩充为十成了。悲剧和西塞罗的雄辩同理，所不同者悲剧更能引人入胜，因为它是一种模仿。而模仿本身就是喜感之源，象亚里士多德在《诗学》中所说过的。

休谟所谓"雄辩"是指词藻的富丽和音调的和谐。他虽然反驳芳丹纳尔，而以艺术的眼光讨论悲剧，则与芳丹纳尔同为杰出。他所着眼的悲剧大半是诗剧，他的弊病在侧重悲剧的装饰方面，而装饰究竟不是悲剧的命脉所在。图画描写悲惨情境，不必借助于词藻音调，固不消说，近代作者以散文写悲剧也是常事。从此可知悲剧于词藻音调之外，还别有令人惊心动魄的特质了。

三

英、法两国学者研究悲剧喜感问题，都专从人类本性和心理变化两点出发，没有牵涉到较广泛的哲学问题。从哲学出发去研究悲剧，要推德国学者为最起劲。法格、杜博斯、博克诸人的学说已经很光怪陆离，黑格尔、叔本华、尼采诸人的奇思幻想更令人耳昏目眩了。读他们的作品，我们很难分别哪里是诗，哪里是哲学。他们的思想只有他们自己的语言能表达。用别一种语言来申述他们的意思，已近于鹦哥学语，若是再拿寻常理智来分析评判，那更未免剪云为裳，以迹象绳玄渺了。但是我们谈到悲剧问题，如果把他们的学说完全丢开，也未免有失虔敬。这里只得明如故犯，将不可申述的申述一遍，将不可批评的批评一遍，读者须知道这只是古人的糟粕。

诗人席勒要辩护艺术的特质在美不在善，所以拿悲剧的喜感来说明美并不背于善。在他看，宇宙全体以人类幸福为指归。一切事变，与这个目标相谐合的生喜感，与它相冲突的生痛感。但是冲突在宇宙中也很必要。无论什么东西，难能才见可贵。有冲突然后有奋斗，有奋斗然后有道德意识，有道德意识然后有快慰。奋斗愈剧烈，道德意识愈鲜明，快慰也愈深切。因此，最大的喜感是从和最难的逆境相奋斗而得来的，其中实含有痛感的成分。悲剧能引起最大的喜感，就因为它描写冲突和奋斗，就因为它能表现最高的道德意识。有许多情境，就局部看，尽管是悲惨，而就宇宙全体看，却有理性，却是一种和谐。悲剧的结局往往为生命的牺牲。"生命的牺牲本是一种矛盾，因为有生命然后有善；但是为着道德，生命的牺牲是正当的，因为生命的伟大不在它的本身，而在它是履行道德的必由之路。如果生命的牺牲成了履行道德的必由之路，我们就应该放弃生命。"

席勒的理想主义到了黑格尔的手里又得着一个更宽泛的哲学基础。黑格尔是一位极端的泛理主义者。他眼中的宇宙浑身都是理性。不过要看出宇宙的理性，我们应该着眼全体。貌似相反者往往实在是同一；在局部看来是冲突者在全体看来往往是和谐。悲剧就是一个好例。一般人见着为善不获报，为恶不见惩，便以为这是冤屈，于理不可解说，只能归咎于渺茫不可知的命运。其实宇宙中无所谓命运，祸福都是由人自招的。然则一般悲剧的主角都无辜受祸，这应该怎样解释呢？黑格尔的答案是他的著名的冲突说。凡是悲剧都生于两种理想的冲突，例如做忠臣的往往不能同时做孝子，做孝子的往往不能同时做忠臣。理想而至冲突，就是理想本身的一个缺点；因为有缺点，所以不能在完美的宇宙中实现，它的牺牲实在是孽由自作。换句话说，悲剧主角大半象征一种有冲突的片面的理想，他陷于灾祸时，在表面看虽似命运造的冤屈，而就宇宙全体说，实在是"永恒公理"（eternal justice）的表现。我们看悲剧时见出这"永恒公理"，见出完满宇宙中不容有冲突的理想存在，所以觉到喜感。换句话说，悲剧的喜感就是"永恒公理"胜利的庆贺。

黑格尔最推尊索福克勒斯的《安提戈涅》（Antigone），以为它最能显出悲剧的特征。这部悲剧的情节就是以理想的冲突为中心。波吕涅刻斯是忒拜国的王子，父死之后，借重敌兵来争王位，战败被杀。新王克瑞翁悬令禁止人收葬他的尸首，违者处死刑。他的妹妹安提戈涅毅然不顾一切，把他收葬了。她本来和克端翁的儿子订过婚，她被处绞刑之后，克瑞翁的儿子也痛悼自杀。依黑格尔说，悲剧生于理想的冲突，这就是最好的实例。克瑞翁所代表的理想是国法，安提戈涅所代表的理想是友爱。这两个理想，就本身说，都很正当；但是就宇宙全体说，它们都失之太偏，不能调和。安提戈涅丧身，克瑞翁丧子，都可证明太偏的理想就是自己的致命伤，而"永恒公理"终归胜利。这种胜利的察觉就是喜感的来源。

席勒和黑格尔的毛病都在太看重理性。如果爱悲剧者每人都是像席勒和黑格尔这样的哲学家，他们的话也许有几分真理。但是一般人谁拿凭视宇宙的眼光去看悲剧？谁能时时记起"永恒公理"？任凭黑格尔如何洗清，人世间总不免有冤屈不平存在。《李尔王》中的考狄利娅，《奥赛罗》中的苔丝狄蒙娜，《国民公敌》中的医生有什么罪过可指摘呢？两个理想冲突说不但不能应用到近代悲剧上去，就是应用到黑格尔所最推许的《安提戈涅》上面去也说不通。他的学说初出世时，爱克曼曾拿来和诗人歌德谈论，歌德付之一笑。他说："克瑞翁禁止收葬波吕涅刻斯，让尸臭染污空气，又让鸷鸟衔尸肉污神坛，这种行为对人对神就是大不敬，不能算维护国法，实在是叛国违法。"照这样说，克瑞翁并没有代表什么理想，《安提戈涅》一剧也不能说是表现两个理想的冲突了。

如果我们由黑格尔转到叔本华（Schopenhauer），华严世界就一变而为阴森地狱了。叔本华以为生命只是无底止的竞争，尝遍灾祸罪孽，到终局仍不免一死。明知在这无涯孽海里探险是无所归宿的，人们何以不放弃这种无意义的企图呢？人生来就披上一个枷，钳制他不得自由。这个枷就是他自己的"生存欲"。创世主是一个最酷的刑吏，他不仅向众生施行种种酷刑，而且想出妙计来，叫受刑者不愿丢开笞挞之苦。生不过是死的准备，而死却胜于生，因为死之后一切忧患苦恼就沉没到遗忘之国里去了。"如果你敲墓门问陈死人愿否再生，他一定向你摇首。"

人的原始罪孽在投生。既投生之后还有方法从罪孽中逃脱出来么？这是极难的事，除非你抱有极大的智慧和超人的意志，如释迦牟尼，看透人生虚幻，毅然摆脱"生存欲"，直接达到"涅槃"。人生最上法门就在"退让"（resignation）。所谓"退让"就是知其不可为而不为。悲剧是最上的艺术，就因为它能教人"退让"，能把人生最黑暗的方面投到焦点上，使人看到一切都是空虚而废然思返。悲剧主角也像我们自己一样，卖尽气力和命运搏斗；但是我们不如他，他知道势不均力不敌，就缴械投降，不再受"生存欲"的钳制。他的"退让"就是他的胜利。我们本来也以受"生存欲"的钳制为苦，无如自己无力解脱；但是看到旁人能解脱，好比听说战胜过自己的敌人已被旁人打杀一样，也是一件快事。不仅如此，在看悲剧的一顷刻中，我们的心魂全让庄严的意象钩摄住，如火如荼的"生存欲"因之暂时失其作用。这种剧战后片时的稍息，也是喜感的来源。

在许多人看，人世全是孽海，艺术全是苦闷者的呼号，叔本华的厌世主义比较黑格尔的泛理主义似稍近于真理。麦克白临死时叫道：

熄灭罢，熄灭罢，短促的烛火！

巴米尔临死时叱穆罕默德说：

你应该胜利，世界原来是为强暴者而创造的！

我们听到这种垂死的呼声或是看到维尼（De Vigny）的狼闭着眼睛倒下地任猎户宰割时，都不能不承认叔本华的话言之有理。但是如果我们再走远一步，便知道概括立论是很危险的，叔本华也不是例外。希腊三大悲剧家的作品中并未曾表示"退让"的态度，叔本华自己也承认过。近代悲剧虽较悲观而却不能谓为厌世。姑且拿莎士比亚的作品来说，麦克白死时没有怨天么？奥赛罗自杀时没有尤人么？怨天尤人都是表示不甘心。他们虽然抛开生命而却没有抛开

"生命欲"，决不是叔本华所谓"退让"。

尼采（Nietzsche）著《悲剧的起源》，用意就在纠正叔本华的错误。黑格尔从道德观点去看世界，以为世界处处呈现理性。叔本华把这种泛理主义推翻而代以盲目的"生存欲"，看出人生处处是苦，于是"世界何须存在"遂成为问题。尼采说，生命只是罪孽苦恼，实在像叔本华所说的；你如果从道德观点着眼，你决寻不出理由来辩护世界何以应存在。世界的存在只能从艺术观点去解释。这花花世界虽然充满着灾祸罪孽，但是如果你从窄狭的现实圈套里跳出来看看，它却是多么光怪陆离的一幅图画！创世主丢开丹青粉垩之后，自己谛视这幅伟大的创作，心里多么快慰！你如果觉得这世界不是好居住的，你就把它看成好玩赏的也很好，何必太拘泥呢？

希腊人知道这个秘诀。他们不但能把世界看作一个意象去赏玩，自己还去创造意象，与造物争巧；所以他们虽然也知道人生苦恼，而却没有流于悲观。他们的救世主是阿波罗（日神）。在他的恬静幽美、光彩四射的额纹中，希腊人看出形形色色的奇梦，于是依影图形，创成他们的伟大的造形艺术和荷马史诗。

阿波罗之外，希腊人又崇拜狄俄倪索斯（酒神）。所以他们不仅能酣梦，而又能沉醉。当薰风四煽的艳阳天，羊在草场中跳跃，鸟在绿条上和歌，他们受着狄俄倪索斯的启示，不由自主地跳入波涛澎湃的生命之流中，遗忘小我，杂入行乐人群中高歌狂舞，跳舞和音乐即起源于此。

在尼采看，阿波罗的艺术（史诗、雕刻、图画等）和狄俄倪索斯的艺术（跳舞和音乐）相结合，然后才有悲剧的产生。悲剧一方面是动的，像音乐一样，是苦闷从心坎迸出的呼号；一方面是静的，像雕刻、图画一样，是一个热烈灿烂的意象。悲剧的雏形是狄俄倪索斯神坛前祭奠者的合唱（chorus）。音乐所象征的苦闷借阿波罗的意匠经营，成为具体的形象，结果乃有悲剧。悲角中的主角如俄狄浦斯、普罗米修斯等等都是狄俄倪索斯神的变形。

知道悲剧的起源如此，观者所得的喜感便不难解释了。他在庄严灿烂的意象之中，窥见惊心动魄的美，霎时间脱开现实的压迫，忘却人生一切苦恼，自然是眉开眼笑，喜不可言了。悲剧的主角只是生命的狂澜中一点一滴，他牺牲了性命也不过一点一滴的水归原到无涯的大海。在个体生命的无常中显出永恒生命的不朽，这是悲剧的最大的使命，也就是悲剧使人快意的原因之一。叔本华以为悲剧的结局是"退让"，只是看见一点一滴的堕落，而没有望见大海的金波荡漾。

尼采著书，有如醉汉呓语，心头无量奇思幻想，不分伦次地乱迸出来，我们只觉得他的话有些可疑，可是他的破绽究竟在哪里呢？他根本就没有给一条可捉摸的线索让你抓住。我们只能以幻想来遇他的幻想，若拿名学来分析，却有些困难。听哲学家讨论特殊问题，最容易走入迷路。他们关于悲剧的结论大半是从他们的全部哲学演绎出来的，不是从研究作品归纳出来的，所以像游丝悬在虚空里。他们的话固然不是全盘错误，他们的慧眼固然有时窥透常人所不能窥透的地方，但是他们的弊病在偏：以一点心得当作全部真理。幸好这个世界里哲学家占极少数，不懂得黑格尔、叔本华和尼采的愚夫愚妇们也还能欣赏莎士比亚或是易卜生。我们姑且把"永恒公理"、"生命欲"和"狄俄倪索斯"等等音调铿锵的字还给哲学家们去咀嚼罢。

四

转身向近代心理学，看它能给我们一线微光么？弗洛伊德的门徒无孔不人，悲剧这块田地自然也没有被放弃。法格的"凶恶的猴子"到他们的手里更丑恶不堪了。他们说，文明只在表皮，里皮还是野蛮。人心深处全充满着原始欲望，尤其强烈的是性欲。在文明让会里面，原始欲望与道德法律不相容，于是被压抑到隐意识里去，形成所谓"情意综"（complexes）。这种"情意综"受意识作用的检察，想发泄而不得发泄，往往酿成迷狂症及其他神经病。要医治神经病，须设法使郁积在隐意识里的"情意综"得正当发泄，就是用弗洛伊德所谓"发散治疗"（cathartic cure）。有时被压抑的欲望也不一定酿成神经病，它们可以化装偷入意识阈而求满足。梦、幻想、神话之类都是原始欲望的化装。悲剧也是如此。弗洛伊德最欢喜谈"俄狄浦斯情意综"（Oedipus complex）。这个名词就出于索福克勒斯的一部悲剧。他以为弑父娶母是一个极强烈的原始欲望，它在《俄狄浦斯》这部悲剧中赤裸裸地流露出来而得满足了。我们每个人都有"俄狄浦斯情意综",看这部悲剧时无心地把自己摆在主角的地位,被压抑的欲望于是得间接的满足,所以发生喜感。

这种风靡一世的学说能使我们满意么?要接受弗洛伊德的结论,须先接受他的"隐意识"这个大前提。这个前提在心理学本身的领域中还没有站得稳,我们最好不要过于趋时,把它应用来解释文艺。

弗洛伊德的"发散治疗"这个名词使我们联想到亚里斯多德在《诗学》中所说的 catharsis。这个词是二千年来学者聚讼的焦点,与悲剧喜感的问题关系尤其密切,因为它和近代心理学有渊源,所以我们不顾历史的次第,把它延迟到现在才讨论。

《诗学》第六章悲剧定义中有一句话,说悲剧"借引起哀怜和恐怖的情节,完成这些情绪的 catharsis"。以前学者大半都把 catharsis 这个字释作"净化",以为悲剧可以净化哀怜和恐怖两种情绪中不洁的成分,所以有道德上的效用。十九世纪德国学者贝内斯(Bernays)才考定 catharsis 是医学上的一个术语,意为"发散",这个解释现在已得一般学者的公认。"发散"是一种治疗法。例如体肤有脓汁淤积成肿毒时,可以用药"发散"去。希腊人常患一种宗教狂,情感过度兴奋,以致心神不宁。他们医治这种病的方法是使病人听一种狂热的音乐。音乐把作祟的情绪"发散"了,病自然痊愈。因此亚里斯多德在《政治学》中提到音乐的 catharsis。音乐能"发散"宗教狂,就因为它能发泄淤积的强烈的情绪。《诗学》中所用的 catharsis 意义当然也和《政治学》中所用的相同。人生来就有哀怜和恐怖两种情绪,如果不发泄,也可以淤积起来,酿成苦闷。悲剧给这两种情感以发泄的机会,所以能引起喜感。

观此可知亚里斯多德的学说近于弗洛伊德的学说,不过比弗洛伊德说较为精当。他单提"哀怜"(Pity)、"恐怖"(terror)两种情绪,或只是随意举例说明,不一定说悲剧所能"发散"的情绪只限于这两种。他在《伦理学》中说过:"活动不被阻挠者(unimpeded activity)就是快乐。"这个定义也可以拿来和悲剧的效用相印证。活动是生命的特征,情感是活动的一种。人须生存,便须活动,便须发泄情感。"发泄"是自然界一个普遍的需要,是生命的别名。喜必露于笑,悲必露于哭。这种普遍的需要不满足,痛苦就跟着来。普通语言中"忧郁"、"苦闷"连着说,"舒畅"则和"快乐"同义,可见得"忧"由于"郁","苦"由于

"闷""舒畅"而后"快乐",是一般人所公认的。叔本华以为生命充满着苦恼，尼采以为悲剧发源于音乐，是苦闷从心坎迸出的呼号，这话都很真确，只是他们的结论未免怪诞。他们不曾觉到隐忧沉痛之际，放声一哭，心头就轻松愉快么？苦闷的呼号接着就是发泄后所应有的快慰。悲剧能生喜感，就是因为它能使人在想象的情境中发泄情感。这就是亚里斯多德所谓悲剧的 catharsis。

照这样说，实际的悲剧和艺术的悲剧不是没有分别么？弗洛伊德派学者除了用"化装"一个观念之外，似乎把实际上的情绪与艺术上的情绪看作一回事。亚里士多德却把这个分别看得很清楚，所以他的悲剧定义中又有"饰以词藻"的话。用近代语来说，悲剧单引起"哀怜"、"恐怖"等情绪还不够，还要"出以艺术的手腕"。所以悲剧的喜感不单起于情绪的发泄，尤其重要的是起于艺术的欣赏。

五

悲剧是一种艺术作品，观悲剧是一种美感经验。我们在首二章中已详细说过，美感经验起于形象的直觉，在观赏的一刹那中，我们忘却实际的利害，专站在客观地位，把世界和人生当作一幅热烈灿烂的图画去看。同是灾祸，在实际人生中只能引起我们的哀怜和恐怖，我们不能把这种哀怜和恐怖化为喜感；在悲剧中它也引起哀怜和恐怖，但是艺术的欣赏把哀怜和恐怖所带的痛感的成分消净，所余的只是美感。穷到究竟，"悲剧何以发生喜感"的问题就是"艺术的欣赏何以能消净哀怜和恐怖所带的痛感"的问题。

这个问题的答案以第二章所说的"心理的距离说"为最圆满。在实际人生中遇见灾祸，如行船遇海雾，心里只惊怖临头的危险；在悲剧中遇见灾祸，如站在客观的地位看海雾，只叹赏它的景致美妙。换句话说，在悲剧中我们在目前情境和实际人生之中留出一种适当的"距离"来。这种"距离"不可太远，太远则不能取实际经验来印证，无从了解；也不可太近，太近则太关切身利害，结果不免使实用的动机压倒美感。在成功的悲剧中"距离"不太远，因为它所表现的是合于情理的事实；也不太近，因为悲剧的语言是经过艺术陶铸出来的，它的人物和情节是想象的，不寻常的，于近情理之中却含有若干不近情理的成分，不致使观者误认戏剧为实际人生。凡是真正的悲剧都绝对不是写实的；凡是善于观剧的人也决不让寻常实用的情绪来混乱美感。这个道理最好拿布洛所举的《奥赛罗》的例子来说明。莎士比亚这部名著描写一个名将因信谗言疑心妻子不忠实。如果本来也疑心妻子的人士看这部戏，他应该比一般人能了解奥赛罗的妒忌心理；但是因为悲剧情节太和自己的经验相像了，他不免回味自己的苦痛，而不能把心放在戏上。因此，他虽然因观剧而发生热烈的情感，而却不是愉快的美感。这就是因为他把"距离"摆得太近的缘故。如果信弗洛伊德派学者的话，看悲剧也是带假面具去满足被压抑的欲望，那就是没有"距离"，所生的情感便不是美感了。亚里斯多德的"发散说"如果没有"饰以词藻"一句话去纠正，也就要犯同样的毛病了（详见第二章）。

总而言之，情感在悲剧中"发散"和在实际生活中发泄是不同的。悲剧所表现的世界在观赏者的心中是一个孤立的世界，和实际利害相绝缘。观赏者在聚精会神观赏剧中情节时，不知不觉地随流旋转；他在过一种极浓厚的生活，他在尽量活动，尽量发散情绪；但是这种生活，这种活动，这种情绪都和他日常所经验的完全是两回事。它们带有活动和发散所常伴着的愉快，而却不带实际生活的忧虑和苦恼。这是悲剧的喜感的特质。

观此可知"悲剧何以发生喜感"和"自然丑何以能化为艺术美"（参看第十章）是一个道理。悲惨的情境和自然丑都只是生糙的材料，须经艺术加以陶铸，给以新生命，然后才能引起真正的美感。因此，悲剧的喜感和一切美感一样，都是起于形象的直觉（参看第一章）。从前讨论这个问题的学者如杜博斯注重"这是虚幻"的意识，休谟注重"雄辩"的影响，叔本华注重"生存欲"的消失，尼采注重阿波罗的意象和狄俄倪索斯的热情相结合，本来都已隐约窥见悲剧喜感问题的正当答案。他们都没有把它握住，或是因为分析不彻底（如杜博斯和休谟），或是因为误于哲学成见（像叔本华和尼采）。（参看作者用英文写的《悲剧心理学》[K. T. Chu：The Psychology of Tragedy，1932，Strassburg.]）

（节选自《文艺心理学》，开明书店 1936 年版。）

精彩一句：

在个体生命的无常中显出永恒生命的不朽，这是悲剧的最大的使命，也就是悲剧使人快意的原因之一。

肖泳品鉴：

为什么会有"悲剧的喜感"这样的问题？始作俑者是柏拉图。他在《理想国》里大致是这么说的，虽然看见别人受灾临难，人们会洒一掬同情泪。但是，真正的好人，是不愿意看见别人的不幸的。柏拉图对人性的理解与今天的观念有一些不同，他不认为同情心、哀怜心是善良的表现，反而认为这是人性中软弱低劣的部分，应该遏阻它的发展。直接点说吧，就是悲剧让人看着别人受灾受难是不道德的。"悲剧的喜感"成了一个颇纠结的话题。一方面，悲剧的本质就像鲁迅所说的"把美好的东西撕毁了给人看"，确实是在"看"好人受难，这过程中充满了对主人公的同情、惋惜等等，即朱光潜本文中所谓的痛感；另一方面，观看悲剧演出心里确有一种欢喜。观看别人受难居然满心欢喜，也即常说的幸灾乐祸，这怎么说得过去？

本文中朱光潜举了法国批评家法格的观点作为代表。看悲剧虽然流了泪，可是心里却觉得一种喜感，等于说要从别人的灾祸中求喜感。一个幸灾乐祸的人总不是什么好人吧。于是，带着道德上的愧疚，必须解开"悲剧的喜感"这个结。席勒、黑格尔的解释都有些牵强，朱光潜并不赞同为"永恒公理"的胜利而欢喜的说法。叔本华的"退让"说太消极，尼采的日神和酒神说，朱光潜总感觉过于诗化和玄虚。最终，他比较赞同的是亚里士多德的catharsis，前提是必须区分生活中的悲剧和艺术上的悲剧。因此，朱光潜说，同是灾祸，在实际人生中只能引起我们的哀怜和恐怖，我们不能把这种哀怜和恐怖化为喜感；在悲剧中它也引起哀怜和恐怖，但是艺术的欣赏把哀怜和恐怖所带的痛感的成分消净，所余的只是美感。为何艺术上的悲剧能给我们以喜感？原因就在艺术具有catharsis的效应。

悲剧快感与同情

在科学讨论中有趣的是，同一个前提往往引出恰恰相反的结论。法格的理论就刚好有博克的理论与之相对。博克在《论崇高与美两种观念的根源》里，认为悲剧快感不是来自明白意识到舞台上演出的可怕情景的虚构性质。他反驳这种观点说，现实的痛苦和灾难更能吸引和打动我们。历史上马其顿的灭亡和故事中特洛伊的陷落一样动人。再举一个历史的例子，"希庇欧（scipio）和卡图（Cato）都是德高望重的人物，但是其中一位的暴死以及他所献身的伟大事业的失败，却比另一位应得的成功和长久的幸运更深地打动我们；因为恐惧只要不是太近地威胁我们，就是一种产生快乐的激情，而怜悯由于是生自爱和社会情感，所以是一种伴随着快乐的激情。"

如果我们从别人的实际痛苦中得到的快乐可以这样解释，我们从悲剧的演出中获得的快乐也大致相同。博克认为，唯一的区别只是悲剧模仿现实，并且除通常由真的灾难引起的快乐之外，还能产生来自艺术模仿效果的快感。但是，在唤起同情和吸引观者这方面，悲剧就远远不及我们的同类遭受的实际苦难。于是，博克以他那一贯的议员的辩才提出自己的理论：

> 选定一个上演最崇高而感人的悲剧的日子，安排最受欢迎的演员，不惜一切代价准备好布景和道具，尽量把最好的诗、画和音乐结合起来；当观众都已入场，一心期待着看戏的时候，再告诉他们：在邻近的广场上立即就要处决一名国事犯；转瞬之间剧场会空无一人，这就可以证明模仿艺术相对的软弱，宣告现实的同情的胜利。

因此，博克和法格都把自己的理论放在同一个前提的基础上，即我们的确在别人真正的痛苦和灾难中得到快乐；他们又得出同一个结论，即悲剧快感根本上与喜欢看实际受难场面相类似。但在悲剧快感的原因上，他们却分道扬镳了。对人性毫不恭维的法格带着一点颇具幽默感的法国批评家的恶意，得意地指着悲剧说："野蛮的大猩猩爱看的是悲剧！"博克却是个更有博爱之心的英国道德家，就反驳说："不，恰恰相反，在悲剧中揭示出来的正是人类高尚的精神。人在观看痛苦中获得快感，是因为他同情受苦的人。"

博克的同情说在圣－马克－吉拉丹的《戏剧文学论》中引起了共鸣。这位法国批评家写道："人对人的同情是模仿人性的各种艺术所引起的快感的原因。"他认为戏剧的情形尤其如此，因为在剧院里我们看到的不仅是人的外形，而且是人的内心活动。悲剧快感产生自苦难在我们心中唤起的怜悯。"并不是人喜欢别人受苦，而是他喜欢由此能够产生的怜悯；正像在剧院里，剧中人物所受的痛苦都不是真的，但观众却可以自在地从自己的情感中得到快乐。"

"人喜欢他感到的怜悯"，但为什么呢？圣—马克—吉拉丹不愿费力去阐明自己的话。博克则提出一种生物学的解释。他认为人靠同情的纽带联系在一起，同情给人的快乐愈大，同情的纽带就愈加强。在最需要同情的地方，快感也最大；而在情境最悲惨时，也最需要同情。因为同情给人的如果不是快感而是痛感，我们就会躲避一切痛苦场面，不会给受害者任何救助。因此，悲剧快感是一种生物学意义上的需要：它有益于人类的健康。不过博克在这里作了一个细微的区别。他宣称说，"这不是一种纯然的快乐，而是混杂着不少担忧的成分。我们感到的快乐使我们不会躲避痛苦的场面；而我们的痛感又促使我们通过解除受难者的痛苦来宽慰我们自己；而这一切又都先于任何推论，完全通过无须我们赞同而支配我们行动的本能"。

博克的坦率的自相矛盾的说法可以归纳为两个命题：

一、我们对受难者的同情产生观看痛苦场面的快感。

二、观看痛苦场面的快感加深我们对受难者的同情。

我们一旦把这两个命题并列起来，其谬误立即就显而易见了。博克是在作循环论证。在第一个命题中，同情是因，快感是果；而在第二个命题中，因果的位置恰恰颠倒过来。在第一个命题中，他力求寻找悲剧快感的原因而发现这种原因就是同情；在第二个命题中，他力求寻找同情的原因而发现这种原因就是悲剧快感，然而他已经把同情说成是悲剧快感的原因。

博克对于悲剧快感中的混杂情感的解释，也有类似的逻辑上的漏洞。他的解释可以归结为这样一种荒谬的二难推理：

一、同情中的快感使我们不会躲避痛苦场面；

二、同情中的痛感促使我们减轻受难者的痛苦。

但是，也同样可以这样推论：

一、同情中的快感使我们不去减轻受难者的痛苦；

二、同情中的痛感促使我们躲避痛苦场面。

我们并不想玩逻辑游戏。以上这些话不过是想说明，博克的论证中有矛盾。

让我们进一步考察一下博克的同情理论的基础。

首先，我们从现实苦难中得到快乐只是片面的真理。在博克看来，情境愈悲惨，所需同情愈大，于是体验到的快感也愈强烈。但在事实上，悲剧情境可给人快感的能力是有限度的。超出那个限度，它给人的就不是快感，而是痛感。亲人之死会唤起和仇敌之死完全不同的感情，纵然在前一种情形下我们的同情要大得多。有一些人，尤其是妇女和儿童，完全不能忍受恐怖和痛苦的场面。他们常常因为受不住这种场面产生的痛感而逃开。还有一些人则只能从这种痛苦场面中得到很少一点快感。悲剧中的情形与现实生活中一样。约翰逊博士受不了阅读《李尔王》最后几场的痛感，就是一个著名的例子。

其次，现实苦难由于需要更大同情，所以比悲剧更有吸引力，这一论点甚至更可质疑。仅仅因为邻近广场上要处决一名国事犯，整座剧院便为之一空，这只是一个假定；而从假定出发进行推论，就只能得出假设的结论。对于像盎格鲁撒克逊人这样政治倾向性特别强的民族说来，这一假定也可能是真的。但说全人类都是如此，便无异于是对人性中审美方面的亵渎。在中国历史上有一个非常有名的例子，后唐皇帝李存勖是颇有才气的诗人和戏剧爱好者，在敌人兵临城下，就要进攻他居住的京城时，他还在看戏取乐。从道德观点看来，这样的行为简直是犯罪，但以审美的眼光看来，却有一定道理。在审美快感达到极致的一刻，人们往往忘掉自己和身旁的世界，现实生活中的任何重大事件都不可能引他们离开自己愉悦的幻想。一旦哪位观众离开剧院去看处决犯人，悲剧的迷人魅力便已被破坏，他这时只是作为一个对国事并非不关心的普通公民，在寻求好奇心的满足。这两类经验是无法互相比较的，我们不能以一类的强去论证另一类的弱。这又是距离的问题。一些人比另一些人更有能力在悲剧情节和现实生活之间形成"距离"，于是出现各种类型的反应。也许在博克假设的那种情况下，一方面是吸引人的悲剧，另一方面是公开处决犯人，你会选择哪一面就要看在你身上是实际的人获胜，还是审美的人获胜；很可能有些人会继续留在剧院里，而另一些人会离开座位去看邻近广场上那更使他们激动的场面。我们并不认为，这后一部分人比前一部分人是人类中更优秀的分子。

最后，博克的生物学解释只是一种极不准确的臆测。在人们热衷于生物学的时代，任何问题都要寻求生物学的解释，正像在人们热衷于精神分析学的时代，弗洛伊德学说被当成打开一切问题的万能钥匙。这两种情形都有共同的危险：即过分依赖想象而忽略与之有矛盾的事实。如果同情使人不会躲避痛苦场面，那么它为什么就不能阻止人们故意给别人造成痛苦呢？我们记得，主张恶意说的人们也力图寻求生物学的支持。也许这两种观点都同样夸大过分。人既非文明化的大猩猩，亦非单纯的堕落天使，而可能是二者兼而有之。把关于人性的一方面的看法完全作为立论的根据，就必然使我们看不到另一面的真理。

二

因此，博克的同情说并不比法格的恶意说更有道理。然而"同情"这个词还有另一种意义。在近代美学中，它常常被用来指审美观照中的同情模仿，这个现象通常用一个德文词称为"Einfühlung"（移情）。

悲剧的确引起同情，不过不是博克所理解的同情。博克是在"同情"这个词的一般道德或伦理意义上来使用它。伦理意义上的同情和审美意义上的同情有什么区别呢？这个词的两种意义在一定程度上是吻合的，但超出那个程度，就应当仔细区别了。

大致说来，同情就是把我们自己与别的人或物等同起来，使我们也分有他们的感觉、情绪和感情。过去的经验使我们懂得，一定的情境往往引起一定的感觉、情绪或感情；当我们发现别的人或物处于那种特定情境时，我们就设身处地，在想象中把自己和他们或它们等同起来，体验到他们或它们正在体验，或我们设想他们或它们正在体验的感觉、情绪或感情。

在以上所说的范围之内，审美的同情与道德的同情是互相吻合的。但是，它们虽然在这个程度上一致，却在三个极重要方面有区别。

（1）道德同情比审美同情更是自觉意识到的，因而主客的同一在前者就不如在后者那样完全。道德同情通常是以主体和客体的关系来表述的，譬如说："我同情你。"主体清楚地意识到他自己和他同情的客体有差异。但在审美同情中，主体分有客体的生命活动而不自知。自我与非我之间的界限（借用哲学家们的行话来说）完全消除，感觉、情绪和感情在主体和客体之间来回往返，成为互相交换的潮流，最终融会为一道和谐之流。

（2）道德同情永远脱离不开主体的整个精神气质、过去的经验和目前的状况。因此它总是伴随着希望和担忧、得久利害的算计、目的和手段的探究以及其他种种实际考虑。道德同情的主体是一个并未停止做利己主义者的利他主义者。然而审美同情却是完全超功利的活动，用叔本华的话来说，主体在这种活动中"迷失在对象之中，即甚至忘记自己的个性、意志，而仅仅作为纯粹的主体继续存在"。形成这种同情的内容的感觉、情绪和感情都脱离了生活史的背景，因此，生活史的不同并不会打断同情之流，也不会妨碍两个完全不同的个性互相融为一体。狄德罗说过："走进大剧院门口的公民就在那儿留下自己的全部缺点，只在走出来的时候再把它们带走。"

（3）道德同情通常引出一些实际结果。如果我们同情议会大选中一位获胜的候选人，我们就会与他握手，或在报刊上写文章支持他的政策。如果我们同情穷人，就会努力筹集一笔救济基金，改善他们的生活状况。对于道德家说来，没有行动的同情只是伪善者嘴里的空话。但审美同情几乎就正是这样。审美同情中的主体当然也和道德同情中一样活动，但在两种情形下活动的本质却不相同。道德同情的活动是实际的反应，是针对客体的；而审美同情的活动却主要是谷鲁斯所谓"内模仿"，是与客体的活动平行的。同情模仿并不会引出任何实际结果。

在悲剧的欣赏中起重大作用的，是审美意义上而非伦理或道德意义上的同情。让我们用一个简单例子来说明这个区别。假定我们在看《奥瑟罗》的演出。我们可以在道义上同情主人公，努力帮助他摆脱不幸。这并不难，因为作为观众，我们知道很多奥瑟罗不可能知道的事情；要是他也知道这些事情，就决不会落入陷阱了。例如，我们知道伊阿古是坏人，苔丝狄蒙娜是一位贤淑的妇女。当伊阿古告诉奥瑟罗，说苔丝狄蒙娜把手帕给了凯西奥作爱情的信物时，我们完全清楚他在撒谎，在他和奥瑟罗说话的那一刻，那张手帕就在他的衣袋里。在现实生活中，我们可以通过把全部实情透露给奥瑟罗来表现我们的道德同情。这一道德举动当然会救了无辜的苔丝狄蒙娜的命，在伊阿古的邪恶还没有来得及害人的时候，就把它揭露无余。但是，这举动也会毁了悲剧。另一方面，我们也可以审美地同情奥瑟罗，在想象中把自己和他等同起来，和他一起因为胜利而意气昂扬，因为恋爱成功而欣喜，和他一起听信伊阿古的谗言，遭受妒忌与愤怒的折磨，最后又充满绝望与痛悔，和他一起"在一吻之中"死去。我们自动追随着戏剧情节的展开，对全剧的动机和趋势没有任何抵触。我们并不会为罗密欧传递朱丽叶的信息，也不会告诉伊菲革涅亚她父亲派人叫她去的真实意图，好让她避免致命的打击。

正像我们在第二章里说过的那样，欣赏悲剧需要适当的距离调节。道德同情常常消除距离，从而破坏悲剧效果。下面是朗费尔德教授（Prof.Langfeld）在

《审美态度》一书中举的一个例子：

> 一位名演员很喜欢讲述他在演《中间人》一剧时发生的一件趣事。他演一位穷发明家，已经到了山穷水尽的地步，买不起足够的燃料来维持烧制陶器的炉火。再过几刻，他的命运就会决定了。顶层楼座上这时有一位观众不禁大为感动，突然扔下五角钱来，一面大喊："喂，朋友，拿去买一点劈柴吧。"

有一次，一位中国演员也遇到类似的事件，但在这次事件里，观众表现出来的道德同情却要了他的命。他扮演一个因伪善和阴谋而恶名昭著的奸臣（曹操）。他演得太好了，剧中情景非常逼真。就在他打算要出卖皇上的时候，观众中一位忠厚的木匠义愤填膺，操起斧子跳上舞台，一斧头就砍死了那个奸贼！

尼柯尔教授曾引述过一个故事，是说有位好心的太太曾大声警告哈姆雷特，要他提防毒剑。也许每个喜欢看戏的人都可以从自己的个人经验中回想起许多类似的例子。这些头脑简单的人无疑都是好心，但以这样一种天真的方式表露自己的道德同情时，就不再是把悲剧作为艺术品来欣赏了。

我们现在可以更清楚地看到，为什么博克的同情说不能令人满意。他所谈的只是道德的同情。要是给扮演穷发明家的演员扔钱去买木柴的那位美国观众，或者在舞台上杀死奸臣的那位中国木匠，都来做悲剧的权威裁判，博克的理论就会是正确的。然而很可惜，在这种人天真的情感面前，悲剧的缪斯永远不会揭开她的面纱。

话虽如此，完全抛开道德同情却又是轻率的。有时道德同情是审美同情的条件。有些人除非对悲剧人物产生道德同情，否则便不能对他们寄予审美同情。一位美国妇女在评论一部现代戏《圆圈》时，对剧中人物的毫无教养很反感。她说："我去看戏就好像去拜访人一样，我绝不喜欢遇见在现实生活中我会拒绝去拜访的那种人。"她的鉴赏趣味也许不符合美学家们的要求，但是剧作家却不应该忽视这一事实。观众的道德感至少不能受干扰，否则"心理距离"就会丧失，道德的义愤就会把审美同情抹杀得干干净净。然而，当我们谈到正义的问题时，我们还将回到这一点上来。

三

在前面一节里，我们较为抽象地描述了审美同情，也许不完全符合具体经验。如果把我们对审美同情的描述给在剧院里看悲剧的观众们传阅，他们会怎么说呢？大概只有一小部分人完全同意我们的描述；另一些人会说，审美同情在他们只是在剧演到某些最关键的时刻才会产生；还有另一些人则会承认，他们从来就不把自己与剧中人等同起来。由于戏剧艺术的性质，由于观众对剧本的生疏或熟悉程度，还由于观众各人的不同，这个问题变得更复杂。

戏剧艺术尽管用真人为媒介，栩栩如生，在获得审美同情方面却有些不利条件。一个人物演不成戏，戏剧情节的产生总是有几个人物遇在一起且构成各种关系。于是便出现这样的问题：在审美同情中，观众把自己和哪个人物等同起来呢？有人把自己和悲剧主人公等同起来，完全以悲剧主人公的眼光去看待剧中别的人物。例如，在《哈姆雷特》一剧中，他们主要把自己和哈姆雷特等同起来。他们和哈姆雷持一样哀悼先王的死，抱怨王后匆匆再嫁，对霍拉旭十分友爱，蔑视波乐纽斯，爱恋继而怀疑我菲莉雅，又和莱阿替斯比剑。也许正是为了便利审美同情的产生，悲剧才要有一个主要角色；也是为了这同一个原因，论《诗学》的学者们才如此强调情节或兴趣的统一。在现实生活中，各种事件总是千丝万缕地互相交织在一起，一般不会以某一个人为中心，更不会表现出任何兴趣的统一。悲剧斩断纠结的乱丝，把人物和情节孤立出来。由于这种兴趣的集中，观众才有可能把自己与主要角色等同起来。

但虽有这种集中，几个人物同时出现有时却会分散注意力。这种情形或者完全破了观众与剧中人物的等同，或者使他接二连三地设想自己成为不同性格的人物，以致无法把悲剧作为艺术品来欣赏。缪勒·弗莱因斐尔斯引证了一个例子来说明这种性格变换：

"我完全忘记自己是在剧院里。我忘了自己的存在。我只感到剧中人物的感情。我一会儿和奥瑟罗一起咆哮，一会儿又和苔丝狄蒙娜一起颤抖。有时我也介入剧中去救他们。我从一种思想状态迅速变到另一种思想状态，尤其在看近代戏剧时，简直不能控制自己。就这样，在有一次看完《李尔王》时，我意识到自己在结尾时由于害怕而靠在一位朋友的手臂上。"唐妮小姐（Miss Downey）也引证过另一个实例，说有一位读者"过许许多多种不同的生活，随人物的悲欢或哭或笑"。有时候，剧作家和小说家们自己也会失去个性，变成他们所描绘的人物。福楼拜在谈到写《包法利夫人》的经历时，写信给朋友说：

> 写书时把自己完全忘却，创造什么人物就过什么人物的生活，真是一件快事。比如我今天就同时是大夫和妻子，是情人和他的情妇，我骑马在一个树林里漫游，当着秋天的薄暮，满林都是黄叶。

就观众而言，像这样把自己和所有的角色都等同起来是否符合正确欣赏悲剧的要求，却很值得怀疑，因为观众把自己与一个接一个的剧中人等同起来时，就完全贯注于实际体会戏剧情感，而看不到剧的艺术的一面，看不到它的全貌、对照、比例、节奏、和谐等等，一句话，看不到它的美。

其次，对悲剧生疏还是熟悉也会影响审美同情的强烈程度。如果观众事先不知道这个剧，是第一次来看演出，剧中场景自然更能使他激动，他的注意力也更容易集中在舞台形象上；于是审美同情也更容易产生。但随着对剧本的熟悉，激情逐渐减退，无数次看过或读过《哈姆雷特》的人，就不可能每看一次或每读一次都把自己与悲剧主角等同起来，像原来那样强烈地体验到悲剧主角的激烈感情。但是他仍然喜欢这个剧，其至越熟悉越能欣赏它。可以说越是熟悉，戏剧情节就逐渐丧失那种实际经验的刺激性，变得越来越理想化。内容沉没下去．形式浮现出来。感情的激动让位于心智的沉思。观众不再被戏剧激情"摆布"而失去自制，却开始以一种超凡脱俗的超然态度把戏剧作为艺术品来欣赏。只有在这时候，才可以说他看到了戏剧的美。这个事实很值得注意，因为它使我们能够看出，把"移情"或"等同"看得几乎就等于全部审美经验的近代德国美学，为什么是片面和抽象的。它也使我们能够看出，把激情捧上了天的浪漫主义艺术理想，为什么与古典的理想比较起来终不免幼稚和肤浅。古典理想的美总是处于平和、清明的境界，而且总是造形的美。

最后，对于像悲剧这样的审美对象，人们的反应并不总是那么明确干脆，不同的个人有千差万别的细微变化。大致说来，可以把人分成具有无数中间差异的两种心理类型，在一个极端是主观类型，在另一个极端是客观类型。这两者之间的差别正同于尼采所谓酒神精神与日神精神、容格所谓内倾与外倾、缪勒·弗莱因斐尔斯所谓"分享者"（Mitspieler）与"旁观者"（Zuschauer）之间的差别。以上关于审美同情所说的话主要是"分享者"类型的情形。另一方面，属于"旁观者"类型的人们却能在激情之中保持自己的个性，把情节和感情的演进视若图画。他们明白舞台上演的是什么，也很欣赏，但是他们却不会忘掉自己，不会在生动的构想中进入剧中人物的生命活动。下面是缪勒·弗莱因斐尔斯所举这种类型的一个例子：

> 我坐在台前就像是坐在一幅画前，我一直都清楚这并不是真的。我一刻也没有忘记，我是坐在靠近乐队的前排座位上。我当然也感到了剧中人的悲欢，但这不过为我自己的审美感情提供素材而已。我所感到的不是表演出来那些感情，而是在那之外。我的判断力一直是处于清晰而且是活跃的状态。我一直意识到自己的感情。我从未失去自制，而一旦发生这种情形，我就觉得很不愉快。在我们忘记"什么"而仅仅对"怎样"感兴趣的时候，艺术才会开始。

在这种类型的观众身上，心智的成分显然占据主导地位，审美同情只偶尔出现。当然，以上描述的分享者和旁观者这两种类型代表着两个极端。他们当中没有哪一种可以取得理想的审美经验。正如我们已经说过的，完全参加进去会妨碍观众在适当的距离看到悲剧的美。另一方面，完全超然的旁观又近于纯批评态度，往往无法取得任何情感经验。理想的审美经验既需要分享，又需要旁观。通过分享，我们才能理解艺术品中表现的情感；通过旁观，我们才能看出这些情感是否得到了美的表现。中国的大哲学家老子说过："故常无欲以观其妙；常有欲以观其徼。"理想的观众应当两者兼备：他分享审美对象的生活，却又不会完全失去自我意识。

四

我们以上所谈只注意到了观众。当我们转向演员时，也可以见出分享者和旁观者那种差别。有的演员一进化妆室就放弃了自己的个性，在戏剧表演上和在心理上都变成他们扮演的角色。他们完全沉浸在戏剧情境里，不是装扮而是亲身体验剧中人物的感情。他们在舞台上完全像在现实世界中那样活动。格塞尔（Gsell）关于葛米埃（Gémier）写道："他完全把自己与他扮演的角色等同起来，以致于甚至幕落之后也仍然处于那种状态。要等过了一会之后，他才清醒过来，恢复常态，重新踏进普通的人生。"萨拉·邦娜也写道："一般说来，演员可以抛弃人生中的忧虑和烦恼，在几个小时当中脱去自己的个性，获得另一种个性；他忘掉一切，幻想自己另有一种生活。"她讲到自己在伦敦演出《费德尔》时的经验，说："我痛苦，我流泪，我哀求，我呼喊；而这一切都是真的；我的痛苦是可怕的；我不停地流下发烫的、辛酸的眼泪。"拉·玛丽白芒是另一个典型例子。她很少钻研角色，而主要依靠一时的灵感。她曾常常对在《奥赛罗》中与自己合作的演员说："在最后一场你随便怎么抓住我都行，因为到那个时候我控制不了自己的动作。"演员在一开始往往是头脑清醒的，但在剧情接近高潮时，他就逐渐被戏剧情感所控制而失去自制力。安托万在演易卜生的《群鬼》一剧时的经验就是这样："到第二幕开始的时候，我就忘记了一切、忘记了观众，也忘记了表演效果，幕落之后，我发现自己全身发抖，软弱无力，有好一阵不能恢复平静。"

我们可以设想，这些艺术家们完全符合在前一节中描述的审美同情或等同的情形。但是也有一些人属于"旁观者"类型。他们对着镜子钻研角色，姿态和面部表情的每一点变化、口音和语调的每一点顿挫起伏，都事先在心目中形成一个形象仔细固定下来。他们上台之后，就只是照搬那个记忆中的形象。尽管他们把剧中人物的感情装扮得栩栩如生，给观众造成一个逼真的幻象，他们自己却一直知道自己在做些什么。中国的名演员一般都是这样。一旦一位名角创造出这个角色，那就会成为传统，代代相传，包括从对剧本的解释到各种细节，如抚髯的姿势、某一个字吐音时的长度和高度等等。在欧洲的名演员中，大卫·伽立克就是这种类型的一个经典例子。我们从他的传记中知道，他在排演《理查三世》时嘱咐扮演安夫人的希顿斯，要她在他把安夫人从卧榻上拖起来时步步紧跟着，好让他能一直面对观众，因为他很喜欢用眼睛做戏。在演出时，伽立克把理查的表情装扮得好极了，以致他脸上的表情吓住了和自己合作的那位女演员，在装扮出一副凶相时，他发现她竟吓慌了，忘记他嘱咐过她的话，便用责备的目光瞥了一眼来提醒她。没有比这更好的例证能说明演员要保持头脑清醒的了。狄德罗曾讲过一个关于卡约（Caillot）的有趣的故事，也能说明大表演艺术家的超然态度：

> 卡约刚刚扮演了逃亡者的角色，他刚刚经历了惶恐不安，而她则在旁边分担了他所扮演这个就要失去情人与生命的不幸者的惶恐不安。卡约这时走向伽里钦郡主的包厢，露出你们大家都很熟悉的那副笑容，愉快、诚恳而又彬彬有礼地和她交谈。郡王颇为惊讶地对他说："怎么，您不是死了吗？我不过是目睹了您刚才那番苦恼，到现在还没有从那苦恼中摆脱出来呢。"——"不，夫人，我并没有死。要是我这么动不动就死去，那就太可怜了。"——"那么您完全没有动情吗？"——"请夫人原谅。……"

在这里，我们看到的是一位"分享者"类型的观众和一位"旁观者"类型的演员。

狄德罗的著名理论引起了很大争论。据他看来，理想的演员应当摆脱一切情感，在演出过程中注意自己，倾听自己的声音。"我认为他应当有很好的判断力。这个人在我看来应当是一个冷静的旁观者。因此，我要求演员要看透，丝毫不要动感情。"他用拉·克莱伦的实例来支持自己的观点。"她一旦表演起来，就完全控制住自己，不动感情地朗诵台词。"这种不动情的理论由于是一个自己承认常常被感情摆布的人狄德罗提出来的，所以特别发人深省。

然而，也有一些著名演员对狄德罗的理论提出过质疑。曾担任过莫斯科国立和皇家剧院经理及艺术指导的西奥多·柯米沙耶夫斯基（Theodore Komisarjevsky），就抱着截然不同的看法。他写道："现在已经证明，演员要是注意自己的表演，他就不可能打动观众，在舞台上也不可能有一点创造性。他不是专心致志于他应当去创造的形象，不是去注意自己的内心生活，而把注意力集中在自己的外在表现上，那就变得很不自然，而且丧失了想象力。更好的办法应当是仅仅在想象力的帮助下去表现，去创造而不是模仿或复演自己的生活经验。扮演某个角色的演员如果是生活在自己幻想出来的一个形象的世界里，他就不可能也不必去注意和控制自己。在表演过程当中，由演员的幻想创造出来而且听从和使唤的形象，就会控制和指引他的感情和行动。"

在我们看来，狄德罗和柯米沙耶夫斯基都是走极端，而真理似乎介乎他们二者之间。我们关于观众说过的话也适用于演员。一方面，演员不应过深地进入戏剧情绪，以致丧失了自制能力。艺术的创造过程，包括表演艺术的创造过程，需要清醒的头脑的明确的判断能力，以求达到和谐和节制有度。艺术家必须是自己作品的批评家，而自我批评意味着自觉的意识。柯米沙耶夫斯基谈到"创造一个形象的世界"，可是不把感情形象化，不从一个适当的距离外象观画那样去观看这些感情，又怎么可能创造这样一个世界呢？另一方向，艺术也不是单纯的重复。每一个创造的行动都要求新的推动力量，都反映出新的精神状态，否则就会缺乏生气，变得呆板迟钝。中国传统戏曲的表演就很符合狄德罗的理想，但却往往过于程式化，根本不能引起情感的反应。当狄德罗说，一旦把角色钻研好并固定下来之后，演员每次表演就只须"照抄"自己，他这话实在是把一个不可否认的真理过分夸大了。

一个理想的演员应该体验到戏剧情感，却不必像在现实生活当中那样当真，应该做出完全投身在戏剧情境中的样子，却又不要失去自制能力。简言之，与角色的等同应当同时伴随着清醒的判断。整个说来，比起主张"演员不可能也不必去注意和控制自己"那种持相反意见的理论，狄德罗的理论更接近真理。从哈姆雷特给演员们的一番忠告看起来，我们可以想象莎士比亚也是主张我们在这里讲的这样一条中中庸之道。他对"分享者"型的演员似乎特别反感：

> 也不要老是用你的手在空中使劲挥动，一切动作都要斯文点儿，
> 因为就是在感情激烈得像洪水、风暴，像旋风的时候，你也必须有一
> 种节制，做得恰到好处。啊，我最痛恨听见一个满头披着假发的家伙

乱跳乱嚷，扯着嗓子把感情撕成一块块碎片，吼得那些爱热闹的低级看客耳朵都快裂开了，他们当中多半只爱看一些莫名其妙的哑剧，瞎起哄。我宁可把这种家伙抓起来抽一顿鞭子，因为这种演法把妥玛刚特演得太过火，比凶暴的希律更像希律，你可千万要避免。

现代一些表演艺术家的实践也能支持我们的看法。正如欧仁·德拉库瓦在他的《日记》中记载的那样，伽尔西娅（Garcia）和塔尔玛都坚持把自我控制和一时的灵感结合起来取得效果。"他说，尽管做出完全沉浸其中的样子，他在舞台上完全支配着自己的灵感和自我判断；不过他又补充说，这时候要是有人来告诉他，说他家里失火了的话，他却也不能立即从戏剧情境中摆脱出来。"

五

我们现在可以把本章的内容作一个总结。恶意说引导我们考察了博克所持的与之对立的看法，即悲剧快感来源于同情。我们发现博克的理论在逻辑推理上有错误，而且它把悲剧快感和观看真实的受难场面的快乐混为一谈。这又使我们详细考察了道德同情和审美同情这两者之间的区别。我们发现这种区别在于意识程度、与实际利益的关系以及它们各自的活动的性质等方面不一样。我们欣赏悲剧时常常体验到的是审美同情，不是道德同情。道德同情由于与悲剧行动的动机和趋势相抵触，往往不利于悲剧的欣赏。而后我们又继续研究，审美同情在看悲剧时起多大的作用，结果发现它并不是始终存在的。这个问题由于好几个因素而变得复杂化了。首先，一部悲剧中好几个角色的出现往往使观众不可能同时把自己与许多角色等同起来，或者使这种等同与审美判断不协调。其次，对作品熟悉之后，情感的激动常常让位于超然的心智的观赏。最后，观众有不同的类型，属于"旁观者"类型的观众一般都不会体验到任何强烈的审美同情。"分享者"和"旁观者"这两种类型的区别不仅观众如此，而且也适用于演员。狄德罗的著名理论，即演员在以逼真的表演激发戏剧感情的同时，应当保持清醒的头脑，总的来说是正确的，不过有点夸大。好的表演以及正确的鉴赏，都要求既有感情又有判断、既要把自己摆进去，又要能超然地观照。我们看到这种观点可以得到莎士比亚以及现代一些表演艺术家的支持。

再回到悲剧快感的问题上来。虽然审美同情可以大大有助于观看悲剧的快乐，但它却不可能是悲剧快感的唯一因素，甚至也不是它的主要因素。纯"旁观者"类型的观众很少体验到审美同情，然而他们却照样能以自己的方式欣赏悲剧。

（节选自《悲剧心理学》，人民文学出版社 1983 年版。）

精彩一句：

有时道德同情是审美同情的条件。有些人除非对悲剧人物产生道德同情，否则便不能对他们寄予审美同情。

肖泳品鉴：

本文节选自《文艺心理学》，这本书是朱光潜的博士论文，原著用英文写成，在海外留学期间完成，其中引用的很多文献，国内很难见到。博克对崇高中恐惧心理的论述，已成美学史上的经典阐释，但我们却少有人知道他有关悲剧同情与快感的阐释。朱光潜指出了博克的论述逻辑上的自相矛盾，不予采纳。那么，有没有更合理的解释呢？这里也没有前人确定无疑的答案，只能自己一步步摸索前进了。

朱光潜认为道德同情和审美同情是有关联的，但他不主张混同。道德的同情，主客彼此分明，同情的主体是一个并未停止做利己主义者的利他主义者。然而审美同情却是完全超功利的，主体在这种活动中仅仅作为纯粹的主体继续存在。道德的同情，往往要引发实际的行动，产生实际的结果，审美的同情则不一定。比如，一个慈善家道德的同情，不能嘴上说说就完了，他得付诸实际行动，否则他就是伪善。审美的同情则完全可能发生在艺术逼真模仿的情境之中，一旦脱离那一情境，同情可能就停止了。这也可以解释前面那篇有关悲剧快感与恶意的文章，一个现实中十恶不赦的恶棍，很可能在剧院里对悲剧人物产生审美的同情，演出结束后他的同情可能不会持续太长时间，也不大可能影响到他现实生活中的实际行动。道德的同情，也不是与审美的同情截然地分开，有时道德同情是审美同情的条件。

朱光潜较推重的审美态度是，客观冷静旁观型的审美，审美同情不是全部，而是能从同情中抽身而出，静观式地从艺术形式中深深领悟那不可取代的美。

悲剧快感与恶意

一

我们定下了一般美学原理，并且指出了作为艺术品的悲剧和实际苦难之间的区别，现在我们可以动手来完成我们的主要任务，检验前人提出的某些最重要的悲剧快感理论。我们将从最简单的一种，即恶意说开始。

从常识观点看来，幸灾乐祸显然是心怀恶意的表现，从悲剧的表演中获得快感就是幸灾乐祸，所以结论是不言而喻的。如果我们自己受到妒忌和悔恨的煎熬，我们大概只会感到痛苦；但当这一切发生在奥瑟罗这个和我们毫无关系的黑皮肤的摩尔人身上时，却使我们残酷的本能得到满足，使我们因快乐而流泪。所以，巨大的灾难临到我们自己头上时，便成为悲痛的根源；但降临到别人头上却给我们最大的快感。

因此，悲剧的情感效果取决于观众对自己和悲剧主角的区别的意识。不过关于这样一种意识为什么能产生快感，却有种种不同的意见。

有人把悲剧快感的原因归结为安全感，卢克莱修说，"当风浪搏击的时候，从海岸上观看别人的痛楚是一种快乐"。不过他又说，这不是因为我们对别人的不幸感到快乐，而是因为我们庆幸自己逃脱了类似的灾难。桑塔亚那教授（Prof. Santayana）赞同这一观点。他写道："（在悲剧中）可以感到恶，但与此同时，无论它多么强大，却不能伤害到我们，这种感觉可以大大刺激我们自己完好无恙的意识。"人总是随时害怕痛苦，在我们这个到处充满邪恶与苦难的世界里，这也是自然的事情。人所能期望的最大幸福就是摆脱痛苦。悲剧之所以强烈地吸引我们，就是因为在表现各方面都比我们强的人所遭受的痛苦和灾难时，它大大突出了我们比他们好的命运。

从这种理论出发，很容易就形成悲剧唤起我们的优越感的观点。这两种论调的确很有关系，后者可以说是前者推论出的必然结果。我们感到命运对我们比对舞台上那些人物较好一些，我们是在更吉祥的命星下诞生的，因此我们比他们优越，悲剧确实描绘高出于一般人的人，悲剧的男女主角们往往在社会地位和精神力量上都比我们高。而正因为如此，他们才是值得我们在生活的道路上与之竞争的人物。我们并不喜欢在矮人国中充高个子。持这种观点的人常常指出悲剧和喜剧最终的相似，以此进一步证实自己的看法。按照霍布斯的说法，笑来源于"突然的荣耀"感。我们之所以发笑，是因为我们突然发现了可笑事物的某种弱点或缺陷，从而意识到自己的优越。如果接受这样一种理论，那么欣赏悲剧就好像欣赏喜剧一样，都是由于同一个原因。

这一切已经够新鲜了，但还有些论者对这个问题的看法更不合人情。按他们的说法，悲剧快感的原因与其说是安全感或自我优越感，毋宁说是我们从远古的祖先那里继承过来的对于流血和给别人痛苦这种野蛮人的渴望。埃尔肯拉特先生（M. Herckenrath）相当直率地提出了这个问题：

> 我们从悲剧的演出中获得的快感难道不是首先显得像一种野蛮的快乐吗？我们贪婪地看着受难的场面，连眼睛都不眨一下。因此，这种快感和某些人在看屠宰动物或加入流血斗殴时感到的快乐，不都是同样性质的吗？

对这个问题，他作了肯定的回答：

> 的确，观看受难场面获得的快感，在我看来是由于战争而产生
> 的人类残酷性情的结果，而战争对原始部落说来曾经是必要的，往往
> 也是他们的习惯。自卫和报仇的必要产生了伤害别人的乐趣。……在
> 绝大多数情况下，野蛮凶残的本能已经减弱了，不过在人们从流血场
> 面、斗牛、斗狗、斗鸡、狩猎或讲述悲惨故事获得的快乐中，仍然可
> 以找到这种本能的痕迹。

埃尔肯拉特先生这些话曾被更知名的另一位法国学者法格先生引述，而恶
意理论一般正是与法格的名字连在一起的。这位著名批评家以法国人特有的那
种明白晓畅的文笔写道：

> 你们试图在别人的不幸中寻求一种快乐，而看到那些处于水深火
> 热之中的人时，你们也找到了这种快乐。你们是残忍的。泰纳会对你
> 们说，你们身上还有些野蛮的大猩猩的痕迹。你们知道，这就是说，
> 人是稍稍有些变化的"野蛮的大猩猩"的后代。淫猥的大猩猩爱看的
> 是喜剧；野蛮的大猩猩爱看的则是悲剧。

这种观点曾被许多学者一再重复。晚至一九三一年，尼柯尔教授还这样谈
到悲剧的恶意快感：

> 这种因素在我们看悲剧时的快感中可能并不很多，但如果没有一
> 点这种因素，我们大概也不可能忍心看完一部描写苦难的戏剧。……
> 也许在戏剧的世界里，我们知道人物都是虚构的，于是我们可以像淘
> 气的儿童喜欢看别在针尖上的蝴蝶无力挣扎那样，或者像野蛮人对被
> 击败的敌人没有丝毫同情那样，从我们的确是最原始的感情中得到一
> 种秘密的、人们没有公开承认的快感。

我们在上面简述过的所有这些观点纵然互有区别，但在根本上却是相同的。它们都可以归在恶意说这一共同范畴之下。因为当我们的同类在遭受极大痛苦时，我们却因为自己的安全和优越而欣喜，这不是恶意又是什么？亚历山大·倍恩根据斯图瓦特（D. Stewart）提出的看法，在《力量的情感》这个总标题下讨论了这些感情，并正确地指出力量的快感在很大程度上与恶意的快感恰恰相同。他写道："按照斯图瓦特的意见，力量似乎很可能是恶意快感的基础。然而事实也可以同样证明相反的命题——恶意是力量的快乐的基础。"他又继续说："事实上，有了强大的力量，我们就无论有没有报复的借口，都可以得到看别人受苦的基本满足；同时我们又能避免自己成为那种恶意心情的牺牲品。"因此，安全感和自我优越感都是以人性中的恶意为基础的。

二

对于悲剧快感来源于恶意这一概念，我们可以说些什么呢？如果接受这种理论，那么悲剧这种最高的艺术形式就成了邪恶的人类的邪恶的娱乐，那些最杰出的悲剧诗人，埃斯库罗斯、莎士比亚、拉辛、席勒等等，就成了败坏人类的家伙。这样一个结论无论对道学家还是对悲剧爱好者说来，都是不能接受的。但是，仅仅因为一种理论违背我们的人类尊严感就厌弃它，就不是科学的态度。让我们首先来考察一下恶意说的主要根据。

也许有利于恶意说的最有力的论据，就是说人性中确实还残存着某种原始的野蛮残忍，某种本质上是自私和虐待狂性质的东西，由于这类东西的存在，人们对于敌人的失败感到兴高采烈，喜欢给人痛苦，甚至从朋友的遭难中得到一种邪恶的满足。要找证并不难。儿童在很小的时候就靠折磨小昆虫和其他小动物来取乐。野蛮人部落常常用活人做献祭的牺牲，并把敌人的骨头作为战利品戴在身上做装饰。人类文明压制和改变这类低等本能的努力并没有取得多大成功。我们只需想一想罗马的角斗士表演，西班牙的异教裁判的火刑，各国形形色色的刑具，现代的群氓热衷于观看公开执行死刑，热衷于在报纸上阅读凶杀、离婚、船只遇难、火灾和其他轰动的新闻的情形，便可以明白这一点。划开表皮，我们在骨子里都是野蛮人。据纠文纳尔（Juvenal）说，暴君尼禄要是有哪一夜没有砍掉某人的头，就会痛悔到极点。不要说这类怪物和暴君是文明民族中的例外情形，难道不是有人记载，说斯宾诺莎在哲学思辨之余，喜欢捉苍蝇放在蜘蛛网上来取乐吗？

对人性的这些指责固然颇为雄辩，但却并没有说出全部真理。人性善恶的问题可以引起无穷无尽毫无结果的争论。英勇的自我牺牲、无量的慈悲和无限的仁爱的例子，至少和恐怖和残忍的例子一样多。霍布斯照出我们天性的一面，卢梭则展尔它的另一面。也许彼此两种观点都同样是片面和夸大的。关于人类本性邪恶的思想至多不过是一个值得怀疑的假说，不可能被当作恶意说的一个证据。

但即使我们承认这一假说的合理，也不能像埃尔肯拉特先生那样得出结论，认为欣赏悲剧和看处决犯人或看斗鸡的乐趣同属一类。在前一章里我们已经看到，一方面有审美态度和实际态度的区别，另一方面又有作为艺术品的悲剧和实际苦难场面的区别。主张恶意说的人最大的错误就是混淆了这些区别。我们进入剧院时，用比喻的说法，我们的日常生活之线就被戏票剪断了，于是我们暂时生活在一个理想世界里，看戏时主要是把剧中情形看成迷人的形象。如果正确地鉴赏戏剧的话，我们就不会拿俄狄浦斯或哈姆雷特来衡量自己，更不会拿他们的命运来和自己的相比。它们是"距离化"了的，它们给我们的快感主要是审美的。它们如果在实际生活里发生，引起的就会是很不一样的感情。一个人的道德天性和他对悲剧的喜爱之间并没有必然联系。一个善良的人可以带着好奇的心情仔细观看伊阿古的阴谋，一个邪恶的人也可以出于审美的同情为无辜的苔丝狄蒙娜之死而哭泣。前者的好奇心并不证明他生性残忍，正如后者表现出的同情并不证明他生性仁慈一样。正像卢梭在《致达兰贝尔的信》中指出的，苏拉和菲里斯的暴君都是残酷有名的，然而他们在看悲剧演出时也会流泪。屠格涅夫也讲过一个关于一位莫斯科贵妇的故事，这位贵妇人在坐马车时读一篇凄楚动人的小说，感动得泪流满面，而同时她的马车夫却真的被冻得要死。我们是否可以根据这些例子就说，悲剧快感基本上是利他主义的呢？不，这些例子不过证明，实际生活中的残酷与喜爱悲剧并无必然联系。也还没有任何统计数字表明，只有心地邪恶的人才喜欢看悲剧。恰恰相反，就我们所知，总的说来，去看《俄狄浦斯》或《费德尔》的，都多半是可尊敬的市民。

法格的理论主要以悲剧与喜剧的相似为根据。他批评圣－马克－吉拉丹（Sain-Marc-Giradin）认为悲剧快感来自"人对人的同情"这一观点，说这种观点不适当地忽略了戏剧的另一半。法格认为，喜剧显然诉诸我们天生的残忍。他把恶意中伤者、诽谤者和喜欢喜剧的人归入同一个伦理范畴。他们都是些恶人。法格对此深信不疑，因为他宣称他自己就是这种人当中的一个。接着，他问戏剧的另一半是否是建立在相反的感情的基础上，而他对此作出了明确否定的回答。在他看来。悲剧和喜剧的区别只是一个程度的区别。同样的题材既是喜剧性的，又是悲剧性的：只要表现的激情不产生严重后果，就是喜剧性的；当它们引出别的可怕事件时，就成为悲剧性的。如果喜剧是以人性中的恶意为基础，就没打理由认为悲剧不是这样。

法格先生过分依赖粗糙的常识。他的论点至少在两方面有缺陷。首先，喜剧满足我们的恶意这一假说既没有被普遍接受，也没有得到任何真凭实据的支持。这种观念其实早就有了——大概最初是从柏拉图那里来的，后来经过霍布斯的阐述而引人注目。然而近代哲学家和心理学家们仍然各有各的看法。康德、叔本华、斯宾塞、柏格森和弗洛伊德都和霍布斯一样值得我们注意。我们能够做到的，是最好不要对这个问题作结论。大概正如萨利所说，喜剧和笑都不能用一种单一的理论来解释。因此，法格把自己的论点放在关于喜剧的无数种假说之一上，基础就是不稳固的。其次，悲剧和喜剧基本相似这一观念也许更成问题。在习惯上把它们通称为"戏剧"这一事实，并不能证明任何东西。要充分讨论这两种戏剧艺术形式之间的关系和区别，会远远超出我们目前要解决的任务的范围，我们现在只须指出这样一点：悲剧与喜剧的基本区别在于喜剧主要诉诸理智，而悲剧则打动感情。有一句古语说得不错，这世界对于思考者是喜剧，对于感觉者却是悲剧。柏格森在论笑的文章里把这个区别谈得很清楚，我们或许不用再详谈它了。

此外还有对恶意说极为不利的一点。如果悲剧真是主要诉诸我们天性中的残忍，那么它的效果的好坏就会和它的恐怖程度直接成正比。悲剧表现的场面越可怕，它在观众中唤起的感情就会越强烈。这就意味着悲剧和可怕归根结底是同一个东西。但是，正如我们将在第五章里更充分说明的，悲剧的本质正在于它并不仅仅是可怕。为了把仅仅是可怕的东西变得具有真正的悲剧性，使我们看悲剧时不是感到沮丧，而是感到鼓舞和振奋，就需要某种东西。我们在上一章里讨论过的"距离化"因素就是这种变化力量。欣赏悲剧绝不是使低下的本能得到邪恶的满足，而是很有教育意义。有一位法国诗人说过：

> 只有平庸的心灵，
> 才产生平庸的痛苦。

这句格言对应的话也是同样正确的。只有崇高的心灵里才会有崇高的快乐。悲剧使我们接触到崇高和庄重的美，因此能唤起我们自己灵魂中崇高庄重的感情。它好像能打开我们的心灵，在那里点燃一星隐秘而神圣的火花。

正确欣赏悲剧需要一定程度的鉴赏力和审美修养。人人都可能感到看斗鸡或角斗士表演所特有的那种快乐，但却很少人能真正体会到悲剧所特有的那种快感。讲求实际的普通人由于缺乏想象和超然态度，常常被太可怕的情节所震惊，不能使自己的道德感和悲剧结局相适应。主张恶意说的埃尔肯拉特先生自己曾引述过下面这个有趣的例子："在荷属布拉邦特内地一个小村庄里，有一次上演一部流血悲剧。舞台上接连出现几起凶杀。默默看过了两三起之后，善良的村民们再也忍受不了了。他们成群地爬上舞台打断了演出，高喊着：'血流得够了！'这是一位目击者亲自告诉我的。"有时候，著名的文人们也会有这种感受。谈到《李尔王》时，约翰逊博士老实承认他无法忍受考狄利娅可怕的命运。他说："很多年以前，考狄利娅之死使我非常震惊，我不知道后来作为编者修订这个剧的最后几场之前，我是否耐心重读过它们。"布拉德雷教授也把《李尔王》比起莎士比亚其他悲剧名作不那么受欢迎的原因，归结为这个剧过分悲惨的结尾。因此总有一个限度，超出这个限度，悲剧中可怕的东西就不再能给人快感，反而可能引起厌恶了。坚持恶意说的人似乎忽略了这样的事实。

绝大多数观众绝不欣赏悲惨结尾本身。相反，他们往往真诚地希望悲剧主角有更好的命运。几乎每一篇中国的悲剧性故事都有"续篇"，里面又总是写善有善报，恶有恶报。大家知道，司各特的《艾凡赫》也被后人改编，让主人公与丽贝伽终成眷属。在这方面，《李尔王》的舞台演出史特别有趣。从 1681 年至 1838 年这一百五十多年中，舞台上演出的是伽立克（Garrick）等人的改编本，在这个本子里考狄利娅与爱德伽成了婚，李尔也重登王位。这样就忠实地遵守了"真、善终将胜利"这个信条。这类做法虽然从艺术的观点看来并不可取，却无疑有一定的心理动机。人们好像普遍期望幸福结局。悲剧不仅给人快乐，也唤起惋惜和怜悯的感情。这种惋惜和怜悯心情常常会非常强烈，以致威胁到悲剧的存在本身。人心中都有一种变悲剧为喜剧的自然欲望，而这样一种欲望无疑不是从任何天生的恶意和残忍产生出来的。

即使是喜欢看实际受苦的场面，正如我们将在第十一章里更充分说明的那样，也可以用这种场面刺激人的性质来更好地解释，而不能归因于人性中根深蒂固的邪恶本能。儿童喜欢听鬼怪故事，并不是因为这些故事激起他们的恐惧，而是为了好奇心的满足和一种主动的毛骨悚然的愉快感觉。人们热衷于看处决犯人、看角斗士表演和阅读不幸事故及犯罪新闻，也许是由于类似的原因。如果说悲剧快感和喜欢看实际的痛苦场面之间有任何相似之处的话、那就可能在于两者都能激起一种生命力的感觉，而不在于某种低下本能的满足。不过，这一点我们在后面再详谈。

（节选自《悲剧心理学》，人民文学出版社 1983 年版。）

精彩一句：

只有崇高的心灵里才会有崇高的快乐。

小平品鉴：

柏拉图曾说过："惊讶，这尤其是哲学家的一种情绪。除此之外，哲学没有别的开端。"不错，哲学起自于惊讶，而悲剧的快感又何尝不是惊讶在里面起作用呢？剥开这"惊讶"表层的背后，有一种理论认为是人性的恶（意）在作祟，是幸灾乐祸、"突出的荣耀"的感觉，这些感觉都把我们那点点可怜的正义感弄得直到汗颜无地自容为止！

这也许是我们天天看到的媒体不断报道奸淫掳掠杀人放火的新闻而乐此不疲的理由？朱光潜反问到："如果接受这种理论，那么悲剧这种最高的艺术形式就成了邪恶的人类的邪恶的娱乐，那些最杰出的的悲剧诗人，埃斯库罗斯、莎士比亚、拉辛、席勒等等，就成了败坏人类的家伙。"

当然不是！我们还得再作深入的思考：现实的苦难能和艺术表现的苦难同日而语吗？不！不能！朱光潜给出了答案："一方面有审美态度和实际态度的区别，另一方面又有作为艺术品的悲剧和实际苦难场面的区别。"也就是说我们不要把现实的苦难和作为悲剧形式表现的苦难混为一谈，"悲剧"是经过艺术理想化的形式的反映。我们欣赏悲剧要有适当的审美"距离"，只有"不即不离"的欣赏态度才不会既不是"太过"（过于理论化，以致于忘记悲剧这种艺术形式的创作源泉还是来自现实生活）；也不是"不及"（把现实苦难和悲剧呈现的苦难混淆了）。

那么，在悲剧的快感和实际的痛苦间，在人性中没有连接吗？有，那就是朱光潜说的"生命力的感觉"，正是这种感觉促使"崇高的心灵里才会有崇高的快乐"，而不在于某种低下本能的满足。

悲剧与生命力感

一

在进一步探讨之前，我们可以先略为回顾一下前面两章已经论述过的内容。从快乐来自不受阻碍的活动这一普通的生命力原理出发，我们得出结论是：甚至痛苦也可以成为快乐的一个源泉，只要它能在某种身体活动或艺术创造中得到自由的表现。我们论证了悲剧快感中有一部分正是痛感通过表现而转化成的快感。"表现"就是"缓和"，亚理士多德所说的"净化"也不过是情绪的缓和。悲剧激起而且缓和的情绪，正是我们在第五章里所说那种意义上的怜悯和恐惧。按照我们的分析，这些情绪都有一种混合情调，既有积极的快感，也有痛感的成分，而这痛感成分一旦被感觉到和表现出来，就会产生缓和的快感，增强由悲剧的怜悯和恐惧以及由艺术引起的积极快感。

这样一种观点可以说是"活力论"（vitalism）观点。这种观点把生命理解为它自身的原因和目的。它是自身的原因，因为从静的方面看来，它是各派所说的力量、能量、"内驱力"、"求生意志"、"活力"或者"来比多"（Libido）；正是这种力量推动生命前进。生命又是它自身的目的，因为从动的方面看来，它不断地实现自我、不断变化地行动，如意志、努力、动作之类活动。生命的力量迫使一切生物都走向维持生命这个相同的目的。生命体现在活动中，而生命的目的则是在活动中得到自我实现。情绪就是生命在活动中实现自己的努力成功或失败的标记：在努力未受阻碍时就产生快感，受到阻挠时就产生痛感。

这种观点并没有什么新奇。从亚理士多德到柏格森，从德里什到麦克杜戈，这种观点由各时代的学者们以种种方式一再重复过。由于它无所不包，所以相当含混。在应用到悲剧上时，这种观点引出了无数理论，这些理论虽然都以同样的生命力论为基础，但却各自强调某一方面，得出彼此很不相同的结论。在本章里，我们打算考察这类理论中的某几种，并努力得出关于悲剧欣赏中生命力感的一个更为准确的概念。

我们从最简单的一种，即杜博斯神父（Abbé Dubos）的观点开始。这位《关于诗与画的批判思考》的作者写道：

> 灵魂和肉体一样有它自己的需要，而它最大的需要之一就是精神要有所寄托（要有事干）。正是这种寄托的需要可以说明人们为什么从激情中得到快乐，激情固然有时使人痛苦，但没有激情的生活却更使人痛苦。

对于人的精神说来，最可厌的莫过于无所事事的时候那种懒散无聊的状态。为了摆脱这种痛苦的局面，精神会去追求各种娱乐和消遣：游戏、赌博、看展览，甚至看处决犯人。任何使精神能够专注而有所寄托的东西，哪怕本来是引起痛感的，都比懒散无聊、昏昏懵懵的状态好。悲剧正因为能满足使精神有所寄托的需要，所以能给人以快感。

这种理论显然很有些道理。对一般人说来，悲剧象滑稽表演或足球赛一样，不过是一种娱乐，是供市民们在无所事事、闲散无聊的时候消消遣的玩艺。马斯顿（Marston）在《安东尼奥复仇记》的开场白中，就表现了类似的观点：

僵硬的冬日阴湿寒冷，消尽了
轻快夏日的痕迹；雨雪霏霏
冻僵了大地苍白光秃的面颊，
咆哮的寒风从颤抖的裸枝上
咬掉一片片干燥枯黄的树叶；
把柔嫩的皮肤也吹得干裂。
在这种时节，一出阴沉的悲剧
才最合式入时，叫人欢喜。

此外还可以指出，使精神有所寄托的理论其实已具备了艺术游戏说的端倪。如席勒和斯宾塞所主张的，艺术和游戏一样，都是过剩精力的表现。它是生命力过分充沛的标志。人既需要发泄过剩的精力，也需要使精神有所寄托。这种寄托可以是工作，也可以是游戏或艺术。

寄托的理论虽然有些道理，但并不充足。首先，它忽略了这样一个事实：人们不仅在无事可做的时候去看戏，而且更常常在做完很多事情后，需要换一换脑子时去看戏。去看戏的观众并不总是"有闲阶级"的分子。现代戏院大多数在工业区和商业区，那里的大部分观众都是辛勤工作的人。对于他们，戏剧不仅是一种寄托或娱乐，也是转移注意的方式。他们对一种东西体验得过多，都渴望换换别的东西。施莱格尔（Shlegel）曾经强调指出这一点。他说：

人类当中的大多数仅仅由于生活环境，或由于不可能有过人的精力，只好局限在琐细行动的狭隘圈子里。他们的日子在懒懒懂懂的习惯的统治之下一天天过去，他们的生命不知不觉地推进，青春时期最初热情的迸发很快就变成一潭死水。他们不满于这种情形，于是便去追求各种娱乐消遣，这些娱乐其实都是使精神有所寄托的令人愉快的东西，即使是克服困难的一种斗争，也是去克服较易克服的困难。而戏剧在各种娱乐当中，毫无疑问是最悦人的一种。我们在看戏时固然自己不能有所行动，却可以看见别人在行动。

　　总而言之，悲剧可以把我们从日常经验的现实世界带到伟大行动和深刻激情的理想世界，消除平凡琐细的日常生活使我们感到的厌倦无聊。

　　强调精神寄托的理论有一个缺点，是它不能够解释在这样多的各种寄托形式之中，为什么人们会特别爱读或爱看悲剧，也就是说，为什么悲惨的事物会比那些本身就是悦人的事物能给我们更大的快乐。伽尔文·托马斯教授（Prof. Calvin Thomas）提出了一种解释。他说：

　　　　有一种快感来自单纯的出力和各种功能的锻炼，这种锻炼似乎是对生命的本能的热爱，是一种生理需要。要得到这种快感。

　　我们并不总是在愉快的事物中去寻求这种快乐。

　　　　恰恰相反，我们倒是更喜欢那些痛苦的、可怕的和危险的事物，因为它们能给我们更强烈的刺激，更能使我们感到情绪的激动，使我们感到生命。

　　他接着又进一步解释，为什么悲剧一般总是描写死亡。

　　　　对于我们的祖先说来，死亡是最大的不幸，是最可怕的事情，也因此是最能够吸引他们的想象力的事情。

　　因此，悲剧快感基本上是起于生理的原因。

　　但是，这种生理的解释忽略了艺术与现实之间的重大区别。尽管死亡是"最能够吸引想象力的事情"，它在现实生活中却不像在舞台上那样令人愉快。真正的死亡或苦难即使能给人快感，那种快感的性质也不同于看到悲剧表现的死亡或苦难时所体验到的快感。悲剧快感中的确也有一点因素可以描述为"纯粹的能量的释放"的快感，但是，看角斗表演、处决犯人、斗牛，或听到关于大火、地震、翻船、离婚、凶杀等耸人听闻的消息报导时体验到的快乐，也都有这样的因素。这类事情能引起快感，并不是如泰纳和法格认为的那样，起因于人性中很深蒂固的残酷和恶意，而是由于它们能给人的生命力以强烈的刺激。悲剧也能这样，但又不止于此。悲剧是最高形式的艺术，而上面提到那些耸人听闻的事件却根本不是艺术。仅仅说快感是"纯粹的能量的释放"，并不能解决悲剧快感的问题。

二

理查兹（I. A. Richards）最近提出了一套基本上类似杜博斯和伽尔文·托马斯那样的"活力论"，但他的基础是对亚理士多德净化说一种新的解释。按照他的观点看来，艺术的主要功用是在一个有组织的经验中满足尽可能多的冲动。我们天然的冲动常常是互相对立的。在实际生活中，一般是靠排除的办法来组织我们的各种冲动。我们只注意一种兴趣，只从一个着眼点去看待事物，只满足一个系列的冲动；而在那一瞬间不使我们发生兴趣的事物的其他方面，以及不能立即满足我们的兴趣的其他冲动，都被抑制或压抑。但在艺术的经验中，我们不再遵循某个固定的方向，一切冲突都得到调和，各种冲动无论怎样互相对立，都被保持在平衡状态之中。理查兹在《文学批评原理》中写道："我们认为各对立冲动的平衡是最有价值的审美反应的基础，它比任何较确定的情感经验更能充分发挥我们的个性。"一般与审美观照相联系的"超然"一词，被赋予了新的意义。所谓超然，就是"不是通过一种兴趣的狭隘渠道，而是同时而且互相关联地通过许多渠道作出反应。"

这就是审美经验的基本性质，而据理查兹先生的意见，最能说明这一点的就是悲剧。他指出：

> 除了在悲剧里，还能在哪里去找"对立和不调和的性质"之平衡或和解的更明确的例证呢？怜悯，即想接近的冲动，和恐惧，即想退避的冲动，在悲剧中达到在别处绝不可能达到的调和，其他类似的不调和的各种冲动也和它们一样达到调和一致。怜悯和恐惧在一个规整

有序的反应中达到的结合，就是悲剧特有的净化作用。

他进一步指出，完全的悲剧经验中并没有压抑。精神并不会规避任何东西。

压抑和升华都是我们企图回避使我们感到困惑的问题时采用的办法。悲剧的本质就在于它迫使我们暂时地抛开压抑和升华。……处于悲剧经验中心的那种快乐并不是表明"世界终究会是合理的"，或"无论如何总会有正义公理"，而是表明在神经系统的感觉中，此时此刻一切都是合理的。……悲剧也许是一切经验中最普遍的、包容一切、调整一切的经验。

如果把这种理论理解为悲剧使我们能在一定时间内过更丰富、更有情感内容的生活，而且这种生活越是比现实丰富，它产生的快感也越强，那么我们对此并没有什么异议。但是，理查兹先生论证我们的对立冲动达到"平衡"时，把一切说得那么简单明了，却不能不令人怀疑。我们还觉得，黑格尔的幽灵似乎在一个意想不到的地方复活了。"对立和不调和的性质的和解"，真是说得满漂亮！理查兹先生对悲剧经验的描述好像并不符合一般观众的感受。在我们看来，即使最有本领的杂技演员也很难使想接近的冲动和想退避的冲动同时协调地起作用。如果把平衡状态的理论推到极端，那就意味着悲剧暂时抑制各种冲动，而不是给它们以表现和缓和的同等机会。理想的审美态度就会是一种犹豫不决态度，对立的冲动不是相互平衡，而是全都不起作用。此外，理查兹先生把人类心理机制过分简单化了。怜悯绝不仅止于接近的冲动，恐惧也绝不仅止于退避的冲动。由于悲剧的怜悯和恐惧是审美感情而非与现实有关的态度，所以这类冲动是其中最微不足道的成分。把怜悯和恐惧描述为"对立"和"不调和"的情绪，也是不可取的。这两种情绪固然不同，却在实际生活中也常常可以共存。你看见一位母亲照看生病的孩子，对她感到怜悯，同时也和她一起为可能发生不幸的事而感到恐惧。理查兹先生能说这就是一种典型的悲剧经验吗？

理查兹先生的《文学批评原理》（一九二四年）是在帕弗尔（Mtss Puffer）的《美的心理学》（一九○五年）发表多年之后出版的。遗憾的是，理查兹先生没有注意到在自己之前发表的这本书，而在那本书里，帕弗尔提出了一种与他的理论很相近的理论，却回避了对立冲动同时起作用这个难于说清的问题。帕弗尔谈论的不是"冲动的平衡"，而是"情绪的平衡"。剧院里的观众和现实世界中的人不同，他"完全没有可能对剧中事件发生影响"，他也"无法采取一种态度"；"因为他不可能有所动作，在他身上，甚至构成情绪基础的那些行动的开端也被抑制了。"但是，他却本能地模仿着舞台上的行动。"他所模仿的那种表现在他内心唤起属于那种表现所有的全部思想和情调的复合。"但是，在我们身上，和这些思想和情调相关的机体反应不是也被激起来了吗？作为闵斯特堡的学生，帕弗尔十分强调筋肉感觉的作用。我们记得，闵斯特堡认为在审美观照中，对象是"孤立"的，不要求有所行动，所以同情模仿的结果是产生冲动，但这些冲动并不变为身体的活动。这些被激发起来但未得到发泄的冲动，使人感到紧张和一种努力感。帕弗尔把这个观点应用于戏剧的欣赏。剧中人物常常互相冲突，如奥瑟罗步步威迫，苔丝狄蒙娜步步退缩。看戏的人不可能同时威迫又退缩，这两种对立的冲动于是互相中和抵消，"冲动的互相阻碍导致一种平衡、一种紧张状态、既冲突又相关连"。像一般审美经验一样，悲剧的经验是"一种兴奋或强化的生命与恬静的统一，是生命力的增强而又没有伴随产生任何运动趋势"。因此，戏剧的要素"不是行动，而是紧张"，也只有紧张可以解释看悲剧时情绪的激动或振奋。

帕弗尔小姐没有提到立普斯，但移情说对她观点的影响是显而易见的。立普斯也有自己的一套以一般移情说为基础的悲剧理论。他也认为活动感是一般审美快感的来源，尤其是悲剧快感的来源。立普斯在谈到一般审美快感时说：

> 很明显，我可以感到自己的努力或意志活动，使自己奋发，而在这奋发努力的过程中，我感到自己遇到困难、克服困难或屈服于困难，我感到自己达到目的，满足了自己的意愿和要求，我感到自己的努力成功了。总之，我感觉到各种各样的活动。在这当中，我会感到自己强壮、轻松、有信心、精力充沛，或许颇为自豪等等。这一类的自我感觉永远是审美满足的基础。

他把这种理论应用于悲剧时指出:"使我快乐的并不是浮士德的绝望,而是我对这种绝望的问情。"对立普斯说来,"同情"就是审美地模仿或参加和分享主人公的活动和情绪。我们在同情主人公时,就超出我们自己的自我。这种"逃出自我"由于伴随着产生自我的扩展,活动范围的扩大,以及一种积极努力的活动感,所以总有快感包含其中。

在悲剧欣赏中,移情无可否认是一个重要因素。我们的确常常感到立普斯和帕弗尔描述的那种紧张或努力感。然而移情说并不能说明一团。首先,正如缪勒·弗莱因斐尔斯指出的(见第四章),移情只在一定类型,即所谓"分享者"类型的观众身上发生,而"旁观者"类型几乎完全不会进行同情模仿。后面这类观众随时都清楚地意识到自己是在剧院里,舞台上的一切行动和情绪都是装出来的。不过他们仍然能以自己冷静的方式欣赏一部好的悲剧。因此,同情模仿中的努力感不能说就是悲剧快感的主要来源。其次,移情说意味着悲剧经验中的情绪就是从剧中人物那里同情模仿来的情绪。但我们在前一章已经证明,戏剧场面在观众心中激起的某些情绪,剧中人物自己不一定能感到。我们依亚理士多德把这些情绪认定为怜悯和恐惧。帕弗尔小姐把"冲突的紧张"说成是"真正净化作用的缓和"。她没有注意到净化主要是对怜悯和恐惧这两种情绪而言,不是悲剧中表现的情绪如爱、恨、忌妒、野心等等。她在讨论悲剧情感时,一直企图驳斥亚理士多德的净化说,但却始终不提怜悯和恐惧,所以她在回避主要的问题。

三

在这里,另一种具省活力论倾向的意见也值得一提。生命能量不仅释放在情绪里,也可以释放在智力活动里。悲剧的快感也许并不主要是由于怜悯和恐惧玄妙的净化,而是由于我们好奇心的满足——我们希望更多了解人生经验的好奇心。这种想法也可以在亚理士多德那里找出根源。他曾说:

每个人都天然地从模仿出来的东西得到快感。这一点可以从这样一种经验事实得到证明：事物本身原来使我们看到就起痛感的，在经过忠实描绘之后，在艺术作品中却可以使我们看到就起快感，例如最讨人嫌的动物和死尸的形象，原因就在于学习能使人得到最大的快感……。因此，人们看到逼肖原物的形象而感到欣喜，就由于在看的时候，他们同时也在学习，在领会事物的意义，例如指着所描写的人说："那就是某某人。"

鲁卡斯（F. L. Lucas）在他的近著《论悲剧》一书中，特别强调悲剧快感在智力方面的根源，尽管他没有说明受亚里士多德影响。他写道："好奇心——儿童身上最突出、老年人身上最微弱的智力情感——正是史诗、小说以及悲剧的终极根基。"人类总是渴求更多的生活经验。日常的现实世界太狭小，不够我们去探险猎奇。我们的生命也太平淡，太短促，范围太有限。悲剧则能补人生的不足。"'把生命叠累起来尤嫌太少'，但至少有这想象的世界来弥补现实世界。"鲁卡斯先生最后下了一个定义："因此，悲剧表现人类的苦难，但由于它表现苦难的真实和传达这种表现的高度技巧，却使我们产生快感。"

悲剧快感中的智力因素也许太明显了，大多数论者都没有论及。应当感谢鲁卡斯先生提醒我们注意到它的重要性。在现代的聪明观众身上，大概好奇心在起着越来越大的作用，他们买票看有名的戏剧往往不仅为了感情激动的乐趣，而且是为了上一堂戏剧文学的"论证"课。他们仔细注意情节的发展，分析人物的刻画，品评辞句和诗韵，考究布景效果是否符合全剧总的气氛，比较演员演技的优劣，回想对某些段落的不同解释，揣测作者是否要在剧中说明什么道理，简言之，他们在作各种可能把情绪彻底驱除的智力的考虑。当然，过分耽于这种批评态度往往会破坏悲剧的效果。但在大多数观众头脑里，这种批评态度多多少少总是存在的。就是那些头脑比较单纯的观众，也常常因为复杂情节的悬念看得入迷，屏息期待着进一步的发展。也许对于弗莱因斐尔斯所谓"旁观者"类型的观众，悲剧快感主要是智能方面的。当激情的游涡把比较单纯而且容易动情的"分享者"型观众卷走时，他们仍能处之泰然，无动于衷。狄德罗关于演员自我控制的话，也可以适用于他们。眼泪和叹息在他们不仅是激发同情的东西，也是美的形象和艺术的象征品。他们可以把悲剧看成一个有机整体，并注意各部分之间的内在关系。哪怕发音上有一点不稳定，对一个字一句话的解释稍有出入，剧中人偶然一句话微微显露出作者的思想，都逃不过他们的注意。他们喜爱悲剧是爱它那非凡的美和深刻的真实性。谁也不能说，这类更超脱的观众在艺术鉴赏方面不如另一类型的观众。因此，在全面考虑悲剧经验时，就绝不能忽略智力功能的满足。

但是，像移情说一样，好奇心的理论也倾向于只看见一类观众，而忽视另一类。这种理论有道理，但并不完善，不能说明全部问题。纯智力的态度毕竟不是一般大众的态度。大多数观众去看《哈姆雷特》时，并不是满脑子装着亚理士多德《诗学》、柯勒律治论莎士比亚的演讲以及关于诗律和戏剧规则的各种概念。他们主要是为了体验情感的激动去看戏。他们在一两个小时之内过一种情绪激烈的生活，然后心满意足地离开剧场。在讨论悲剧的理论时、也不能不考虑到他们。也许一个理想的观众应结合"分享者"和"旁观者"两种类型的特性，既不要把自己和剧中人物完全等同起来，以致忘记自己，不能把剧作当艺术品看待，也不要过分耽于超然的批评态度，以致不能感到怜悯和恐惧，也不能对剧中表现的情感有第一手的直觉认识。他应当既从智能方面，也从情感上去欣赏一部好的悲剧。纯"分享者"型和纯"旁观者"型的观众都是极少数，大多数人都以不同距离处在这两个极端之间。因此，移情说和好奇说并不互相对立、倒是互为补充的。

四

我们刚才讨论过的各派活力论的悲剧理沦，都有一个共同的严重缺点。各派论者关于精神寄托、纯粹的能量释放、冲动或情绪的平衡、移情和好奇等等的论述，不仅适用于一切审美经验，而且同样适用于像普通的注意或知觉这类非审美性活动。它们都没有说明悲剧快感不同于其他各类活动产生的快感的特殊性。例如，你在观看雅典万神庙或一只希腊古瓶时，艺术品那种平衡匀称美会深深打动你，使你的筋肉反应中也产生一种平衡匀称。你会觉得自己左右两边有同等程度的紧张。这就是理查兹先生所说的"冲动的平衡"。甚至在像观赏古瓶这样简单的审美经验中，正如浮龙·李（Vernon Lee）和汤姆生（Thomson）在《美与丑》一书中所指出的，也有移情活动和努力感。理查兹先生承认，冲动的平衡状态并不是悲剧特有的，"一块地毯、一只陶罐或一个手势，也可以产生这种平衡"。但是，观赏一块地毯或一只花瓶无疑和观赏一出悲剧大不相同。讨论悲剧快感的人有责任找出其间的差别所在。

应当指出，悲剧不仅引起我们的快感，而且把我们提升到生命力的更高水平上，如叔本华所说，它把我们"推向振奋的高处"。在悲剧中，我们面对失败的惨象，却有胜利的感觉。那失败也是艰苦卓绝的斗争后的失败，而不是怯懦者的屈服投降。严格说来，叔本华说"只有表现巨大的痛苦才是悲剧"，并不符合实际情形。并不是一切大痛苦都能唤起我们的悲剧感受。地震和沉船并不能使遇难者成为悲剧人物。在《麦克白》这部悲剧中，邓肯和麦克白都是巨大痛苦的受害者，邓肯是无辜受害，所以受害比麦克白更甚。班柯也是如此。但是，邓肯和班柯都并不能因此而成为比麦克白更具悲剧性的人物。同样，拉辛悲剧中的布里塔尼居斯很难归入拉辛塑造的俄瑞斯忒斯或密特里达那样一类悲剧人物。这些例子都说明，一部伟大的悲剧不仅需要表现巨大的痛苦。还需要什么呢？斯马特先生很好地回答了这个问题。他说：

> 如果苦难落在一个生性懦弱的人头上，他逆来顺受地接受了苦难，那就不是真正的悲剧。只有当他表现出坚毅和斗争的时候，才有真正的悲剧，哪怕表现出的仅仅是片刻的活力、激情和灵感，使他能超越平时的自己。悲剧全在于对灾难的反抗。陷入命运罗网中的悲剧人物奋力挣扎，拼命想冲破越来越紧的罗网的包围而逃奔，即使他的努力不能成功，但在心中却总有一种反抗。

因此，对悲剧说来紧要的不仅是巨大的痛苦，而且是对待痛苦的方式。没有对灾难的反抗，也就没有悲剧。引起我们快感的不是灾难，而是反抗。我们每一个人心中都有一颗神性的火花，它不允许我们自甘失败，却激励我们热爱冒险。加里波第（Garibaldi）在向意大利军队发表的著名演说中，并没有许诺给他们光辉的胜利和无数的战利品，反而说："让那些愿意继续为反抗异族侵略者而战的人跟我来吧。我能够给他们的不是钱，不是住宅，也不是粮食。我给的只是饥渴，是急行军，是战斗和死亡！"他是一位精明的心理学家，他的话能够打动人心。在悲剧中，我们看见的正是加里波第给战士们那种战斗和死亡，参战者不是和别人战斗的人，而是和神的力量战斗的人。的确，在那种战斗中，人处于劣势，总是失败。但那又有什么关系？利奥尼达（Leonidas）和他率领的斯巴达军队并未能阻止波斯人穿过德摩比利关口，但他们的英勇牺牲并不因此而减少人们深切的敬意。他们的身体的力量失败了，但他们的精神力量却获得了胜利。在一切伟大悲剧的斗争中，肉体的失败往往在精神的胜利中获得加倍的补偿。尼柯尔教授说："死亡本身已经无足轻重。……悲剧认定死亡是不可避免的，死亡什么时候来临并不重要，重要的是人在死亡面前做些什么。"我们可以说，悲剧在哀悼肉体失败的同时，庆祝精神的胜利。我们所说"精神胜利"，并不是指象正义之类道德目的的胜利，而是我们在《报仇神》、《俄狄浦斯在科罗诺斯》、《奥瑟罗》以及其他悲剧杰作结尾时感到那种勇敢、坚毅、高尚和宏伟气魄的显露。人非到遭逢大悲痛和大灾难的时刻，不会显露自己的内心深处，而一旦到了那种时刻，他心灵的伟大就随痛苦而增长，他会变得比平常伟大得多。假设苏格拉底和耶稣·基督是另一种样子死去，他们对人的心灵还能有那么大的魅力吗？在悲剧中，我们亲眼看见特殊品格的人物经历揭示内心的最后时刻。他们的形象随苦难而增长，我们也随他们一起增长。看见他们是那么伟大崇高，我们自己也感觉到伟大崇高。正因为这个原因，悲剧才总是有一种英雄的壮丽色彩，在我们的情感反应中，也才总是有惊奇和赞美的成分。布拉德雷教授描绘的"和解的感觉"（见第七章），正是我们看见悲剧英雄以那么伟大崇高的精神面对大灾难而产生的赞美之情。因此，伟大的悲剧在无意之间，就产生出合于道德的影响。雪莱在《为诗辩护》中写道："最高等的戏剧作品里很少教给人苛责和仇恨，它教人认识自己，尊重自己。"它能做到这一点，正是因为我们在悲剧人物身上，瞥见了自己的内心深处。

我们在第五章里已经说明，悲剧感与崇高感是互相关连的。在这两种情形里，我们都会在暂时的抑制之后，感到一阵突发的自我的扩展。悲剧的和崇高的事物先压制我们，使我们深感自己渺小无力，甚至觉得自己卑微不足道，但它立即又鼓舞我们，让我们分享到它的伟大，使我们感到振奋和高尚。正像歌德在《浮士德》中所说：

> 在那幸福的时刻，
> 我感到自己渺小而又伟大。

这话正可以表现悲剧宿命的两面观。一方面，我们在命运的摆布下深切感到人是柔弱而微不足道的。无论悲剧人物是怎样善良、怎样幸运的一个人，他都被一种既不可理解也无法抗拒的力量，莫名其妙地推向毁灭。另一方面，我们在人对命运的斗争中又体验到蓬勃的生命力，感觉到人的伟大和崇高。这两者的矛盾只是表面的。施莱格尔说得好，"人性中的精神力量只有在困苦和斗争中，才充分证明自己的存在。"正如人的伟大只有在艰难困苦中才显露出来一样，只有与命运观念相联结才会产生悲剧；但纯粹的宿命论并不能产生悲剧，悲剧的宿命绝不能消除我们的人类尊严感。命运可以摧毁伟大崇高的人，但却无法摧毁人的伟大崇高。悲剧的悲观论和乐观论也有这样的两面。任何伟大的悲剧都不能不在一定程度上是悲观的，因为它表现恶的最可怕的方面，而且并不总是让善和正义获得全胜；但是，任何伟大的悲剧归根结蒂又必然是乐观的，因为它的本质是表现壮丽的英雄品格，它激发我们的生命力感和努力向上的意识。悲剧总是充满了矛盾，使人觉得它难以把握。理论家们常常满足于抓住悲剧的某一方面作出概括论述，而且自信这种论述适用于全部悲剧。有人在悲剧中只见出悲观论，又有人只见出乐观论；有人视命运为悲剧的根基，又有人完全否认悲剧与命运有任何关系。他们都正确又都不正确——正确是说他们都抓住了真理的一个方面，不正确是说他们都忽略了真理的另一个方面。完善的悲剧理论必须包罗互相矛盾的各个方面情形——命运感和人类尊严感、悲观论和乐观论，所有这些都不应当忽略不计。

（节选自《悲剧心理学》，人民文学出版社 1983 年版。）

精彩一句：

命运可以摧毁伟大崇高的人，但却无法摧毁人的伟大崇高。悲剧的悲观论和乐观论也有这样的两面。

肖泳品鉴：

本文一改朱光潜以往的儒雅文风，迸发出激情的华美光彩。

人们为什么爱悲剧？悲剧的快感源于什么？杜波神父的"寄托说"提供了最基本的解释：人们不喜欢无所事事，灵魂和肉体都希望有所寄托。悲剧提供了精神的寄托。不排除很多人没事做的时候会整天沉溺在悲剧里寄托精神。但是，同样不排除的是，不少人忙得不可开交，精神已有所寄托，也很乐意找个闲暇读悲剧或观看悲剧。另有一种解释是生理刺激说。悲剧中的死亡和悲惨情节极大刺激了人的感官，带来一种"纯粹的能量的释放"，让人产生快感。

朱光潜在这篇里并不认同理查兹的冲动平衡说，而在谈艺术的无所为而为的特点时，他是赞同的。悲剧的快感来自于智力的快感，这是人天性中的好奇心使然，对这一点朱光潜也没有疑义，只是不满足于此。朱光潜认为，悲剧与崇高相关联，悲剧快感之源在人的生命力感。只有当人遭受极大痛苦，面对死亡和毁灭时，人内在具有的伟大和崇高的神性才会显露出来，这便是对痛苦的反抗。反抗是生命力的迸发，是向上的努力，永不放弃的英雄品格，尽管很多时候并不是正义必然战胜邪恶，善的英雄有时会在恶的摧残下遭受毁灭。但是，反抗之中神性的生命力感，人的伟大尊严感，如灿烂璀璨的火花，给人以乐观的希望，这才是悲剧的快感之源。总而言之，如果抛开人的生命体验，关于悲剧快感的各种解释，在朱光潜看来都是不充分的。

悲剧与人生的距离

　　莎士比亚说得好：世界只是一座舞台，生命只是一个可怜的戏角。但从另一意义说，这种比拟却有不精当处。世界尽管是舞台，舞台却不能是世界。倘若堕楼的是你自己的绿珠，无辜受祸的是你自己的伊菲革涅亚，你会心寒胆裂。但是她们站在舞台时，你却袖手旁观，眉飞色舞。纵然你也偶一洒同情之泪，骨子里你却觉得开心。有些哲学家说这是人类恶根性的暴露，把"幸灾乐祸"的大罪名加在你的头亡。这自然是冤枉，其实你和剧中人物有何仇何恨？

　　看戏和做人究竟有些不同。杀曹操泄义愤，或是替罗米欧与朱丽叶传情书，就做人说，自是一种功德；就看戏说，似未免近于傻瓜。

　　悲剧是一回事，可怕的凶灾险恶又另是一回事。悲剧中有人生，人生中不必有悲剧。我们的世界中有的是凶灾险恶，但是说这种凶灾险恶是悲剧，只是在修词用比譬。悲剧所描写的固然也不外凶灾险恶，但是悲剧的凶灾险恶是在艺术锅炉中蒸馏过来的。

　　像一切艺术一样，戏剧要有几分近情理，也要有几分不近情理。它要有几分近情理，否则它和人生没有接触点，兴味索然；它也要有几分不近情理，否则你会把舞台真正看成世界，看《奥瑟罗》回想到你自己的妻子，或者老实递消息给司马懿，说诸葛亮是在演空城计！

"软玉温香抱满怀，春至人间花弄色，露滴牡丹开"，淫词也，而读者在兴酣采烈之际忘其为淫，正因在实际人生中谈男女间事，话不会说得那样漂亮。俄狄浦斯弑父娶母，奥瑟罗信谗杀妻，悲剧也，而读者在兴酣采烈之际亦忘其为悲，正因在实际人生中天公并未曾濡染大笔，把痛心事描绘成那样惊心动魄的图画。

悲剧和人生之中自有一种不可跨越的距离，你走进舞台，你便须暂时丢开世界。

悲剧都有些古色古香。希腊悲剧流传于人间的几十部之中只有《波斯人》一部是写当时史实，其余都是写人和神还没有分家时的老故事老传说。莎士比亚并不醉心古典，在这一点他却近于守旧。他的悲剧事迹也大半是代远年淹的。十七世纪法国悲剧也是如此。拉辛在《巴雅泽》（bajazet）序文里说，"说老实话，如果剧情在哪一国发生，剧本就在哪一国表演，我不劝作家拿这样近代的事迹做悲剧"。他自己用近代的"巴雅泽"事迹，因为它发生在土耳其，"国度的辽远可以稍稍补救时间的邻近"。莎士比亚也很明白这个道理。《奥瑟罗》的事迹比较晚。他于是把它的场合摆在意大利，用一个来历不明的黑面将军做主角。这是以空间的远救时间的近。他回到本乡本土搜材料时，他心焉向往的是李尔王、麦克白一些传说上的人物。这是以时间的远救空间的近。你如果不相信这个道理，让孔明脱去他的八卦衣，丢开他的羽扇，穿西装吸雪茄烟登场！

悲剧和平凡是不相容的，而在实际上不平凡就失人生世相的真面目。所谓"主角"同时都有几分"英雄气"。普罗米修斯、哈姆雷特乃至于无恶不作的埃及皇后克莉奥佩特拉都不是你我们凡人所能望其项背的。你我们凡人没有他们的伟大魄力，却也没有他们那副傻劲儿。许多悲剧情境移到我们日常世界中来，都会被妥协酿成一个平凡收场，不至引起轩然大波。如果你我是俄狄浦斯，要逃弑父娶母的预言，索性不杀人，独身到老，便什么祸事也没有。如果你我是哈姆雷特，逞义气，就痛痛快快把仇人杀死，不逞义气，便低首下心称他做父亲，多么干脆！悲剧的产生就由于不平常人睁着大眼睛向我们平常人所易避免的灾祸里闯。悲剧的世界和我们是隔着一层的。

这种另一世界的感觉往往因神秘色彩而更加浓厚。悲剧压根儿就是一个不可解的谜语，如果能拿理性去解释它的来因去果，便失其为悲剧了。善有善报，恶有恶报，是人类的普遍希望，而事实往往不如人所期望，不能尤人，于是怨天，说一切都是命运。悲剧是不虔敬的，它隐约指示冥冥之中有一个捣乱鬼，但是这个捣乱鬼的面目究竟如何，它却不让我们知道，本来他也无法让我们知道。看悲剧要带几分童心，要带几分原始人的观世法。狼在街上走，枭在白天里叫，人在空中飞，父杀子，女驱父，普洛斯彼罗呼风唤雨，这些光怪陆离的幻相，如果拿读《太上感应篇》或是计较油盐柴米的心理去摸索，便失其为神奇了。

艺术往往在不自然中寓自然。一部《红楼梦》所写的完全是儿女情，作者都要把它摆在"金玉缘"一个神秘的轮廓里。一部《水浒》所写的完全是侠盗生活，作者却要把它的根源埋到"伏魔之洞"。戏剧在人情物理上笼上一层神秘障，也是惯技。梅特林克的《普莱雅斯和梅丽桑德》写叔嫂的爱，本是一部人间性极重的悲剧，作者却把场合的空气渲染得阴森冷寂如地窖，把剧中人的举止言笑描写得如僵尸活鬼，使观者察觉不到它的人间性。邓南遮的《死城》也是如此。别说什么自然主义或是写实主义，易卜生所写的在房子里养野鸭来打的老头儿，是我们这个世界里的人物么？

像一切艺术一样，戏剧和人生之中本来要有一种距离，所以免不了几分形式化，免不了几分不自然。人事里哪里有恰好分成五幕的？谁说情话像张君瑞出口成章？谁打仗只用几十个人马？谁像奥尼尔在《奇妙的插曲》里所写的角色当着大众说心中隐事？以此例推，古希腊和中国旧戏的角色戴面具，穿高跟鞋，拉着嗓子唱，以及许多其他不近情理的玩艺儿都未尝没有几分情理在里面。它们至少可以在舞台和世界之中辟出一个应有的距离。

悲剧把生活的苦恼和死的幻灭通过放大镜，射到某种距离以外去看。苦闷的呼号变成庄严灿烂的意象，霎时间使人脱开现实的重压而游魂于幻境，这就是尼采所说的"从形相得解脱"（redemption through appearance）。

（选自《我与文学及其他》，开明书店1943年版。）

精彩一句：

像一切艺术一样，戏剧要有几分近情理，也要有几分不近情理。它要有几分近情理，否则它和人生没有接触点，兴味索然；它也要有几分不近情理，否则你会把舞台真正看成世界。

肖泳品鉴：

这一篇仍从艺术与现实人生的"距离"来谈艺术的特殊性。该怎样区别舞台上的悲剧和现实生活中的悲剧？因为两者的相通性，移情作用之下，的确有观众分不清台上台下，跨过舞台的距离而把台上角色当成现实中的人物的情况，"杀曹操泄义愤"这样的观众时时都有。艺术近情理的地方，是指艺术与生活是相通的，某些内在情理甚至是一致的。丈夫的嫉妒和多疑、情人之间的相爱，这既是戏剧中的故事，也是现实中的人生。当奥瑟罗，或者罗密欧与朱丽叶在舞台上演出他们的人生时，台下观众都抱以深切的同情，台上与台下正是在某一情理的共识基础上达成了默契。然而，是否像奥瑟罗这样的丈夫必定会杀了妻子酿成一出悲剧？这种结局在艺术上可以如此给出，现实生活却不尽然。一个事件在现实生活中的收场有时比艺术更多样、更精彩，有时则更平庸。此外，艺术中的故事有结束的那一天，而现实生活中的事件总是此起彼伏、绵延无期，不到生命的终点不会结束。

艺术中的故事，把它安排成悲剧还是喜剧？是奥瑟罗式的，还是罗密欧式的？这是艺术家可以主宰的。艺术家可以赋予一个故事悲剧性、魔幻性，或者荒谬性，他可以决定怎么开始、何时结尾，一个人物死于青年时期或是刚出生就夭折，等等。换句话说，艺术的人为性和虚构性，划开了它与现实生活的距离，如果说生活是自然的，那么艺术所做的就是用不自然的形式表现自然的生活。朱先生说，悲剧把生活的苦恼和死的幻灭通过放大镜，射到某种距离以外去看。苦闷的呼号变成庄严灿烂的意象，霎时间使人脱开现实的重压而游逸于幻境。

诗的境界
——情趣与意象

　　像一般艺术一样，诗是人生世相的返照。人生世相本来是混整的，常住永在而又变动不居的。诗并不能把这漠无边际的混整体抄袭过来，或是像柏拉图所说的"模仿"过来。诗对于人生世相必有取舍，有剪裁，有取舍剪裁就必有创造，必有作者的性格和情趣的浸润渗透。诗必有所本，本于自然；亦必有所创，创为艺术。自然与艺术媾合，结果乃在实际的人生世相之上，另建立一个宇宙，正犹如织丝缕为绵绣，凿顽石为雕刻，非全是空中楼阁，亦非全是依样画葫芦。诗与实际的人生世相之关系，妙处惟在不即不离。惟其"不离"，所以有真实感；惟其"不即"，所以新鲜有趣。"超以象外，得其圜中"，二者缺一不可，像司空图所见到的。

　　每首诗都自成一种境界。无论是作者或是读者，在心领神会一首好诗时，都必有一幅画境或是一幕戏景，很新鲜生动地突现于眼前，使他神魂为之钩摄，若惊若喜，霎时无暇旁顾，仿佛这小天地中有独立自足之乐，此外偌大乾坤宇宙，以及个人生活中一切憎爱悲喜，都像在这霎时间烟消云散去了。纯粹的诗的心境是凝神注视，纯粹的诗的心所观境是孤立绝缘。心与其所观境如鱼戏水，忻合无间。姑任举二短诗为例：

> 君家何处住，妾住在横塘。停船暂借问，或恐是同乡。
>
> ——崔颢《长干行》

> 空山不见人，但闻人语响。返景入深林，复照青苔上。
>
> ——王维《鹿柴》

这两首诗都俨然是戏景，是画境。它们都是从混整的悠久而流动的人生世相中摄取来的一刹那，一片段。本是一刹那，艺术灌注了生命给它，它便成为终古，诗人在一刹那中所心领神会的，便获得一种超时间性的生命，使天下后世人能不断地去心领神会。本是一片段，艺术予以完整的形象，它便成为一种独立自足的小天地，超出空间性而同时在无数心领神会者的心中显现形象。囿于时空的现象（即实际的人生世相）本皆一纵即逝，于理不可复现，像古希腊哲人所说的："濯足急流，抽足再入，已非前水。"它是有限的，常变的，转瞬即化为陈腐的。诗的境界是理想境界，是从时间与空间中执着一微点而加以永恒化与普遍化。它可以在无数心灵中继续复现，虽复现而却不落于陈腐，因为它能够在每个欣赏者的当时当境的特殊性格与情趣中吸取新鲜生命。诗的境界在刹那中见终古，在微尘中显大千，在有限中寓无限。

从前诗话家常拈出一两个字来称呼诗的这种独立自足的小天地。严沧浪所说的"兴趣"，王渔洋所说的"神韵"，袁简斋所说的"性灵"，都只能得其片面。王静安标举"境界"二字，似较概括，这里就采用它。

一　诗与直觉

无论是欣赏或是创造，都必须见到一种诗的境界。这里"见"字最紧要。

凡所见皆成境界，但不必全是诗的境界。一种境界是否能成为诗的境界，全靠"见"的作用如何。要产生诗的境界，"见"必须具备两个重要条件。

第一，诗的"见"必为"直觉"（intuition）。有"见"即有"觉"，觉可为"直觉"，亦可为"知觉"（perception）。直觉得对于个别事物的知（knowledge of individual things），"知觉"得对于诸事物中关系的知（knowledge of the relations between things），亦称"名理的知"（参看克罗齐《美学》第一章）。例如看见一株梅花，你觉得"这是梅花"，"它是冬天开花的木本植物"，"它的花香，可以摘来插瓶或送人"，等等，你所觉到的是梅花与其他事物的关系，这就是它的"意义"。意义都从关系见出，了解意义的知都是"名理的知"，都可用"A 为 B"公式表出，认识 A 为 B，便是知觉 A，便是把所觉对象 A 归纳到一个概念 B 里去。就名理的知而言，A 自身无意义，必须与 B、C 等生关系，才有意义，我们的注意不能在 A 本身停住，必须把 A 当作一块踏脚石，跳到与 A 有关系的事物 B、C 等等上去。但是所觉对象除开它的意义之外，尚有它本身形象。在凝神注视梅花时，你可以把全副精神专注在它本身形象，如像注视一幅梅花画似的，无暇思索它的意义或是它与其他事物的关系。这时你仍有所觉，就是梅花本身形象（form）在你心中所现的"意象"（image）。这种"觉"就是克罗齐所说的"直觉"。

诗的境界是用"直觉"见出来的，它是"直觉的知"的内容而不是"名理的知"的内容。比如说读上面所引的崔颢《长干行》，你必须有一顷刻中把它所写的情境看成一幅新鲜的图画，或是一幕生动的戏剧，让它笼罩住你的意识全部，使你聚精会神地观赏它，玩味它，以至于把它以外的一切事物都暂时忘去。在这一顷刻中你不能同时起"它是一首唐人五绝"、"它用平声韵"、"横塘是某处地名"、"我自己曾经被一位不相识的人认为同乡"之类的联想。这些联想一发生，你立刻就从诗的境界迁到名理世界和实际世界了。

这番话并非否认思考和联想对于诗的重要。作诗和读诗，都必用思考，都必起联想，甚至于思考愈周密，诗的境界愈深刻；联想愈丰富，诗的境界愈美备。但是在用思考起联想时，你的心思在旁驰博骛，决不能同时直觉到完整的诗的境界。思想与联想只是一种酝酿工作。直觉的知常进为名理的知，名理的知亦可酿成直觉的知，但决不能同时进行，因为心本无二用，而直觉的特色尤在凝神注视。读一首诗和作一首诗都常须经过艰苦思索，思索之后，一旦豁然贯通，全诗的境界于是像灵光一现似地突然现在眼前，使人心旷神怡，忘怀一切，这种现象通常人称为"灵感"。诗的境界的突现都起于灵感。灵感亦并无若何神秘，它就是直觉，就是"想象"（imagination，原谓意象的形成），也就是禅家所谓"悟"。

一个境界如果不能在直觉中成为一个独立自足的意象，那就还没有完整的形象，就还不成为诗的境界。一首诗如果不能令人当作一个独立自足的意象看，那还有芜杂凑塞或空虚的毛病，不能算是好诗。古典派学者向来主张艺术须有"整一"（unity），实在有一个深理在里面，就是要使在读者心中能成为一种完整的独立自足的境界。

二　意象与情趣的契合

要产生诗的境界，"见"所须具的第二个条件是所见意象必恰能表现一种情趣，"见"为"见者"的主动，不纯粹是被动的接收。所见对象本为生糙零乱的材料，经"见"才具有它的特殊形象，所以"见"都含有创造性。比如天上的北斗星本为七个错乱的光点，和它们邻近星都是一样，但是现于见者心中的则为象斗的一个完整的形象。这形象是"见"的活动所赐予那七颗乱点的。仔细分析，凡所见物的形象都有几分是"见"所创造的。凡"见"都带有创造性，"见"为直觉时尤其是如此。凝神观照之际，心中只有一个完整的孤立的意象，无比较，无分析，无旁涉，结果常致物我由两忘而同一，我的情趣与物的意态遂往复交流，不知不觉之中人情与物理互相渗透。比如注视一座高山，我们仿佛觉得它从平地耸立起，挺着一个雄伟峭拔的身躯，在那里很镇静地庄严地俯视一切。同时，我们也不知不觉地肃然起敬，竖起头脑，挺起腰杆，仿佛在模仿山的那副雄伟峭拔的神气。前一种现象是以人情衡物理，美学家称为"移情作用"（empathy），后一种现象是以物理移人情，美学家称为"内模仿作用"（inner imitation）（参看拙著《文艺心理学》第三、四章）。

移情作用是极端的凝神注视的结果，它是否发生以及发生时的深浅程度都随人随时随境而异。直觉有不发生移情作用的，下文当再论及。不过欣赏自然，即在自然中发现诗的境界时，移情作用往往是一个要素。"大地山河以及风云星斗原来都是死板的东西，我们往往觉得它们有情感，有生命，有动作，这都是移情作用的结果。比如云何尝能飞？泉何尝能跃？我们却常说云飞泉跃。山何尝能鸣？谷何尝能应？我们却常说山鸣谷应，诗文的妙处往往都从移情作用得来。例如'菊残犹有傲霜枝'句的'傲'，'云破月来花弄影'句的'来'和'弄'，'数峰清苦，商略黄昏雨'句的'清苦'和'商略'，'徘徊枝上月，空度可怜宵'句的'徘徊'、'空度'和'可怜'，'相看两不厌，惟有敬亭山'句的'相看'和'不厌'，都是原文的精彩所在，也都是移情作用的实例。"（《文艺心理学》第三章）

从移情作用我们可以看出内在的情趣常和外来的意象相融合而互相影响。比如欣赏自然风景，就一方面说，心情随风景千变万化，睹鱼跃鸢飞而欣然自得，闻胡笳暮角则黯然神伤；就另一方面说，风景也随心情而变化生长，心情千变万化，风景也随之千变万化，惜别时蜡烛似乎垂泪，兴到时青山亦觉点头。这两种貌似相反而实相同的现象就是从前人所说的"即景生情，因情生景"。情景相生而且相契合无间，情恰能称景，景也恰能传情，这便是诗的境界。每个诗的境界都必有"情趣"（feeling）和"意象"（image）两个要素。"情趣"简称"情"，"意象"即是"景"。吾人时时在情趣里过活，却很少能将情趣化为诗，因为情趣是可比喻而不可直接描绘的实感，如果不附丽到具体的意象上去，就根本没有可见的形象。我们抬头一看，或是闭目一想，无数的意象就纷至沓来，其中也只有极少数的偶尔成为诗的意象，因为纷至沓来的意象零乱破碎，不成章法，不具生命，必须有情趣来融化它们，贯注它们，才内有生命，外有完整形象。克罗齐在《美学》里把这个道理说得很清楚：

> 艺术把一种情趣寄托在一个意象里，情趣离意象，或是意象离情趣，都不能独立。史诗和抒情诗的分别，戏剧和抒情诗的分别，都是繁琐派学者强为之说，分其所不可分。凡是艺术都是抒情的，都是情感的史诗或剧诗。

这就是说，抒情诗虽以主观的情趣为主，亦不能离意象；史诗和戏剧虽以客观的事迹所生的意象为主，亦不能离情趣。

诗的境界是情景的契合。宇宙中事事物物常在变动生展中，无绝对相同的情趣，亦无绝对相同的景象。情景相生，所以诗的境界是由创造来的，生生不息的。以"景"为天生自在，俯拾即得，对于人人都是一成不变的，这是常识的错误。阿米儿（Amiel）说得好："一片自然风景就是一种心情。"景是各人性格和情趣的返照。情趣不同则景象虽似同而实不同。比如陶潜在"悠然见南山"时，杜甫在见到"造化钟神秀，阴阳割昏晓"时，李白在觉得"相看两不厌，惟有敬亭山"时，辛弃疾在想到"我见青山多妩媚，料青山见我应如是"时，姜夔在见到"数峰清苦，商略黄昏雨"时，都见到山的美。在表面上意象（景）虽似都是山，在实际上却因所贯注的情趣不同，各是一种境界。我们可以说，每人所见到的世界都是他自己所创造的。物的意蕴深浅与人的性分情趣深浅成正比例，深人所见于物者亦深，浅人所见于物者亦浅。诗人与常人的分别就在此。同是一个世界，对于诗人常呈现新鲜有趣的境界，对于常人则永远是那么一个平凡乏味的混乱体。

这个道理也可以适用于诗的欣赏。就见到情景契合境界来说，欣赏与创造并无分别。比如说姜夔的"数峰清苦，商略黄昏雨"一句词含有一个情景契合的境界，他在写这句词时，须先从自然中见到这种意境，感到这种情趣，然后拿这九个字把它传达出来。在见到那种境界时，他必觉得它有趣，在创造也是在欣赏。这九个字本不能算是诗，只是一种符号。如果我不认识这九个字，这句词对于我便无意义，就失其诗的功效。如果它对于我能产生诗的功效，我必须能从这九个字符号中，领略出姜夔原来所见到的境界。在读他的这句词而见到他所见到的境界时，我必须使用心灵综合作用，在欣赏也是在创造。

因为有创造作用，我所见到的意象和所感到的情趣和姜夔所见到和感到的便不能绝对相同，也不能和任何其他读者所见到和感到的绝对相同。每人所能领略到的境界都是性格、情趣和经验的返照，而性格、情趣和经验是彼此不同的，所以无论是欣赏自然风景或是读诗，各人在对象（object）中取得（take）多少，就看他在自我（subject   ego）中能够付与（give）多少，无所付与便不能有所取得。不但如此，同是一首诗，你今天读它所得的和你明天读它所得的也不能完全相同，因为性格、情趣和经验是生生不息的。欣赏一首诗就是再造（recreate）一首诗；每次再造时，都要凭当时当境的整个的情趣和经验做基础，所以每时每境所再造的都必定是一首新鲜的诗。诗与其他艺术都各有物质的和精神的两方面。物质的方面如印成的诗集，它除着受天时和人力的损害以外，大体是固定的。精神的方面就是情景契合的意境，时时刻刻都在"创化"中。创造永不会是复演（repetition），欣赏也永不会是复演。真正的诗的境界是无限的，永远新鲜的。

三 关于诗的境界的几种分别

明白情趣和意象契合的关系，我们就可以讨论关于诗境的几种重要的分别了。

第一个分别就是王国维在《人间词话》里所提出的"隔"与"不隔"的分别，依他说：

> 陶谢之诗不隔，延年则稍隔矣；东坡之诗不隔，山谷则稍隔矣。"池塘生春草"，"空梁落燕泥"等二句妙处唯在不隔。词亦如是。即以一人一词论，如欧阳公《少年游》咏春草上半阕云："阑干十二独凭春，晴碧远连云，二月三月，千里万里，行色苦愁人"，语语都在目前，便是不隔；至云"谢家池上，江淹浦畔"，则隔矣。白石《翠楼吟》"此地宜有词仙，拥素云黄鹤，与君游戏。玉梯凝望久，叹芳草，萋萋千里"，便是不隔，至"酒祓清愁，花销英气"，则隔矣。

他不满意于姜白石，说他"格韵虽高，然如雾里看花，终隔一层"。在这些实例中，他只指出一个前人未曾道破的分别，却没有详细说明理由。依我们看，隔与不隔的分别就从情趣和意象的关系上面见出。情趣与意象恰相熨贴，使人见到意象，便感到情趣，便是不隔。意象模糊零乱或空洞，情趣浅薄或粗疏，不能在读者心中现出明了深刻的境界，便是隔。比如"谢家池上"是用"池塘生春草"的典，"江淹浦畔"是用《别赋》"春草碧色，春水绿波，送君南浦，伤如之何"的典。谢诗江赋原来都不隔，何以入欧词便隔呢？因为"池塘生春草"和"春草碧色"数句都是很具体的意象，都有很新颖的情趣。欧词因春草的联想，就把这些名句硬拉来凑成典故，"谢家池上，江淹浦畔"二句，意象既不明晰，情趣又不真切，所以隔。

王氏论隔与不隔的分别，说隔如"雾里看花"，不隔为"语语都在目前"，似有可商酌处。诗原有偏重"显"与偏重"隐"的两种。法国十九世纪帕尔纳斯派与象征派的争执就在此。帕尔纳斯派力求"显"，如王氏所说的"语语都在目前"，如图画、雕刻。象征派则以过于明显为忌，他们的诗有时正如王氏所谓"隔雾看花"，迷离恍惚，如瓦格纳的音乐。这两派诗虽不同，仍各有隔与不隔之别，仍各有好诗和坏诗。王氏的"语语都在目前"的标准似太偏重"显"。近年来新诗作者与论者，曾经有几度很剧烈地争辩诗是否应一律明显的问题。"显"易流于粗浅，"隐"易流于晦涩，这是大家都看得见的毛病。但是"显"也有不粗浅的，"隐"也有不晦涩的，持门户之见者似乎没有认清这个事实。我们不能希望一切诗都"显"，也不能希望一切诗都"隐"，因为在生理和心理方面，人原来有种种"类型"上的差异。有人接收诗偏重视觉器官，一切要能用眼睛看得见，所以要求诗须"显"，须如造形艺术。也有人接受诗偏重听觉与筋肉感觉，最易受音乐节奏的感动，所以要求诗须"隐"，须如音乐，才富于暗示性。所谓意象，原不必全由视觉产生，各种感觉器官都可以产生意象。不过多数人形成意象，以来自视觉者为最丰富，在欣赏诗或创造诗时，视觉意象也最为重要。因为这个缘故，要求诗须明显的人数占多数。

显则轮廓分明，隐则含蓄深永，功用原来不同。说概括一点，写景诗宜于显，言情诗所托之景虽仍宜于显，而所寓之情则宜于隐。梅圣俞说诗须"状难写之景，如在目前；含不尽之意，见于言外"，就是看到写景宜显，写情宜隐的道理。写景不宜隐，隐易流于晦；写情不宜显，显易流于浅。谢朓的"余霞散成绮，澄江静如练"，杜甫的"细雨鱼儿出，微风燕子斜"，以及林逋的"疏影横斜水清浅，暗香浮动月黄昏"诸句，在写景中为绝作，妙处正在能显，如梅圣俞所说的"状难写之景如在目前"。秦少游的《水龙吟》入首两句"小楼连苑横空，下窥绣毂雕鞍骤"，苏东坡讥他"十三个字只说得一个人骑马楼前过"，它的毛病也就在不隐。言情的杰作如古诗"步出城东门，遥望江南路，前日风雪中，故人从此去"，李白的"玉阶生白露，夜久侵罗袜，却下水晶帘，玲珑望秋月"，王昌龄的"奉帚平明金殿开，且将团扇共徘徊。玉颜不及寒鸦色，犹带昭阳日影来"，诸诗妙处亦正在隐，如梅圣俞所说的"含不尽之意见于言外"。

王氏在《人间词话》里，于隔与不隔之外，又提出"有我之境"与"无我之境"的分别：

> 有有我之境，有无我之境。"泪眼问花花不语，乱红飞过秋千去"，"可堪孤馆闭春寒，杜鹃声里斜阳暮"，有我之境也；"采菊东篱下，悠然见南山"，"寒波澹澹起，白鸟悠悠下"，无我之境也。有我之境，以我观物，故物皆著我之色彩；无我之境，以物观物，故不知何者为我，何者为物。……无我之境，人唯于静中得之；有我之境，于由动之静时得之，故一优美，一宏壮也。

这里所指出的分别实在是一个很精微的分别。不过从近代美学观点看，王氏所用名词似待商酌。他所谓"以我观物，故物皆著我之色彩"，就是"移情作用"，"泪眼问花花不语"一例可证。移情作用是凝神注视，物我两忘的结果，叔本华所谓"消失自我"。所以王氏所谓"有我之境"其实是"无我之境"（即忘我之境）。他的"无我之境"的实例为"采菊东篱下，悠然见南山"，"寒波澹澹起，白鸟悠悠下"，都是诗人在冷静中所回味出来的妙境（所谓"于静中得之"），没有经过移情作用，所以实是"有我之境"。与其说"有我之境"与"无我之境"，似不如说"超物之境"和"同物之境"，因为严格地说，诗在任何境界中都必须有我，都必须为自我性格、情趣和经验的返照。"泪眼问花花不语"，"徘徊枝上月，空度可怜宵"，"数峰清苦，商略黄昏雨"，都是同物之境。"鸢飞戾天，鱼跃于渊"，"微雨从东来，好风与之俱"，"兴阑啼鸟散，坐久落花多"，都是超物之境。

王氏以为"有我之境"（其实是"无我之境"或"同物之境"），比"无我之境"（其实是"有我之境"或"超物之境"）品格较低，他说："古人为词，写有我之境者为多，然未始不能写无我之境，此在豪杰之士能自树立耳。"他没有说明此优于彼的理由。英国文艺批评家罗斯金（Ruskin）主张相同。他诋毁起于移情作用的诗，说它是"情感的错觉"（pathetic fallacy），以为第一流诗人都必能以理智控制情感，只有第二流诗人才为情感所摇动，失去静观的理智，于是以在我的情感误置于外物，使外物呈现一种错误的面目。他说：

> 我们有三种人：一种人见识真确，因为他不生情感，对于他樱草花只是十足的樱草花，因为他不爱它。第二种人见识错误，因为他生情感，对于他樱草花就不是樱草花而是一颗星，一个太阳，一个仙人的护身盾，或是一位被遗弃的少女。第三种人见识真确，虽然他也生情感，对于他樱草花永远是它本身那么一件东西，一枝小花，从它的简明的连茎带叶的事实认识出来，不管有多少联想和情绪纷纷围着它。这三种人的身分高低大概可以这样定下：第一种完全不是诗人，第二种是第二流诗人，第三种是第一流诗人。

这番话着重理智控制情感，也只有片面的真理。情感本身自有它的真实性，事物隔着情感的屏障去窥透，自另现一种面目。诗的存在就根据这个基本事实。如依罗斯金说诗的真理（poetic truth）必须同时是科学的真理，这显然是与事实不符的。

依我们看，抽象地定衡量诗的标准总不免有武断的毛病。"同物之境"和"超物之境"各有胜境，不易以一概论优劣。比如陶潜诗"采菊东篱下，悠然见南山"为"超物之境"，"平畴交远风，良苗亦怀新"则为"同物之境"。王维诗"渡头余落日，墟里上孤烟"为"超物之境"，"落日鸟边下，秋原人外闲"则为"同物之境"。它们各有妙处，实不易品定高下。

"超物之境"与"同物之境"亦各有深浅雅俗。同为"超物之境"，谢灵运的"林壑敛秋色，云霞收夕霏"，似不如陶潜的"山气日夕佳，飞鸟相与还"，或是王绩的"树树皆秋色，山山尽落晖"。同是"同物之境"，杜甫的"感时花溅泪，恨别鸟惊心"，似不如陶潜的"平畴交远风，良苗亦怀新"，或是姜夔的"数峰清苦，商略黄昏雨"。两种不同的境界都可以有天机，也都可以有人巧。

"同物之境"起于移情作用。移情作用为原始民族与婴儿的心理特色，神话、宗教都是它的产品。论理，古代诗应多"同物之境"，而事实适得其反。在欧洲从十九世纪起，诗中才多移情实例。中国诗在魏晋以前，移情实例极不易寻，到魏晋以后，它才逐渐多起来，尤其是词和律诗中。我们可以说，"同物之境"不是古诗的特色。"同物之境"日多，诗便从浑厚日趋尖新。这似乎是证明"同物之境"品格较低，但是古今各有特长，不必古人都是对的，后人都是错的。"同物之境"在古代所以不多见者，主要原因在古人不很注意自然本身，自然只是作"比"、"兴"用的，不是值得单独描绘的。"同物之境"是和歌咏自然的诗一齐起来的。诗到以自然本身为吟咏对象，到有"同物之境"，实是一种大解放，我们正不必因其"不古"而轻视它。

四　诗的主观与客观

诗的境界是情趣与意象的融合。情趣是感受来的，起于自我的，可经历而不可描绘的；意象是观照得来的，起于外物的，有形象可描绘的。情趣是基层的生活经验，意象则起于对基层经验的反省。情趣如自我容貌，意象则为对镜自照。二者之中不但有差异而且有天然难跨越的鸿沟。由主观的情趣如何能跳过这鸿沟而达到客观的意象，是诗和其他艺术所必征服的困难。如略加思索，这困难终于被征服，真是一大奇迹！

尼采的《悲剧的诞生》可以说是这种困难的征服史。宇宙与人类生命，像叔本华所分析的，含有意志（will）与意象（idea）两个要素。有意志即有需求，有情感，需求与情感即为一切苦恼悲哀之源。人永远不能由自我与其所带意志中拔出，所以生命永远是一种苦痛。生命苦痛的救星即为意象。意象是意志的外射或对象化（objectification），有意象则人取得超然地位，凭高俯视意志的挣扎，恍然彻悟这幅光怪陆离的形象大可以娱目赏心。尼采根据叔本华的这种悲观哲学，发挥为"由形象得解脱"（redemption through appearance）之说，他用两个希腊神名来象征意志与意象的冲突。意志为酒神狄俄倪索斯（Dionysus），赋有时时刻刻都在蠢蠢欲动的活力与狂热，同时又感到变化（becoming）无常的痛苦，于是沉一切痛苦于酣醉，酣醉于醇酒妇人，酣醉于狂歌曼舞。苦痛是狄俄倪索斯的基本精神，歌舞是狄俄倪索斯精神所表现的艺术。意象如日神阿波罗（Apollo），凭高普照，世界一切事物借他的光辉而显现形象，他怡然泰然地像做甜蜜梦似地在那里静观自得，一切"变化"在取得形象之中就注定成了"真如"（being）。静穆是阿波罗的基本精神，造形的图画与雕刻是阿波罗精神所表现的艺术。这两种精神本是绝对相反相冲突的，而希腊人的智慧却成就了打破这冲突的奇迹。他们转移阿波罗的明镜来照临狄俄倪索斯的痛苦挣扎，于是意志外射于意象，痛苦赋形为庄严优美，结果乃有希腊悲剧的产生。悲剧是希腊人"由形象得解脱"的一条路径。人生世相充满着缺陷、灾祸、罪孽；从道德观点看，它是恶的；从艺术观点看，它可以是美的。悲剧是希腊人从艺术观点在缺陷、灾祸、罪孽中所看到的美的形象。

尼采虽然专指悲剧，其实他的话可适用于诗和一般艺术。他很明显地指示出主观的情趣与客观的意象之隔阂与冲突，同时也很具体地说明这种冲突的调和。诗是情趣的流露，或者说，狄俄倪索斯精神的焕发。但是情趣每不能流露于诗，因为诗的情趣并不是生糙自然的情趣，它必定经过一番冷静的观照和熔化洗炼的功夫，它须受过阿波罗的洗礼。一般人和诗人都感受情趣，但是有一个重要分别。一般人感受情趣时便为情趣所羁縻，当其忧喜，若不自胜，忧喜既过，便不复在想象中留一种余波返照。诗人感受情趣之后，却能跳到旁边来，很冷静地把它当作意象来观照玩索。英国诗人华兹华斯（Wordsworth）尝自道经验说："诗起于经过在沉静中回味来的情绪"（emotions recollected in tranquility），这是一句至理名言，尼采用一部书所说的道理，他用一句话就说完了。感受情趣而能在沉静中回味，就是诗人的特殊本领。一般人的情绪有如雨后行潦，夹杂污泥朽木奔泻，来势浩荡，去无踪影。诗人的情绪好比冬潭积水，渣滓沉淀净尽，清莹澄澈，天光云影，灿然耀目。"沉静中的回味"是它的渗沥手续，灵心妙悟是它的渗沥器。

在感受时，悲欢怨爱，两两相反；在回味时，欢爱固然可欣，悲怨亦复有趣。从感受到回味，是从现实世界跳到诗的境界，从实用态度变为美感态度。在现实世界中处处都是牵绊冲突，可喜者引起营求，可悲者引起畏避；在诗的境界中尘忧俗虑都洗濯净尽，可喜与可悲者一样看待，所以相冲突者各得其所，相安无碍。

诗的情趣都从沉静中回味得来。感受情感是能入，回味情感是能出。诗人于情趣都要能入能出。单就能入说，它是主观的；单就能出说，它是客观的。能入而不能出，或是能出而不能入，都不能成为大诗人，所以严格地说，"主观的"和"客观的"分别在诗中是不存在的。比如班婕妤的《怨歌行》、蔡琰的《悲愤诗》、杜甫的《奉先咏怀》和《北征》、李后主的《相见欢》之类作品，都是"痛定思痛"，入而能出，是主观的也是客观的。陶渊明的《闲情赋》，李白的《长干行》，杜甫的《新婚别》、《石壕吏》和《无家别》，韦庄的《秦妇吟》之类作品，都是"体物入微"，出而能入，是客观的也是主观的。

一般人以为文学上"古典的"与"浪漫的"一个分别是基本的，因为古典派偏重意象的完整优美，浪漫派则偏重情感的自然流露，一重形式，一重实质。依克罗齐看，这种分别就起于意象与情趣可分离一个误解。他说："在第一流作品中，古典和浪漫的冲突是不存在的；它同时是'古典的'与'浪漫的'，因为它是情感的也是意象的，是健旺的情感所化生的庄严的意象。"在诸艺术中情感与意象不能分开的以音乐为最显著。英国批评家佩特（W. Pater）说："一切艺术都以逼近音乐为指归。"克罗齐引这句话而加以补充说："其实说得更精确一点，一切艺术都是音乐，因为这样说才可以见出艺术的意象都生于情感。"克罗齐否认"古典的"与"浪漫的"分别，其实就是否认"客观的"与"主观的"分别。

19世纪中叶法国诗坛上曾经发生一次很热烈的争执，就是"帕尔纳斯派"（Parnasse）对于浪漫主义的反动。浪漫派诗的特点在着重情感的自然流露，所谓"想象"也是受情趣决定。离开"自我"便无情趣可言，所以浪漫派诗大半可看成诗人的自供。帕尔纳斯派受写实主义的影响，嫌浪漫派偏重唯我主义，不免使诗变成个人怪癖的暴露。他们要换过花样来，提倡"不动情感主义"，把自我个性丢开，专站在客观地位描写恬静幽美的意象，使诗和雕刻一样冷静明晰（浪漫派要和音乐一样热烈生动，与此恰相反）。从这种争执发生之后，德国哲学家所常提起的"主观的"和"客观的"一个分别便被批评家拉到文学上面来，于是一般人以为文学原有两种："主观的"偏重情感的"表现"，"客观的"

偏重人生自然的"再现"。其实这两种虽各有偏向，并没有很严格的逻辑的分别。没有诗能完全是主观的，因为情感的直率流露仅为啼笑嗟叹，如表现为诗，必外射为观照的对象（object）。也没有诗完全是客观的，因为艺术对于自然必有取舍剪裁，就必受作者的情趣影响，像我们在上文已经说过的。左拉（Zola）本是倾向写实主义的，也说："艺术作品只是隔着情感的屏障所窥透的自然一隅。"帕尔纳斯派在实际上也并未能彻底实现"不动情感主义"，而且他们的运动只是昙花一现，也足证明纯粹的"客观的"诗不易成立。

五　情趣与意象契合的分量

诗的理想是情趣与意象的沂合无间，所以必定是"主观的"与"客观的"。但这究竟是理想。在实际上"主观的"与"客观的"虽不是绝对的分别，却常有程度上的等差。情趣与意象之中有尼采所指出的隔阂与冲突。打破这种隔阂与冲突是艺术的主要使命，把它们完全打破，使情趣与意象融化得恰到好处，这是达到最高理想的艺术。完全没有把它们打破，从情趣出发者止于啼笑嗟叹，从意象出发者止于零乱空洞的幻想，就不成其为艺术。这两极端之中有意象富于情趣的，也有情趣富于意象的，虽非完美的艺术，究仍不失其为艺术。

克罗齐否认"古典的"与"浪漫的"分别，在理论上自有特见，但是在实际上，古典艺术与浪漫艺术确各有偏重，也无庸讳言。意象具有完整形式，为古典艺术的主要信条，拿这个标准来衡量浪漫艺术则大半作品都不免有缺陷，例如十九世纪初期诗人，柯尔律治和济慈诸人，有许多好诗都是未完成的断简零编。情感生动为浪漫派作品的特色，但是后来写实派作者却极力排除主观的情感而侧重冷静的忠实的叙述。"表现"与"再现"不仅是理论上的冲突，历史事实也很明显地证明作品方面原有这两种偏向。

姑就中国诗说，魏晋以前，古风以浑厚见长，情致深挚而见于文字的意象则如叶燮在《原诗》里所说的"土簋击壤穴居俪皮"，仍保持原始时代的简朴。有时诗人直吐心曲，几仅如嗟叹啼笑，有所感触即脱口而出，不但没有在意象上做功夫，而且好像没有经过反省与回味。我们试玩味下列诸诗：

> 彼黍离离，彼稷之苗。行迈靡靡，心中摇摇。知我者谓我心忧，
> 不知我者谓我何求。悠悠苍天，此何人哉！
>
> ——《诗经·王风》

> 中谷有蓷，暵其干矣。有女仳离，慨其叹矣；慨其叹矣，遇人之
> 艰难矣！
>
> ——《诗经·王风》

> 骄人好好，劳人草草。苍天苍天，视彼骄人，矜此劳人！
>
> ——《诗经·小雅》

> 陟彼北芒兮，噫！顾瞻帝京兮，噫！宫阙崔巍兮，噫！民之劬劳
> 兮，噫！辽辽未央兮，噫！
>
> ——梁鸿《五噫歌》

> 公无渡河，公竟渡河。渡河而死，当奈公何！
>
> ——《箜篌引》

这些诗固然如上文所说的"痛定思痛"，在创作时悲痛情绪自成意象，但与寻常取意象来象征情绪的诗自有分别。《诗经》中比兴两类就是有意要拿意象来象征情趣，但是通常很少完全做到象征的地步，因为比兴只是一种引子，而本来要说的话终须直率说出。例如"关关雎鸠，在河之洲"，只是引起"窈窕淑女，君子好逑"，而不能代替或完全表现这两句话的意思。像"昔我往矣，杨柳依依；今我来思，雨雪霏霏"，情趣恰隐寓于意象，可谓达到象征妙境，但在《诗经》中并不多见。汉魏作风较《诗经》已大变，但运用意象的技巧仍未脱比兴旧规。就大概说，比多于兴，例如：

薤上露，何易晞！露晞明朝更复落，人死一去何时归！

——《薤露歌》

皑如山上雪，皎如云间月。闻君有两意，故来相决绝。
……

——卓文君《白头吟》

翩翩堂前燕，冬藏夏来见。兄弟两三人，流宕在异县。

——《艳歌行》

朝云浮四海，日暮归故山。行役怀旧土，悲思不能言。
……

——应玚《别诗》

以上都仅是"比"。"兴"例亦偶尔遇见，但大半仅取目前气象，即景生情，不如《诗经》中"兴"类诗之微妙多变化。例如：

大风起兮云飞扬，威加海内兮归故乡，安得猛士兮守四方！

——汉高帝《大风歌》

青青河畔草，郁郁园中柳。盈盈楼上女，皎皎当窗牖……

——《古诗十九首》

明月照高楼，流光正徘徊。上有愁思妇，悲叹有余哀……

——曹植《七哀诗》

开秋兆凉气，蟋蟀鸣床帷。感物怀殷忧，悄悄令心悲……

——阮籍《咏怀》

这些诗的起句，微有"兴"的意味，但如果把它们看作"直陈其事"的"赋"亦无不可。在汉魏时，诗用似相关而又不尽相关的意象引起本文正意，似已成为一种传统的技巧。有时这种意象成为一种附赘悬瘤，非本文正意所绝对必需，例如：

> 鸡鸣高树巅，狗吠深宫中。荡子何所之，天下方太平……
>
> ——古乐府《鸡鸣》

> 月没参横，北斗阑干。亲交在门，饥不及餐。……
>
> ——古乐府《善哉行》

> 孔雀东南飞，五里一徘徊。十三能织素，十四学裁衣。……
>
> ——《孔雀东南飞》

> 蒲生我池中，其叶何离离！傍能行仁义，莫若妾自知……
>
> ——古乐府《塘上行》

起首两句引子，都与正文毫不相干，它们的起源，与其说是"套"现成的民歌的起头，如胡适所说的，不如说是沿用《国风》以来的传统的技巧。《国风》的意象引子原有比兴之用，到后来数典忘祖，就不问它是否有比兴之用，只戴上那么一个礼帽应付场面，不合头也不管了。

汉魏诗中像这样漫用空洞意象的例子不甚多。从另一方面看，这时期的诗应用意象的技巧却比《诗经》有进步。《诗经》只用意象做引子，汉魏诗则常在篇中或篇末插入意象来烘托情趣，姑举李陵《与苏武诗》为例：

> 良时不再至，离别在须臾。屏营衢路侧，执手野踟蹰。仰视浮云驰，奄忽互相逾。风波一失所，各在天一隅。长当从此别，且复立斯须。欲因晨风发，送子以贱躯。

中间"仰视浮云驰"四句，有兴兼比之用，意象与情趣偶然相遇，遇即欣合无间。此外如魏文帝《燕歌行》在描写怨女援琴写哀之后，忽接上"明月皎皎照我床，星汉西流夜未央，牵牛织女遥相望，尔独何辜限河梁"四句，也有情景吻合之妙。这种随时随境用意象比兴的写法打破固定的在起头几句用比兴的机械，实在是一种进步。此外汉魏诗渐有全章以意象寓情趣，不言正意而正意自见的，班婕妤的《怨歌行》以秋风弃扇隐寓自己的怨情是著例。这种写法也是《国风》里所少有的。

中国古诗大半是情趣富于意象。诗艺的演进可以从多方面看，如果从情趣与意象的配合看，中国古诗的演进可以分为三个步骤：首先是情趣逐渐征服意象，中间是征服的完成，后来意象蔚起，几成一种独立自足的境界，自引起一种情趣。第一步是因情生景或因情生文；第二步是情景吻合，情文并茂；第三步是即景生情或因文生情。这种演进阶段自然也不可概以时代分，就大略说，汉魏以前是第一步，在自然界所取之意象仅如人物故事画以山水为背景，只是一种陪衬；汉魏时代是第二步，《古诗十九首》、苏李赠答及曹氏父子兄弟的作品中意象与情趣常达到混化无迹之妙，到陶渊明手里，情景的吻合可算登峰造极；六朝是第三步，从大小谢滋情山水起，自然景物的描绘从陪衬地位抬到主要地位，如山水画在图画中自成一大宗派一样，后来便渐趋于艳丽一途了。如论情趣，中国诗最艳丽的似无过于《国风》，乃"艳丽"二字不加诸《国风》而加诸齐梁人作品者，正以其特好雕词饰藻，为意象而意象。

转变的关键是赋。赋偏重铺陈景物，把诗人的注意渐从内心变化引到自然界变化方面去。从赋的兴起，中国才有大规模的描写诗；也从赋的兴起，中国诗才渐由情趣富于意象的《国风》转到六朝人意象富于情趣的艳丽之作。汉魏时代赋最盛，诗受赋的影响也逐渐在铺陈词藻上做功夫，有时运用意象，并非因为表现情趣所必需而是因为它自身的美丽，《陌上桑》《羽林郎》、曹植《美女篇》都极力铺张明眸皓齿艳装盛服，可以为证。六朝人只是推演这种风气。

一般批评家对于六朝人及唐朝温、李一派作品常存歧视。其实诗的好坏决难拿一个绝对的标准去衡量。我们说，诗的最高理想在情景吻合，这也只能就大体说。古诗有许多专从"情"出发而不十分注意于"景"的，魏晋以后诗有许多专从"景"出发，除流连于"景"的本身外，别无其他情趣借"景"表现的。这两种诗都不能算是达到情景诉合无间的标准，也还可以成为上品诗。我们姑举几首短诗为例：

（一）公无渡河，公竟渡河，渡河而死，将奈公何！

——《箜篌引》

（二）奈何许！天下人何限，慊慊只为汝！

——《华山畿》

（三）昔我往矣，杨柳依依；今我来思，雨雪霏霏。

——《诗经》

（四）结庐在人境，而无车马喧。问君何能尔，心远地自偏。采菊东篱下，悠然见南山。山气日夕佳，飞鸟相与还。此中有真意，欲辨已忘言。

——陶潜《饮酒》

（五）江南可采莲，莲叶何田田！鱼戏莲叶间，鱼戏莲叶东，鱼戏莲叶西，鱼戏莲叶南，鱼戏莲叶北。

——《江南》

（六）敕勒川，阴山下，天似穹庐，笼盖四野。天苍苍，野茫茫，风吹草低见牛羊。

——《敕勒歌》

这六首诗之中，只有三四两首可算情景吻合，景恰足以传情。一二两首纯从情感出发，情感直率流露于语言，自然中节，不必寄托于景。五六两首纯为景的描绘，作者并非有意以意象象征情趣，而意象优美自成一种情趣。六首都可以说是诗的胜境，虽然情景配合的方法与分量绝不同。不过它们各自成一种新鲜的完整的境界，作者心中有值得说的话（情趣或意象）而说得恰到好处，它们在价值上可以互相抗衡，正是因为这个缘故。

我们的着重点在原理不在历史的发展，所以只就六朝以前古诗略择数例说明情趣与意象配合的关系。其实各时代的诗都可用这个方法去分析。唐人的诗和五代及宋人的词尤其宜于从情趣意象配合的观点去研究。

（节选自《诗论》，三联书店 1984 年版。）

精彩一句：

诗的境界是情景的契合。宇宙中事事物物常在变动生展中，无绝对相同的情趣，亦无绝对相同的景象。情景相生，所以诗的境界是由创造来的，生生不息的。

小平品鉴：

本文是朱光潜一生最首肯"有些自己创见"的《诗论》里的重要一章。

朱光潜不满意中国传统诗品、诗话的论述方式，认为没有提升到"诗学"的水平。《诗论》就是要改变中国旧文人往往只是抬出一、二个范畴、以点评代替诗学的方式。文章的标题就是朱先生对诗的境界的一个说明，即诗的境界是情趣与意象的契合。朱先生随后便以"情趣"与"意象"这一偏于主观、一偏于客观的"关系"项展开分析，以为"情趣"自身不能形成"境界"，它必须"意象"化；"意象"没有"情趣"来融化，就是支离破碎的；"情趣的意象化"和"意象的情趣化"，便构成了诗的境界。然而，诗又是人生世相的返照，和人生的关系是所谓的"超以象外，得其圜中"的"不即不离"。诗的境界就是在一刹那（直觉）中见终古，在微尘中显大千，在有限中寓无限。由于各人对诗的境界的体验实际上是他的性格、情趣、经验的一种返照，性分、资禀、修养的不同，境界也就不同。朱先生对王国维的理论作了批评，提出以"同物之境"与"超物之境"代替王国维的"有我之境"与"无我之境"。

朱光潜认为，诗的境界的形成关键是要从主观的情趣跳过与客观对立的鸿沟，诗人于情趣都要能入能出。他说，单就能入说，它是主观的；单就能出说，它是客观的。能入而不能出，或是能出而不能入，都不能成为大诗人，所以严格地说，"主观的"和"客观的"分别，在诗中是不存在的。但朱光潜又主张，在做诗的具体过程中，偏于情趣，还是偏于意象，还是有分别的。他还以此为依据，对中国古诗的演进步骤，做了划分。

中西诗在情趣上的比较

　　诗的情趣随时随地而异，各民族各时代的诗都各有它的特色。拿它们来参观互较是一种很有趣味的研究。我们姑且拿中国诗和西方诗来说，它们在情趣上就有许多的有趣的同点和异点。西方诗和中国诗的情趣都集中于几种普泛的题材，其中最重要者有（一）人伦（二）自然（三）宗教和哲学几种。我们现在就依着这个层次来说：

　　（一）先说人伦　西方关于人伦的诗大半以恋爱为中心。中国诗言爱情的虽然很多，但是没有让爱情把其他人伦抹煞。朋友的交情和君臣的恩谊在西方诗中不甚重要，而在中国诗中则几与爱情占同等位置。把屈原、杜甫、陆游诸人的忠君爱国爱民的情感拿去，他们诗的精华便已剥丧大半。从前注诗注词的人往往在爱情诗上贴上忠君爱国的徽帜，例如毛苌注《诗经》把许多男女相悦的诗看成讽刺时事的。张惠言说温飞卿的《菩萨蛮》十四章为"感士不遇之作"。这种办法固然有些牵强附会。近来人却又另走极端，把真正忠君爱国的诗也贴上爱情的徽帜，例如《离骚》《远游》一类的著作竟有人认为爱情诗，我以为这也未免失之牵强附会。看过西方诗的学者见到爱情在西方诗中那样重要，以为它在中国诗中也应该很重要。他们不知道中西社会情形和伦理思想本来不同，恋爱在从前的中国实在没有现代中国人所想的那样重要。中国叙人伦的诗，通盘计算，关于友朋交谊的比关于男女恋爱的还要多，在许多诗人的集中，赠答酬唱的作品，往往占其大半。苏李、建安七子、李杜、韩孟、苏黄、纳兰成德与顾贞观诸人的交谊古今传为美谈，在西方诗人中为歌德和席勒、华兹华斯与柯尔律治、济慈和雪莱、魏尔伦与兰波诸人虽亦以交谊著，而他们的集中叙友朋乐趣的诗却极少。

恋爱在中国诗中不如在西方诗中重要，有几层原因。第一，西方社会表面上虽以国家为基础，骨子里却侧重个人主义。爱情在个人生命中最关痛痒，所以尽量发展，以至掩盖其他人与人的关系。说尽一个诗人的恋爱史往往就已说尽他的生命史，在近代尤其如此。中国社会表面上虽以家庭为基础，骨子里却侧重兼善主义。文人往往费大半生的光阴于仕宦羁旅，"老妻寄异县"是常事。他们朝夕所接触的不是妇女而是同僚与文字友。

第二，西方受中世纪骑士风的影响，女子地位较高，教育也比较完善，在学问和情趣上往往可以与男子近合，在中国得于友朋的乐趣，在西方往往可以得之于妇人女子。中国受儒家思想的影响，女子的地位较低。夫妇恩爱常起于伦理观念，在实际上志同道合的乐趣颇不易得。加以中国社会理想侧重功名事业，"随着四婆裙"在儒家看是一件耻事。

第三，东西恋爱观相差也甚远。西方人重视恋爱，有"恋爱最上"的标语。中国人重视婚姻而轻视恋爱，真正的恋爱往往见于"桑间濮上"。潦倒无聊、悲观厌世的人才肯公然寄情于声色，像隋炀帝李后主几位风流天子都为世所诟病。我们可以说，西方诗人要在恋爱中实现人生，中国诗人往往只求在恋爱中消遣人生。中国诗人脚踏实地，爱情只是爱情；西方诗人比较能高瞻远瞩，爱情之中都有几分人生哲学和宗教情操。

这并非说中国诗人不能深于情。西方爱情诗大半写于婚媾之前，所以称赞容貌诉申爱慕者最多；中国爱情诗大半写于婚媾之后，所以最佳者往往是惜别悼亡。西方爱情诗最长于"慕"，莎士比亚的十四行体诗，雪莱和布朗宁诸人的短诗是"慕"的胜境；中国爱情诗最善于"怨"，《卷耳》、《柏舟》、《迢迢牵牛星》、曹丕的《燕歌行》、梁玄帝的《荡妇秋思赋》以及李白的《长相思》、《怨情》、《春思》诸作是"怨"的胜境。总观全体，我们可以说，西诗以直率胜，中诗以委婉胜；西诗以深刻胜，中诗以微妙胜；西诗以铺陈胜，中诗以简隽胜。

（二）次说自然　在中国和在西方一样，诗人对于自然的爱好都比较晚起。最初的诗都偏重人事，纵使偶尔涉及自然，也不过如最初的画家用山水为人物画的背景，兴趣中心却不在自然本身。《诗经》是最好的例子。"关关雎鸠，在河之洲"只是作"窈窕淑女，君子好逑"的陪衬；"蒹葭苍苍，白露为霜"只是作"所谓伊人，在水一方"的陪衬。自然比人事广大，兴趣由人也因之得到较深广的义蕴。所以自然情趣的兴起是诗的发达史中一件大事。这件大事在中国起于晋宋之交约当公历纪元后五世纪左右；在西方则起于浪漫运动的初期，在公历纪元后十八世纪左右。所以中国自然诗的发生比西方的要早一千三百年的光景。一般说诗的人颇鄙视六朝，我以为这是一个最大的误解。六朝是中国自然诗发轫的时期，也是中国诗脱离音乐而在文字本身求音乐的时期。从六朝起，中国诗才有音律的专门研究，才创新形式，才寻新情趣，才有较精妍的意象，才吸哲理来扩大诗的内容。就这几层说，六朝可以说是中国诗的浪漫时期，它对于中国诗的重要亦正不让于浪漫运动之于西方诗。

中国自然诗和西方自然诗相比，也像爱情诗一样，一个以委婉、微妙简隽胜，一个以直率、深刻铺陈胜。本来自然美有两种，一种是刚性美，一种是柔性美。刚性美如高山、大海、狂风、暴雨、沉寂的夜和无垠的沙漠；柔性美如清风皓月、暗香、疏影、青螺似的山光和媚眼似的湖水。昔人诗有"骏马秋风冀北，杏花春雨江南"两句可以包括这两种美的胜境。艺术美也有刚柔的分别，姚鼐《与鲁絜非书》已详论过。诗如李杜，词如苏辛，是刚性美的代表；诗如王孟，词如温李，是柔性美的代表。中国诗自身已有刚柔的分别，但是如果拿它来比较西方诗，则又西诗偏于刚，而中诗偏于柔。西方诗人所爱好的自然是大海，是狂风暴雨，是峭崖荒谷，是日景；中国诗人所爱好的自然是明溪疏柳，是微风细雨，是湖光山色，是月景。这当然只就其大概说。西方未尝没有柔性美的诗，中国也未尝没有刚性美的诗，但西方诗的柔和中国诗的刚都不是它们的本色特长。

诗人对于自然的爱好可分三种。最粗浅的是"感官主义"，爱微风以其凉爽，爱花以其气香色美，爱鸟声泉水声以其对于听官愉快，爱青天碧水以其对于视官愉快。这是健全人所本有的倾向，凡是诗人都不免带有几分"感官主义"。近代西方有一派诗人，叫做"颓废派"的，专重这种感官主义，在诗中尽量铺陈声色臭味。这种嗜好往往出于个人的怪癖，不能算诗的上乘。诗人对于自然爱好的第二种起于情趣的默契忻合。"相看两不厌，惟有敬亭山"、"平畴交远风，良苗亦怀新"、"万物静观皆自得，四时佳兴与人同"诸诗所表现的态度都属于这一类。这是多数中国诗人对于自然的态度。第三种是泛神主义，把大自然全体看作神灵的表现，在其中看出不可思议的妙谛，觉到超于人而时时在支配人的力量。自然的崇拜于是成为一种宗教，它含有极原始的迷信和极神秘的哲学。这是多数西方诗人对于自然的态度，中国诗人很少有达到这种境界的。陶潜和华兹华斯都是著名的自然诗人，他们的诗有许多相类似。我们拿他们俩人来比较，就可以见出中西诗人对于自然的态度大有分别。我们姑拿陶诗《饮酒》为例：

> 采菊东篱下，悠然见南山。山气日夕佳，飞鸟相与还。此中有真意，欲辨已忘言。

从此可知他对于自然，还是取"好读书不求甚解"的态度。他不喜"久在樊笼里"，喜"园林无俗情"，所以居在"方宅十余亩，草屋八九间"的宇宙里，也觉得"称心而言，人亦易足"。他的胸襟这样豁达闲适，所以在"缅然睇曾邱"之际常"欣然有会意"。但是他不"欲辨"，这就是他和华兹华斯及一般西方诗人的最大异点。华兹华斯也讨厌"俗情""爱邱山"，也能乐天知足，但是他是一个沉思者，是一个富于宗教情感者。他自述经验说："一朵极平凡的随风荡漾的花，对于我可以引起不能用泪表现得出来的那么深的思想。"他在《听滩寺》诗里又说他觉到有"一种精灵在驱遣一切深思者和一切思想对象，并且在一切事物中运旋"。这种澈悟和这种神秘主义和中国诗人与自然默契相安的态度显然不同。中国诗人在自然中只能听见到自然，西方诗人在自然中往往能见出一种神秘的巨大的力量。

（三）哲学和宗教　中国诗人何以在爱情中只能见到爱情，在自然中只能见到自然，而不能有深一层的彻悟呢？这就不能不归咎于哲学思想的平易和宗教情操的淡薄了。诗虽不是讨论哲学和宣传宗教的工具，但是它的后面如果没有哲学和宗教，就不易达到深广的境界。诗好比一株花，哲学和宗教好比土壤，土壤不肥沃，根就不能深，花就不能茂。西方诗比中国诗深广，就因为它有较深广的哲学和宗教在培养它的根干。没有柏拉图和斯宾洛莎就没有歌德、华兹华斯和雪莱诸人所表现的理想主义和泛神主义；没有宗教就没有希腊的悲剧、但丁的《神曲》和弥尔顿的《失乐园》。中国诗在荒瘦的土壤中居然现出奇葩异彩，固然是一种可惊喜的成绩，但是比较西方诗，终嫌美中有不足。我爱中国诗，我觉得在神韵微妙格调高雅方面往往非西诗所能及，但是说到深广伟大，我终无法为它护短。

就民族性说，中国人颇类似古罗马人，处处都脚踏实地走，偏重实际而不务玄想，所以就哲学说，伦理的信条最发达，而有系统的玄学则寂然无闻；就文学说，关于人事及社会问题的作品最发达，而凭虚结构的作品则寥若晨星。中国民族性是最"实用的"，最"人道的"。它的长处在此，它的短处也在此。它的长处在此，因为以人为本位说，人与人的关系最重要，中国儒家思想偏重人事，涣散的社会居然能享到二千余年的稳定，未始不是它的功劳。它的短处也在此，因为它过重人本主义和现世主义，不能向较高远的地方发空想，所以不能向高远处有所企求。社会既稳定之后，始则不能前进，继则因其不能前进而失其固有的稳定。

我说中国哲学思想平易，也未尝忘记老庄一派的哲学。但是老庄比较儒家固较玄邃，比较西方哲学家，仍是偏重人事。他们很少离开人事而穷究思想的本质和宇宙的来源。他们对于中国诗的影响虽很大，但是因为两层原因，这种影响不完全是可满意的。第一，在哲学上有方法和系统的分析易传授，而主观的妙悟不易传授。老庄哲学都全凭主观的妙悟，未尝如西方哲学家用明了有系统的分析为浅人说法，所以他们的思想传给后人的只是糟粕。老学流为道家言，中国诗与其说是受老庄的影响，不如说是受道家的影响。第二，老庄哲学尚虚无而轻视努力，但是无论是诗或是哲学，如果没有西方人所重视的"坚持的努力"（sustained effort）都不能鞭辟入里。老庄两人自己所造虽深而承其教者却有安于浅的倾向。

我们只要把老庄影响的诗研究一番，就可以见出这个道理。中国诗人大半是儒家出身，陶潜和杜甫是著例。但是有四位大诗人受老庄的影响最深，替儒教化的中国诗特辟一种异境。这就是《离骚》、《远游》中的屈原（假定作者是屈原），《咏怀诗》中的阮籍，《游仙诗》中的郭璞，以及《日出入行》、《古有所思》和《古风》五十九首中的李白。我们可以把他们统称为"游仙派诗人"。他们所表现的思想如何呢？屈原说：

> 惟天地之无穷兮，哀人生之长勤。往者余弗及兮，来者吾不闻。……漠虚静以恬愉兮，澹无为而自得。闻赤松之清尘兮，愿承风乎遗则。
>
> ——《远游》

阮籍在《咏怀诗》里说：

> 去者余不及，来者吾不留。愿登太华山，上与松子游。

郭璞在《游仙诗》里说：

> 时变感人思，已秋复愿夏。淮海变微禽，吾生独不化！虽欲腾丹溪，云螭非我驾。

李白在《古风》里说：

> 黄河走东溟，白日落西海，逝川与流光，飘忽不相待。……君当乘云螭，吸景驻光彩。

这几节诗所表现的态度是一致的，都是想由厌世主义走到超世主义。他们厌世的原因都不外看待世相的无常和人寿的短促。他们超世的方法都是揣摩道家炼丹延年驾鹤升仙的传说。但是这只是一种想望，他们都没有实现仙境，没有享受到他们所想望的极乐。所以屈原说：

　　高阳邈以远兮，余将焉兮所程？

阮籍说：

　　采药无旋返，神仙志不符，逼此良可感，令我久踟躇。

郭璞说：

　　虽欲腾丹溪，云螭非我驾。

李白说：

　　我思仙人，乃在碧海之东隅。海寒多天风，白波连山倒蓬壶，长
　　鲸喷涌不可涉，抚心茫茫泪如珠。

　　他们都是不满意于现世而有所渴求于另一世界。这种渴求颇类西方的宗教
情操，照理应该能产生一个很华严灿烂的理想世界来，但是他们的理想都终于
"流产"。他们对于现世的悲苦虽然都看得极清楚，而对于另一世界的想象却很
模糊。他们的仙境有时在"碧云里"，有时在"碧海之东隅"，有时又在西王母
所住的瑶池，据李白的计算，它"去天三百里"。仙境有"上皇"，服侍他的有
吹笙的玉童，和持芙蓉的灵妃。王乔、安期生、赤松子诸人是仙界的"使徒"。
仙境也很珍贵人世所珍贵的繁华，只看"玉杯赐琼浆"，"但见金银台"，就可以
想象仙人的阔绰。仙人也不忘情于云山林泉的美景，所以"青溪千余仞"、"云
生梁栋间"、"翡翠戏兰苔"都值得流连玩赏。仙人最大的幸福是长寿，郭璞说
"千岁方婴孩"，还是太短，李白的仙人却"一餐历万岁"。仙人都有极大的本
领，能"囊括大块"、"吸景驻光彩"、"挥手折荒木"、"拂此西日光"。升仙的方
法是乘云驾鹤，但有时要采药炼丹，向"真人""长跪问宝诀"。
　　这种仙界的意象都从老庄虚无主义出发，兼采道家高举遗世的思想。他们
不知道后世道家虽托老学以自重，而道家思想和老子哲学实有根本不能相容处。

老子以为"人之大患在于有身"，所以持"无欲以观其妙"为处世金针，而道家却拼命求长寿，不能忘怀于琼楼玉宇和玉杯灵液的繁华。超世而不能超欲，这是游仙派诗人的矛盾。他们的矛盾还不仅此，他们表面虽想望超世，而骨子里却仍带有很浓厚的儒家淑世主义的色彩，他们到底还没有丢开中国民族所特具的人道。屈原、阮籍、李白诸人都本有济世忧民的大抱负。阮籍号称猖狂，而在《咏怀诗》中仍有"生命几何时，慷慨各努力"的劝告。李白在《古风》里言志，也说"我志在删述，垂辉映千春"。他们本来都有淑世的志愿，看到世事的艰难和人寿的短促，于是逃到老庄的虚无清静主义，学道家作高举遗世的企图。他们所想望的仙境又渺不可追，"虽欲腾丹谿，云螭非我驾"，仍不免"抚心茫茫泪如珠"，于是又回到人境，尽量求一时的欢乐而寄情于醇酒妇人。"欲远集而无所止兮，聊浮游以逍遥"，在屈原为愤慨之谈，在阮籍和李白便成了涉世的策略。这一派诗人都有日暮途穷无可如何的痛苦。从淑世到厌世，因厌世而求超世，超世不可能，于是又落到玩世，而玩世亦终不能无忧苦。他们一生都在这种矛盾和冲突中徘徊。真正大诗人必从这种矛盾和冲突中徘徊过来，但是也必能战胜这种矛盾和冲突而得到安顿。但丁、莎士比亚和歌德都未尝没有徘徊过，他们所以超过阮籍、李白一派诗人者就在他们得到最后的安顿，而阮李诸人则终止于徘徊。

中国游仙派诗人何以止于徘徊呢？这要归咎于我们在上文所说过的哲学思想的平易和宗教情操的淡薄。哲学思想平易，所以无法在冲突中寻出调和，不能造成一个可以寄托心灵的理想世界。宗教情操淡薄，所以缺乏"坚持的努力"，苟安于现世而无心在理想世界求寄托，求安慰。屈原、阮籍、李白诸人在中国诗人中是比较能抬头向高远处张望的，他们都曾经向中国诗人所不常去的境界去探险，但是民族性的累太重，他们刚飞到半天空就落下地。所以在西方诗人心中的另一世界的渴求能产生《天堂》、《失乐园》、《浮士德》诸杰作，而在中国诗人心中的另一世界的渴求只能产生《远游》、《咏怀诗》、《游仙诗》和《古风》一些简单零碎的短诗。

老庄和道家学说之外，佛学对于中国诗的影响也很深。可惜这种影响未曾有人仔细研究过。我们首先应注意的一点就是：受佛教影响的中国诗大半只有"禅趣"而无"佛理"。"佛理"是真正的佛家哲学，"禅趣"是和尚们静坐山寺参悟佛理的趣味。佛教从汉朝传入中国，到魏晋以后才见诸吟咏，孙绰《游天台山赋》是其滥觞。晋人中以天分论，陶潜最宜于学佛，所以远公竭力想结交他，邀他入"白莲社"，他以许饮酒为条件，后来又"攒眉而去"，似乎有不屑于佛的神气。但是他听到远公的议论，告诉人说它"令人颇发深省"。当时佛学已盛行，陶潜在无意之中不免受有几分影响。他的《与子俨等疏》中：

> 少学琴书，偶爱闲静，开卷有得，便欣然忘食。见树木交荫，时鸟变声，亦复欢然有喜。尝言五六月中，北窗下卧，遇凉风暂至，自谓是羲皇上人。

一段是参透禅机的话。他的诗描写这种境界的也极多。陶潜以后，中国诗人受佛教影响最深而成就最大的要推谢灵运、王维和苏轼三人。他们的诗专说佛理的极少，但处处都流露一种禅趣。我们细玩他们的全集，才可以得到这么一个总印象。如摘句为例，则谢灵运的"白云抱幽石，绿篠媚清涟"、"虚馆绝诤讼，空庭来鸟雀"、王维的"兴阑啼鸟散，坐久落花多"、"倚杖柴门外，临风听暮蝉"和苏轼的"舟行无人岸自移，我卧读书牛不知"、"敲门都不应，倚杖听江声"诸句的境界都是我所谓"禅趣"。

他们所以有"禅趣"而无"佛理"者固然由于诗本来不宜说理，同时也由于他们所羡慕的不是佛教而是佛教徒。晋以后中国诗人大半都有"方外交"，谢灵运有远公，王维有瑗公和操禅师，苏轼有佛印。他们很羡慕这班高僧的言论风采，常偷"浮生半日闲"到寺里去领略"参禅"的滋味，或是同禅师交换几句趣语。诗境与禅境本来相通，所以诗人和禅师常能默然相契。中国诗人对于自然的嗜好比西方诗要早一千几百年，究其原因，也和佛教有关。魏晋的僧侣已有择山水胜境筑寺观的风气，最早见到自然美的是僧侣（中国僧侣对于自然的嗜好或受印度僧侣的影响，印度古婆罗门教徒便有隐居山水胜境的风气，《沙恭达那》剧可以为证）。僧侣首先见到自然美，诗人则从他们的"方外交"学得这种新趣味。"禅趣"中最大的成分便是静中所得于自然的妙悟，中国诗人所最得力于佛教者就在此一点。但是他们虽有意"参禅"，却无心"证佛"，要在佛理中求消遣，并不要信奉佛教求彻底了悟，彻底解脱；入山参禅，出山仍然做他们的官，吃他们的酒肉，眷恋他们的妻子。本来佛教的妙义在"不立文字，见性成佛"，诗歌到底仍不免是一种尘障。

佛教只扩大了中国诗的情趣的根底，并没有扩大它的哲理的根底。中国诗的哲理的根底始终不外儒道两家。佛学为外来哲学，所以能合中国诗人口胃者正因其与道家言在表面上有若干类似。晋以后一般人尝把释道并为一事，以为升仙就是成佛。孙绰的《天台山赋》和李白的《赠僧崖公诗》都以为佛老原来可以相通，韩愈辟"异端邪说"，也把佛老并为一说。老子虽尚虚无而却未明言寂灭。他是一个彻底的个人主义者，《道德经》中大部分是老于世故者的经验之谈，所以后来流为申韩刑名法律的学问，佛则以普济众生为旨。老子主张人类回到原始时代的愚昧，佛教人明心见性，衡以老子的"绝圣弃知"的主旨，则佛亦当在绝弃之列。从此可知老与佛根本不能相容。晋唐人合佛于老，也犹如他们合道于老一样，绝对没有想到这种凑合的矛盾。尤其奇怪的是儒家诗人也往往同时信佛。白居易和元稹本来都是彻底的儒者，而白有"吾学空门不学仙，归则须归兜率天"的话，元在《遣病》诗里也说"况我早师佛，屋宅此身形"。中国人原来有"好信教不求甚解"的习惯，这种马虎妥协的精神本也有它的优点，但是与深邃的哲理和有宗教性的热烈的企求都不相容。中国诗达到幽美的境界而没有达到伟大的境界，也正由于此。

（选自《诗论·第三章附录》，三联书店 1984 年版。）

精彩一句：

我爱中国诗，我觉得在神韵微妙格调高雅方面往往非西诗所能及，但是说到深广伟大，我终无法为它护短。

小平品鉴：

朱光潜一生下功夫最多的就是诗艺，不仅是对中国诗，对西方诗他也浸润颇深。正是由于这样的素养，他写这篇比较诗学的论文才得心应手。

全文以诗的题材为线索，层层递进展开论述，大量运用比较参证的方法，犹如剥茧抽丝，鞭辟入里。朱光潜确立了中西诗在人伦、自然、宗教和哲学的范围和题材，然后再就这一范围和题材逐一剖析。

先讲"人伦"。朱光潜从中西社会和伦理的状况入手，指出由于这些方面的根本不同决定了恋爱这一题材在中西诗中的表现有差异。如西方人重个人生命史，中国文人骨子里却重兼善主义。西方人有"恋爱最上"的标语，中国人则重婚姻而轻恋爱。朱光潜独具慧眼地拈出两个字来说明中西爱情诗的不同：西方爱情诗最长于"慕"，而中国爱情诗则最善于"怨"。

次讲"自然"。朱光潜认为，自然情趣的兴起是诗的发达史中的一件大事。接着，他以自己的世界眼光洞见了中国自然诗和西方自然诗的长短，指出"西诗偏于刚，而中诗偏于柔"；中国诗在自然中只能体会自然，西方诗则要在自然中见出一种神秘巨大的力量。

再讲"哲学和宗教"。朱光潜有一个深刻的洞见，中国诗人之所以在爱情中只能见到爱情，在自然中只能见到自然，究其深刻的原因还在于中国诗人对"哲学和宗教"的淡薄，这导致诗人的思想不易达到深广的境界。朱光潜指出佛教只是扩大了中国诗的情趣，例如"禅趣"，但它并没有扩大诗的哲理的根底。

朱光潜得出结论：中国诗人马虎妥协的精神本也有它的优点，但是与深邃的哲理和有宗教性的热烈的企求都不相容。中国诗达到幽美的境界而没有达到伟大的境界。

谈读诗与趣味的培养

据我的教书经验来说，一般青年都欢喜听故事而不欢喜读诗。记得从前在中学里教英文，讲一篇小说时常有别班的学生来旁听；但是遇着讲诗时，旁听者总是瞟着机会逃出去。就出版界的消息看，诗是一种滞销货。一部大致不差的小说就可以卖钱，印出来之后一年中可以再版三版。但是一部诗集尽管很好，要印行时须得诗人自己掏腰包作印刷费，过了多少年之后，藏书家如果要买它的第一版，也用不着费高价。

从此一点，我们可以看出现在一般青年对于文学的趣味还是很低。在欧洲各国，小说固然也比诗畅销，但是没有在中国的这样大的悬殊，并且有时诗的畅销更甚于小说。据去年的统计，法国最畅销的书是波德莱尔的《罪恶之花》。这是一部诗，而且并不是容易懂的诗。

一个人不欢喜诗，何以文学趣味就低下呢？因为一切纯文学都要有诗的特质。一部好小说或是一部好戏剧都要当作一首诗看。诗比别类文学较谨严，较纯粹，较精致。如果对于诗没有兴趣，对于小说、戏剧、散文等等的佳妙处也终不免有些隔膜。不爱好诗而爱好小说戏剧的人们大半在小说和戏剧中只能见到最粗浅的一部分，就是故事。所以他们看小说和戏剧，不问它们的艺术技巧，只求它们里面有有趣的故事。他们最爱读的小说不是描写内心生活或者社会真相的作品，而是《福尔摩斯侦探案》之类的东西。爱好故事本来不是一件坏事，但是如果要真能欣赏文学，我们一定要超过原始的童稚的好奇心，要超过对于《福尔摩斯侦探案》的爱好，去求艺术家对于人生的深刻的观照以及他们传达这种观照的技巧。第一流小说家不尽是会讲故事的人，第一流小说中的故事大半只像枯树搭成的花架，用处只在撑扶住一园锦绣灿烂生气蓬勃的葛藤花卉。这些故事以外的东西就是小说中的诗。读小说只见到故事而没有见到它的诗，就像看到花架而忘记架上的花。要养成纯正的文学趣味，我们最好从读诗入手。能欣赏诗，自然能欣赏小说戏剧及其他种类文学。

如果只就故事说，陈鸿的《长恨歌传》未必不如白居易的《长恨歌》或洪升的《长生殿》，元稹的《会真记》未必不如王实甫的《西厢记》，兰姆（Lamb）的《莎士比亚故事集》未必不如莎士比亚的剧本。但是就文学价值说，《长恨歌》、《西厢记》和莎士比亚的剧本都远非它们所根据的或脱胎的散文故事所可比拟。我们读诗，须在《长恨歌》、《西厢记》和莎士比亚的剧本之中寻出《长恨歌传》、《会真记》和《莎士比亚故事集》之中所寻不出的东西。举一个很简单的例来说，比如贾岛的《寻隐者不遇》：

松下问童子，言师采药去。只在此山中，云深不知处。

或是崔颢的《长干行》：

君家何处住？妾住在横塘。停舟暂借问，或恐是同乡。

里面也都有故事，但是这两段故事多么简单平凡？两首诗之所以为诗，并不在这两个故事，而在故事后面的情趣，以及抓住这种简朴而隽永的情趣，用一种恰如其分的简朴而隽永的语言表现出来的艺术本领。这两段故事你和我都会说，这两首诗却非你和我所作得出，虽然从表面看起来，它们是那么容易。读诗就要从此种看来虽似容易而实在不容易做出的地方下功夫，就要学会了解此种地方的佳妙。对于这种佳妙的了解和爱好就是所谓"趣味"。

各人的天资不同，有些人生来对于诗就感觉到趣味，有些人生来对于诗就丝毫不感觉到趣味，也有些人只对于某一种诗才感觉到趣味。但是趣味是可以培养的。真正的文学教育不在读过多少书和知道一些文学上的理论和史实，而在培养出纯正的趣味。这件事实在不很容易。培养趣味好比开疆辟土，须逐渐把本非我所有的变为我所有的。记得我第一次读外国诗，所读的是《古舟子咏》，简直不明白那位老船夫因射杀海鸟而受天谴的故事有什么好处，现在回想起来，这种蒙昧真是可笑，但是在当时我实在不觉到这诗有趣味。后来明白作者在意象音调和奇思幻想上所做的工夫，才觉得这真是一首可爱的杰作。这一点觉悟对于我便是一层进益，而我对于这首诗所觉到的趣味也就是我所征服的新领土。我学西方诗是从十九世纪浪漫派诗人入手，从前只觉得这派诗有趣味，讨厌前一个时期的假古典派的作品，不了解法国象征派和现代英国的诗；对它们逐渐感到趣味，又觉得我从前所爱好的浪漫派诗有好些毛病，对于它们的爱好不免淡薄了许多。我又回头看看假古典派的作品，逐渐明白作者的环境立场和用意，觉得它们也有不可抹煞处，对于它们的嫌恶也不免减少了许多。在这种变迁中我又征服了许多新领土，对于已得的领土也比从前认识较清楚。对于中国诗我也经过了同样的变迁。最初我由爱好唐诗而看轻宋诗，后来我又由爱好魏晋诗而看轻唐诗。现在觉得各朝诗都各有特点，我们不能以衡量魏晋诗的标准去衡量唐诗和宋诗。它们代表几种不同的趣味，我们不必强其同。

对于某一种诗，从不能欣赏到能欣赏，是一种新收获；从偏嗜到和他种诗参观互较而重新加以公平的估价，是对于已征服的领土筑了一层更坚固的壁垒。学文学的人们的最坏的脾气是坐井观天，依傍一家门户，对于口胃不合的作品一概藐视。这种人不但是近视，在趣味方面不能有进展；就连他们自己所偏嗜的也很难真正地了解欣赏，因为他们缺乏比较资料和真确观照所应有的透视距离。文艺上的纯正的趣味必定是广博的趣味；不能同时欣赏许多派别诗的佳妙，就不能充分地真确地欣赏任何一派诗的佳妙。趣味很少生来就广博，好比开疆辟土，要不厌弃荒原瘠壤，一分一寸地逐渐向外伸张。

趣味是对于生命的彻悟和留恋，生命时时刻刻都在进展和创化，趣味也就要时时刻刻在进展和创化。水停蓄不流便腐化，趣味也是如此。从前私塾冬烘学究以为天下之美尽在八股文、试帖诗、《古文观止》和了凡《纲鉴》。他们对于这些乌烟瘴气何尝不津津有味？这算是文学的趣味么？习惯的势力之大往往不是我们能想象的。我们每个人多少都有几分冬烘学究气，都把自己圈在习惯所画成的狭小圈套中，对于这个圈套以外的世界都视而不见，听而不闻。沉溺于风花雪月者以为只有风花雪月中才有诗，沉溺于爱情者以为只有爱情中才有诗，沉溺于阶级意识者以为只有阶级意识中才有诗。风花雪月本来都是好东西，可是这四个字连在一起，引起多么俗滥的联想！联想到许多吟风弄月的滥调，多么令人作呕！"神圣的爱情"、"伟大的阶级意识"之类大概也有一天都归于风花雪月之列吧？这些东西本来是佳丽，是神圣，是伟大，一旦变成冬烘学究所赞叹的对象，就不免成了八股文和试帖诗。道理是很简单的。艺术和欣赏艺术的趣味都必须有创造性，都必时时刻刻在开发新境界，如果让你的趣味圈在一个狭小圈套里，它无机会可创造开发，自然会僵死，会腐化。一种艺术变成僵死腐化的趣味的寄生之所，它怎能有进展开发，怎能不随之僵死腐化？

艺术和欣赏艺术的趣味都与滥调是死对头。但是每件东西都容易变成滥调，因为每件东西和你熟悉之后，都容易在你的心理上养成习惯反应。像一切其他艺术一样，诗要说的话都必定是新鲜的。但是世间哪里有许多新鲜话可说？有些人因此替诗危惧，以为关于风花雪月、爱情、阶级意识等等的话或都已被人说完，或将有被人说完的一日，那一日恐怕就是诗的末日了。抱这种顾虑的人们根本没有了解诗究竟是什么一回事。诗的疆土是开发不尽的，因为宇宙生命时时刻刻在变动进展中，这种变动进展的过程中每一时每一境都是个别的，新鲜的，有趣的。所谓"诗"并无深文奥义，它只是在人生世相中见出某一点特别新鲜有趣而把它描绘出来。这句话中"见"字最吃紧。特别新鲜有趣的东西本来在那里，我们不容易"见"着，因为我们的习惯蒙蔽住我们的眼睛。我们如果沉溺于风花雪月，也就见不着阶级意识中的诗；我们如果沉溺于油盐柴米，也就见不着风花雪月中的诗。谁没有看见过在田里收获的农夫农妇？但是谁——除非是米勒（Millet）、陶渊明、华兹华斯（Wordsworth）——在这中间见着新鲜有趣的诗？诗人的本领就在见出常人之以不能见，读诗的用处也就在随着诗人所指点的方向，见出我们所不能见；这就是说，觉得我们所素认为平凡的实在新鲜有趣。我们本来不觉得乡村生活中有诗，从读过陶渊明、华兹华斯诸人的作品之后，便觉得它有诗；我们本来不觉得城市生活和工商业文化之中有诗，从读过美国近代小说和俄国现代诗之后，便觉得它也有诗。莎士比亚教我们会在罪孽灾祸中见出庄严伟大，伦勃朗（Rambrandt）和罗丹（Rodin）教我们会在丑陋中见出新奇。诗人和艺术家的眼睛是点铁成金的眼睛。生命生生不息，他们的发见也生生不息。如果生命有末日，诗总会有末日。到了生命的末日，我们自无容顾虑到诗是否还存在。但是有生命而无诗的人虽未到诗的末日，实在是早已到生命的末日了，那真是一件最可悲哀的事。"哀莫大于心死"，所谓"心死"就是对于人生世相失去解悟和留恋，就是对于诗无兴趣。读诗的功用不仅在消愁遣闷，不仅是替有闲阶级添一件奢侈；它在使人到处都可以觉到人生世相新鲜有趣，到处可以吸收维持生命和推展生命的活力。

诗是培养趣味的最好的媒介，能欣赏诗的人们不但对于其他种种文学可有真确的了解，而且也决不会觉得人生是一件干枯的东西。

（选自《孟实文钞》，良友图书公司 1936 年版。）

精彩一句：

所谓"诗"并无深文奥义，它只是在人生世相中见出某一点特别新鲜有趣而把它描绘出来。

小平品鉴：

诗学是朱光潜哲学美学和人生美学的交汇点。

朱光潜认诗是在人生世相中见出某一点特别新鲜有趣而把它描绘出来。这里的"见"就是情趣和意象的契合。

朱光潜认"趣味"为审美发动的"魂"，是对于生命的彻悟和留恋。从《谈趣味》《文学的趣味》《诗的境界——情趣与意象》《谈读诗与趣味的培养》等文中，我们不难看出，朱光潜创造性地发展了中国传统的情与景的关系范畴（情景交融），使之转化为以"趣"为发轫点的"情趣"和"意象"的融会合一。

朱光潜主张，诗的境界就是情趣和意象的合一。美学的对象最主要的是艺术，最能代表艺术的是诗艺。他说，一切纯文学都要有诗的特质。一部好小说或一部好戏剧都要当作一首诗看。在朱光潜的心目中，诗艺是艺术的"皇冠"。同时，诗是人生世相的返照。如果一个人对他周围的人与事不能发生美感，不能有创造和欣赏，他就是庄子说的"心死"。这种人生在朱光潜看来，已失去了生命的大半意味。

朱光潜把诗的功能看作在作一场生命之梦，没有了诗魂——情趣，也就缺少了对美的发现，梦也就被粉碎了。

文学的趣味

　　文学作品在艺术价值上有高低的分别，鉴别出这高低而特有所好，特有所恶，这就是普通所谓趣味。辨别一种作品的趣味就是评判，玩索一种作品的趣味就是欣赏，把自己在人生自然或艺术中所领略得的趣味表现出就是创造。趣味对于文学的重要于此可知。文学的修养可以说就是趣味的修养。趣味是一个比喻，由口舌感觉引申出来的。它是一件极寻常的事，却也是一件极难的事。虽说"天下之口有同嗜"，而实际上"人莫不饮食也，鲜能知味"。它的难处在没有固定的客观的标准，而同时又不能完全凭主观的抉择。说完全没有客观的标准吧，文章的美丑犹如食品的甜酸，究竟容许公是公非的存在；说完全可以凭客观的标准吧，一般人对于文艺作品的欣赏有许多个别的差异，正如有人嗜甜，有人嗜辣。在文学方面下过一番功夫的人都明白文学上趣味的分别是极微妙的，差之毫厘往往谬以千里。极深厚的修养常在毫厘之差上见出，极艰苦的磨炼也常是在毫厘之差上做功夫。

　　举一两个实例来说。南唐中主的《浣溪沙》是许多读者所熟读的：

菡萏香销翠叶残，西风愁起绿波间。还与韶光共憔悴，不堪看。

细雨梦回鸡塞远，小楼吹彻玉笙寒。多少泪珠何限恨，倚阑干。

冯正中、王荆公诸人都极赏"细雨梦回"二句，王静安在《人间词话》里却说："菡萏香销二句大有众芳芜秽美人迟暮之感，乃古今独赏其细雨梦回二句，故知解人正不易得。"《人间词话》又提到秦少游的《踏莎行》，这首词最后两句是"郴江幸自绕郴山，为谁流下潇湘去"，最为苏东坡所叹赏；王静安也不以为然："少游词境最为凄惋，至'可堪孤馆闭春寒，杜鹃声里斜阳暮'，则变而为凄厉矣。东坡赏其后二语，犹为皮相。"

这种优秀的评判正足见趣味的高低。我们玩味文学作品时，随时要评判优劣，表示好恶，就随时要显趣味的高低。冯正中、王荆公、苏东坡诸人对于文学不能说算不得"解人"，他们所指出的好句也确实是好，可是细玩王静安所指出的另外几句，他们的见解确不无可议之处，至少是"郴江绕郴山"二句实在不如"孤馆闭春寒"二句。几句中间的差别微妙到不易分辨的程度，所以容易被人忽略过去。可是它所关却极深广，赏识"郴江绕郴山"的是一种胸襟，赏识"孤馆闭春寒"的另是一种胸襟；同时，在这一两首词中所用的鉴别的眼光可以应用来鉴别一切文艺作品，显出同样的抉择，同样的好恶，所以对于一章一句的欣赏大可见出一个人的一般文学趣味。好比善饮酒者有敏感鉴别一杯酒，就有敏感鉴别一切的酒。趣味其实就是这样的敏感。离开这一点敏感，文艺就无由欣赏，好丑妍媸就变成平等无别。

不仅欣赏，在创作方面我们也需要纯正的趣味。每个作者必须是自己的严正的批评者，他在命意布局遣词造句上都须辨析锱铢，审慎抉择，不肯有一丝一毫含糊敷衍。他的风格就是他的人格，而造成他的特殊风格的就是他的特殊趣味。一个作家的趣味在他的修改锻炼的功夫上最容易见出。西方名家的稿本多存在博物馆，其中修改的痕迹最足发人深省。中国名家修改的痕迹多随稿本淹没，但在笔记杂著中也偶可见一斑。姑举一例。黄山谷的《冲雪宿新寨》一首七律的五六两句原为"俗学近知回首晚，病身全觉折腰难"。这两句本甚好，所以王荆公在都中听到，就击节赞叹，说"黄某非风尘俗吏"。但是黄山谷自己仍不满意，最后改为"小吏有时须束带，故人颇问不休官"。这两句仍是用陶渊明见督邮的典故，却比原文来得委婉有含蓄。弃彼取此，亦全凭趣味。如果在趣味上不深究，黄山谷既写成原来两句，就大可苟且偷安。

以上谈欣赏和创作，摘句说明，只是为其轻而易举，其实一切文艺上的好恶都可作如是观。你可以特别爱好某一家，某一体，某一时代，某一派别，把其余都看成左道狐禅。文艺上的好恶往往和道德上的好恶同样地强烈深固，一个人可以在趣味异同上区别敌友，党其所同，伐其所异。文学史上许多派别，许多笔墨官司，都是这样起来的。

在这里我们会起疑问：文艺有好坏，爱憎起于好坏，好的就应得一致爱好，坏的就应得一致憎恶，何以文艺的趣味有那么大的纷歧呢？你拥护六朝，他崇拜唐宋，你赞赏苏辛，他推尊温李，纷纭扰攘，莫衷一是。作品的优越不尽可为凭，莎士比亚、布莱克、华兹华斯一般开风气的诗人在当时都不很为人重视。读者的深厚造诣也不尽可为凭，托尔斯泰攻击莎士比亚和歌德，约翰逊看不起弥尔顿，法朗士讥诮荷马和维吉尔。这种趣味的纷歧是极有趣的事实。粗略地分析，造成这事实的有下列几个因素：

第一是资禀性情。文艺趣味的偏向在大体上先天已被决定。最显著的是民族根性。拉丁民族最喜欢明晰，条顿民族最喜欢力量，希伯来民族最喜欢严肃，他们所产生的文艺就各具一种风格，恰好表现他们的国民性。就个人论，据近代心理学的研究，许多类型的差异都可以影响文艺的趣味。比如在想象方面，"造形类"人物要求一切像图画那样一目了然，"涣散类"人物喜欢一切像音乐那样迷离隐约；在性情方面，"硬心类"人物偏袒阳刚，"软心类"人物特好阴柔；在天然倾向方面，"外倾"者喜欢戏剧式的动作，"内倾"者喜欢独语体诗式的默想。这只是就几个荦荦大端来说，每个人在资禀性情方面还有他的特殊个性，这和他的文艺的趣味也密切相关。

其次是身世经历。《世说新语》中谢安有一次问子弟："《毛诗》何句最佳？"谢玄回答："昔我往矣，杨柳依依；今我来思，雨雪霏霏。"谢安表示异议，说："讦谟定命，远猷辰告句有雅人深致。"这两人的趣味不同，却恰合两人不同的身分。谢安自己是当朝一品，所以特别能欣赏那形容老成谋国的两句；谢玄是翩翩佳公子，所以那流连风景、感物兴怀的句子很合他的口胃。本来文学欣赏，贵能设身处地去体会。如果作品所写的与自己所经历的相近，我们自然更容易了解，更容易起同情。杜工部的诗在这抗战期中读起来，特别亲切有味，也就是这个道理。

第三是传统习尚。法国学者泰纳著《英国文学史》，指出"民族"、"时代"、"周围"为文学的三大决定因素，文艺的趣味也可以说大半受这三种势力形成。各民族、各时代都有它的传统，每个人的"周围"（法文 milieu 略似英文 circle，意谓"圈子"，即常接近的人物，比如说，属于一个派别就是站在那个圈子里）都有它的习尚。在西方，古典派与浪漫派、理想派与写实派；在中国，六朝文与唐宋古文，选体诗、唐诗和宋诗，五代词、北宋词和南宋词，桐城派古文和阳湖派古文，彼此中间都树有很森严的壁垒。投身到某一派旗帜之下的人，就觉得只有那一派是正统，阿其所好，以至目空其余一切。我个人与文艺界朋友的接触，深深地感觉到传统习尚所产生的一些不愉快的经验。我对新文学属望很殷，费尽千言万语也不能说服国学耆宿们，让他们相信新文学也自有一番道理。我也很爱读旧诗文，向新文学作家称道旧诗文的好处，也被他们嗤为顽腐。此外新旧文学家中又各派别之下有派别，京派海派，左派右派，彼此相持不下。我冷眼看得很清楚，每派人都站在一个"圈子"里，那圈子就是他们的"天下"。

一个人在创作和欣赏时所表现的趣味，大半由上述三个因素决定。资禀性情、身世经历和传统习尚，都是很自然地套在一个人身上的，轻易不能摆脱，而且它们的影响有好有坏，也不必完全摆脱。我们应该做的功夫是根据固有的资禀性情而加以磨砺陶冶，扩充身世经历而加以细心的体验，接收多方的传统习尚而求截长取短，融会贯通。这三层功夫就是普通所谓学问修养。纯恃天赋的趣味不足为凭，纯恃环境影响造成的趣味也不足为凭，纯正的可凭的趣味必定是学问修养的结果。

孔子有言："知之者不如好之者，好之者不如乐之者"，仿佛以为知、好、乐是三层事，一层深一层；其实在文艺方面，第一难关是知，能知就能好，能好就能乐。知、好、乐三种心理活动融为一体，就是欣赏，而欣赏所凭的就是趣味。许多人在文艺趣味上有欠缺，大半由于在知上有欠缺。

有些人根本不知，当然不会盛感到趣味，看到任何好的作品都如蠢牛听琴，不起作用。这是精神上的残废。犯这种毛病的人失去大部分生命的意味。

有些人知得不正确，于是趣味低劣，缺乏鉴别力，只以需要刺激或麻醉，取恶劣作品疗饥过瘾，以为这就是欣赏文学。这是精神上的中毒，可以使整个的精神受腐化。

有些人知得不周全，趣味就难免窄狭，像上文所说的，被围于某一派别的传统习尚，不能自拔。这是精神上的短视，"坐井观天，诬天藐小"。

要诊治这三种流行的毛病，唯一的方剂是扩大眼界，加深知解。一切价值都由比较得来，生长在平原，你说一个小山坡最高，你可以受原谅，但是你错误。"登东山而小鲁，登泰山而小天下"，那"天下"也只是孔子所能见到的天下。要把山估计得准确，你必须把世界名山都游历过，测量过。研究文学也是如此，你玩索的作品愈多，种类愈复杂，风格愈纷歧，你的比较资料愈丰富，透视愈正确，你的鉴别力（这就是趣味）也就愈可靠。

人类心理都有几分惰性，常以先入为主，想获得一种新趣味，往往须战胜一种很顽强的抵抗力。许多旧文学家不能欣赏新文学作品，就因为这个道理。就我个人的经验来说，起初习文言文，后来改习语体文，颇费过一番冲突与挣扎。在才置信语体文时，对文言文颇有些反感，后来多经摸索，觉得文言文仍有它的不可磨灭的价值。专就学文言文说，我起初学桐城派古文，跟着古文家们骂六朝文的绮靡，后来稍致力于六朝人的著作，才觉得六朝文也有为唐宋文所不可及处。在诗方面我从唐诗入手，觉宋诗索然无味，后来读宋人作品较多，才发现宋诗也特有一种风味。我学外国文学的经验也大致相同，往往从笃嗜甲派不了解乙派，到了解乙派而对甲派重新估定价值。我因而想到培养文学趣味好比开疆辟土，须逐渐把本来非我所有的征服为我所有。英国诗人华兹华斯说道："一个诗人不仅要创造作品，还要创造能欣赏那种作品的趣味。"我想不仅作者如此，读者也须时常创造他的趣味。生生不息的趣味才是活的趣味，像死水一般静止的趣味必定陈腐。活的趣味时时刻刻在发现新境界，死的趣味老是围在一个窄狭的圈子里。这道理可以适用于个人的文学修养，也可以适用于全民族的文学演进史。

（选自《谈文学》，开明书店 1946 年版。）

精彩一句：

文艺上的好恶往往和道德上的好恶同样地强烈深固，一个人可以在趣味异同上区别敌友，党其所同，伐其所异。

小平品鉴：

朱光潜向来认为趣味的修养实可说是一种文学的修养。趣味与文学的欣赏和创造，在他这里几乎就是同一语。

朱光潜认为趣味有高低之分，因人而异。造就人的趣味差别的因素，在他看来不外有三点：首先是资禀性情，其次是身世经历，最后是传统习尚。一个人在创作和欣赏过程中所表现出的趣味，逃脱不了这些因素的影响，其中有好的，也有坏的。朱光潜主张，纯正的可凭的趣味必定是学问修养的结果。这句话既不同于唯心主义的天才观，也不同于机械唯物的决定论。这体现了朱光潜美学思想中"调和折衷"的色彩。

本文中，朱光潜也谈到"了解和同情"。对一件好的艺术品，如果你不能"知"（了解），就很难和作者产生共鸣，也就无法进一步产生"同情"。欣赏者和创作者，都需心中悬着目标，否则你就难和你的艺术对象（无论古今）进行同情的"对话"。

文学与人生

　　文学是以语言文字为媒介的艺术。就其为艺术而言，它与音乐图画雕刻及一切号称艺术的制作有共同性：作者对于人生世相都必有一种独到的新鲜的观感，而这种观感都必有一种独到的新鲜的表现；这观感与表现即内容与形式，必须打成一片，融合无间，成为一种有生命的和谐的整体，能使观者由玩索而生欣喜。达到这种境界，作品才算是"美"。美是文学与其他艺术所必具的特质。就其以语言文字为媒介而言，文学所用的工具就是我们日常运思说话所用的工具，无待外求，不像形色之于图画雕刻，乐声之于音乐。每个人不都能运用形色或音调，可是每个人只要能说话就能运用语言，只要能识字就能运用文字。语言文字是每个人表现情感思想的一套随身法宝，它与情感思想有最直接的关系。因为这个缘故，文学是一般人接近艺术的一条最直截简便的路；也因为这个缘故，文学是一种与人生最密切相关的艺术。

　　我们把语言文字联在一起说，是就文化现阶段的实况而言，其实在演化程序上，先有口说的语言而后有手写的文字，写的文字与说的语言在时间上的距离可以有数千年乃至数万年之久，到现在世间还有许多民族只有语言而无文字。

远在文字未产生以前，人类就有语言，有了语言就有文学。文学是最原始的也是最普遍的一种艺术。在原始民族中，人人都欢喜唱歌，都欢喜讲故事，都欢喜戏拟人物的动作和姿态。这就是诗歌、小说和戏剧的起源。于今仍在世间流传的许多古代名著，像中国的《诗经》，希腊的荷马史诗，欧洲中世纪的民歌和英雄传说，原先都由口头传诵，后来才被人用文字写下来。在口头传诵的时期，文学大半是全民众的集体创作。一首歌或是一篇故事先由一部分人倡始，一部分人随和，后来一传十，十传百，辗转相传，每个传播的人都贡献一点心裁把原文加以润色或增损。我们可以说，文学作品在原始社会中没有固定的著作权，它是流动的，生生不息的，集腋成裘的。它的传播期就是它的生长期，它的欣赏者也就是它的创作者。这种文学作品最能表现一个全社会的人生观感，所以从前关心政教的人要在民俗歌谣中窥探民风国运，采风观乐在春秋时还是一个重要的政典。我们还可以进一步说，原始社会的文字就几乎等于它的文化；它的历史、政治、宗教、哲学等等都反映在它的诗歌、神话和传说里面。希腊的神话史诗，中世记的民歌传说以及近代中国边疆民族的歌谣、神话和民间的故事都可以为证。

口传的文学变成文字写定的文学，从一方面看，这是一个大进步，因为作品可以不纯由记忆保存，也不纯由口诵流传，它的影响可以扩充到更久更远。但从另一方面看，这种变迁也是文学的一个厄运，因为识字另需一番教育，文学既由文字保存和流传，文字便成为一种障碍，不识字的人便无从创造或欣赏文学，文学便变成一个特殊阶级的专利品。文人成了一个特殊阶级，而这阶级化又随社会演进而日趋尖锐，文学就逐渐和全民众疏远。这种变迁的坏影响很多，第一，文学既与全民众疏远，就不能表现全民众的精神和意识，也就不能从全民众的生活中吸收力量与滋养，它就不免由窄狭化而传统化，形式化，僵硬化。其次。它既成为一个特殊阶级的兴趣，它的影响也就限于那个特殊阶级，不能普及于一般人，与一般人的生活不发生密切关系，于是一般人就把它认为无足轻重。文学在文化现阶段中几已成为一种奢侈，而不是生活的必需。在最初，凡是能运用语言的人都爱好文学；后来文字产生，只有识字的人才能爱好文学；现在连识字的人也大半不能爱好文学，甚至有一部分人鄙视或仇视文学，说它的影响不健康或根本无用。在这种情形之下，一个人要想郑重其事地来谈文学，难免有几分心虚胆怯，他至少须说出一点理由来辩护他的不合时宜的举动。这篇开场白就是替以后陆续发表的十几篇谈文学的文章作一个辩护。

先谈文学有用无用问题。一般人嫌文学无用，近代有一批主张"为文艺而文艺"的人却以为文学的妙处正在它无用。它和其它艺术一样，是人类超脱自然需要的束缚而发出的自由活动。比如说，茶壶有用，因能盛茶，是壶就可以盛茶，不管它是泥的瓦的扁的圆的，自然需要止于此。但是人不以此为满足，制壶不但要能盛茶，还要能娱目赏心，于是在质料、式样、颜色上费尽机巧以求美观。就浅狭的功利主义看，这种功夫是多余的，无用的；但是超出功利观点来看，它是人自作主宰的活动。人不惮烦要作这种无用的自由活动，才显得人是自家的主宰，有他的尊严，不只是受自然驱遣的奴隶；也才显得他有一片高尚的向上心。要胜过自然，要弥补自然的缺陷，使不完美的成为完美。文学也是如此。它起于实用，要把自己所知所感的说给旁人知道；但是它超过实用，要找好话说，要把话说的好，使旁人在话的内容和形式上同时得到愉快。文学所以高贵，值得我们费力探讨，也就在此。

这种"为文艺而文艺"的看法确有一番正当道理，我们不应该以浅狭的功利主义去估定文学的身价。但是我以为我们纵然退一步想，文学也不能说是完全无用。人之所以为人，不只因为他有情感思想，尤在他能以语言文字表现情感思想。试假想人类根本没有语言文字，像牛羊犬马一样，人类能否有那样光华灿烂的文化？文化可以说大半是语言文字的产品。有了语言文字，许多崇高的思想，许多微妙的情境，许多可歌可泣的事迹才能那样流传广播，由一个心灵出发，去感动无数的心灵，去启发无数心灵的创作。这感动和启发的力量大小与久暂，就看语言文字运用得好坏。在数千载之下，《左传》、《史记》所写的人物事迹还活现在我们眼前，若没有左丘明、司马迁的那种生动的文笔，这事如何能做到？在数千载之下，柏拉图的《对话集》所表现的思想对于我们还是那么亲切有趣，若没有柏拉图的那种深入而浅出的文笔，这事又如何能做到？从前也许有许多值得流传的思想与行迹，因为没有遇到文人的点染，就淹没无闻了。我们自己不时常感觉到心里有话要说而不出的苦楚么？孔子说得好："言之无文，行之不远。"单是"行远"这一个功用就深广不可思议。

柏拉图、卢梭、托尔斯泰和程伊川都曾怀疑到文学的影响，以为它是不道德的或是不健康的。世间有一部分文学作品确有这种毛病，本无可讳言，但是因噎不能废食，我们只能归咎于作品不完美，不能断定文学本身必有罪过。从纯文艺观点看，在创作与欣赏的聚精会神的状态中，心无旁涉，道德的问题自无从闯入意识阈。纵然离开美感态度来估定文学在实际人生中的价值，文艺的影响也决不会是不道德的，而且一个人如果有纯正的文艺修养，他在文艺方面所受的道德影响可以比任何其他体验与教训的影响更较深广。"道德的"与"健全的"原无二义。健全的人生理想是人性的多方面的谐和的发展，没有残废也没有臃肿。譬如草木，在风调雨顺的环境之下，它的一般生机总是欣欣向荣，长得枝条茂畅，花叶扶疏。情感思想便是人的生机，生来就需要宣泄生长，发芽开花。有情感思想而不能表现，生机便遭窒塞残损，好比一株发育不完全而呈病态的花草。文艺是情感思想的表现，也就是生机的发展，所以要完全实现人生，离开文艺决不成。世间有许多对文艺不感兴趣的人干枯浊俗，生趣索然，其实都是一些精神方面的残废人，或是本来生机就不畅旺，或是有畅旺的生机因为窒塞而受摧残。如果一种道德观要养成精神上的残废人，它本身就是不道德的。

表现在人生中不是奢侈而是需要，有表现才能有生展，文艺表现情感思想，同时也就滋养情感思想使它生展。人都知道文艺是"怡情养性"的。请仔细玩索"怡养"两字的意味！性情在怡养的状态中，它必是健旺的，生发的，快乐的。这"怡养"两字却不容易做到，在这纷纭扰攘的世界中，我们大部分时间与精力都费在解决实际生活问题，奔波劳碌，很机械地随着疾行车流转，一日之中能有几许时刻回想到自己有性情？还论怡养！凡是文艺都是根据现实世界而铸成另一超现实的意象世界，所以它一方面是现实人生的返照，一方面也是现实人生的超脱。在让性情怡养在文艺的甘泉时，我们霎时间脱去尘劳，得到精神的解放，心灵如鱼得水地徜徉自乐；或是用另一个比喻来说，在干燥闷热的沙漠里走得很疲劳之后，在清泉里洗一个澡，绿树荫下歇一会儿凉。世间许多人在劳苦里打翻转，在罪孽里打翻转，俗不可耐，苦不可耐，原因只在洗澡歇凉的机会太少。

从前中国文人有"文以载道"的说法，后来有人嫌这看法的道学气太重，把"诗言志"一句老话抬出来，以为文学的功用只在言志；释志为"心之所之"，因此言志包涵表现一切心灵活动在内。文学理论家于是分文学为"载道"、

"言志"两派，仿佛以为这两派是两极端，绝不相容——"载道"是"为道德教训而文艺"，"言志"是"为文艺而文艺"。其实这问题的关键全在"道"字如何解释。如果释"道"为狭义的道德教训，载道就显然小看了文学。文学没有义务要变成劝世文或是修身科的高头讲章。如果释"道"为人生世相的道理，文学就决不能离开"道"，"道"就是文学的真实性。志为心之所之，也就要合乎"道"，情感思想的真实本身就是"道"，所以"言志"即"载道"，根本不是两回事，哲学科学所谈的是"道"，文艺所谈的仍是"道"，所不同者哲学科学的道是抽象的，是从人生世相中抽绎出来的，好比从盐水中提出来的盐；文艺的道是具体的，是含蕴在人生世相中的，好比盐溶于水，饮者知咸，却不辨何者为盐，何者为水。用另一个比喻来说，哲学科学的道是客观的、冷的、有精气而无血肉的；文艺的道是主观的、热的，通过作者的情感与人格的渗沥，精气和血肉凝成完整生命的。换句话说，文艺的"道"与作者的"志"融为一体。

我常感觉到，与其说"文以载道"，不如说"因文证道"。《楞严经》记载佛有一次问他的门徒从何种方便之门，发菩提心，证圆通道。几十个菩萨罗汉轮次起答，有人说从声音，有人说从颜色，有人说从香味，大家共说出二十五个法门（六根、六尘、六识、七大，每一项都可成为证道之门）。读到这段文章，我心里起了一个幻想，假如我当时在座，轮到我起立作答时，我一定说我的方便之门是文艺。我不敢说我证了道，可是从文艺的玩索，我窥见了道的一斑。文艺到了最高的境界，从理智方面说，对于人生世相必有深广的观照与彻底的了解，如阿波罗凭高远眺，华严世界尽成明镜里的光影，大有佛家所谓万法皆空，空而不空的景象；从情感方面说，对于人世悲欢好丑必有平等的真挚的同情，冲突化除后的谐和，不沾小我利害的超脱，高等的幽默与高度的严肃，成为相反者之同一。柏格森说世界时时刻刻在创化中，这好比一个无始无终的河流，孔子所看到的"逝者如是夫，不舍昼夜"，希腊哲人所看到的"濯足清流，抽足再入，已非前水"，所以时时刻刻有它的无穷的兴趣。抓住某一时刻的新鲜景象与兴趣而给以永恒的表现，这是文艺。一个对于文艺有修养的人决不感觉到世界的干枯或人生的苦闷。他自己有表现的能力固然很好，纵然不能，他也有一双慧眼看世界，整个世界的动态便成为他的诗，他的图画，他的戏剧，让他的性情在其中"怡养"。到了这种境界，人生便经过了艺术化，而身历其境的人，在我想，可以算得一个有

"道"之士。从事于文艺的人不一定都能达到这个境界，但是它究竟不失为一个崇高的理想，值得追求，而且在努力修养之后，可以追求得到。

（选自《谈文学》，开明书店 1946 年版。）

精彩一句：

文艺是情感思想的表现，也就是生机的发展，所以要完全实现人生，离开文艺决不成。

肖泳品鉴：

朱光潜由浅入深，从语言文字作为人表现情感思想的基本工具说起，如他在多篇文章中的观点一样，首先肯定文学与其他艺术一致的审美特征。然而，本文更强调文学表现人生世相所独具的直接性和贴近性的特点。

本文针对盛行的功利主义和理智主义观点，朱光潜希望读者们目光放长远，不要在文学的有用或无用上做争论。在他看来，对文以载道之"道"的理解，不应仅作"道德教训"来解释。朱光潜关于道德的观点，有亚里士多德伦理学影响的痕迹，他视生命为一种生生不息的活动。他认为可以把"道"解释为人生世相的道理，这样就跳出"道德教训"这一狭窄范围，文学的有用与否就不仅仅看道德教化的影响，而是从更广阔的人生角度来审视，那么，"文以载道"与"诗言志"的划分就没有必要了。因为，二者是合而为一的整体。表现人生世相与表达情感思想，都是文学的情趣内涵，文学特有的审美表达形式为在现实生活中苦闷丛生、悒郁难解的众生提供了超脱现实、解放精神的意象世界，使人的生机得以发展，就像草木在风调雨顺的环境里欣欣向荣。假如没有文学及其它艺术，人类只如牛马般吃饱穿暖繁衍后代，也许人就仍然是自然的奴隶而不会有今天光辉灿烂的人类文化。

陶渊明

一　他的身世、交游、阅读和思想

　　大诗人先在生活中把自己的人格涵养成一首完美的诗，充实而有光辉，写下来的诗是人格的焕发。陶渊明是这个原则的一个典型的例证。正和他的诗一样，他的人格最平淡也最深厚。凡是稍涉猎他的作品的人们对他不致毫无了解，但是想完全了解他，却也不是易事。我现在就个人所见到的陶渊明来作一个简单的画像。

　　他的时代是在典午大乱之后，正当刘裕篡晋的时候。他生在一个衰落的世家，是否是陶侃的后人固有问题，至少是他的近房裔孙。当时讲门第的风气很盛，从《赠长沙公》和《命子》诸诗看，他对于他自己的门第素很自豪。他的祖父还做过不大不小的官。他的父亲似早就在家居闲（据《命子》诗，安城太守之说似不确。他序他的先世都提到官职，到了序他的父亲只有"淡焉虚止，寄迹风云，冥兹愠喜"数语）。他的母亲是当时名士孟嘉的女儿。他还有一个庶母，弟敬远和程氏妹都是庶出。他的父亲和庶母都早死，生母似活得久些。弟妹也都早死，留下有侄儿靠他抚养。他自己续过弦，原配在他三十岁左右死去。继娶翟氏，帮他做农家操作。他有五个儿子，似还有"弱女"，不同母。他在中年遭了几次丧事，还遭了一次火，家庭担负很不轻，算是穷了一生。他从早年就爱生病，一直病到老。他死时年才五十余（旧传渊明享年六十三，吴汝纶定为五十一，梁启超定为五十六，古直定为五十二，从作品的内证看，五十一二之说较胜），却早已"白发被两鬓"，可见他的身体衰弱。

当时一般社会情形很不景气，他住在江西浔阳柴桑，和一般衰乱时代的乡下读书人一样，境况非常窘迫。在乡下无恒业的读书人大半还靠种田过活，渊明也是如此。但是田薄岁歉（看"炎火屡焚如，螟蜮恣中田，风雨纵横至，收敛不盈廛"诸句可知），人口又多，收入不能维持极简单的生活，以致"冬无蕴葛，夏渴瓢箪"。渊明世家子，本有些做官的亲戚朋友，迫于饥寒，只得放下犁头去求官。他的第一任官是京口镇军参军，那时他才二十三岁左右（晋安帝隆安三年己亥），过了两年，他奉使到江陵（辛丑），那时镇江陵的是桓玄，正上表请求带兵进京（建康）解孙恩之围，恰逢孙恩的兵已退，安帝下诏书阻止桓玄入京，渊明到江陵很可能就是奉诏止玄。就在这年冬天，他的母亲去世。他居了两年忧，到了二十八岁那年（甲辰），又起来做建威参军，第二年三月奉使入都，八月补彭泽令，冬十一月就因为不高兴束带见督邮，解印绶归田。以后他就没有出来做官。总计起来，他做官的时候前后不过六年，除去中间丁忧两年，实际只有四年。他再起那一年，天下正大乱，桓玄造反，刘裕平了他。此后十五六年之中，刘裕在继续扩充他的势力。到了渊明四十四岁那年（庚申）刘裕便篡位，晋便改成宋。从渊明二十九岁弃官，到他五十一岁死，二十余年中，他都在家乡种田，生活依然极苦，虽然偶得朋友的资助，还有挨饿乞食的时候。晚年刘裕有诏征他做著作郎，他没有就。

一个人的性格成就和他所常往来的朋友亲戚们很有关系。渊明生平常往来的人大约可分四种。第一种是政治上的人物。有的是他的上司。他做镇军参军时，那镇军可能为刘牢之；做建威参军时，那建威可能是刘敬宣；他奉使江陵时，镇江陵的是桓玄，有人还疑心他在桓玄属下做过官。有的是仰慕他而想结交他的。第一是江州刺史王宏，想结交他，苦无路可走，听说他要游庐山，于是请他的朋友庞通之备酒席候于路中，二人正欢饮时，王宏才闯到席间，因而结识了他。此后两人常有来往，王宏常送他酒，资助他的家用。集中《于王抚军座送客一首》大概就是在王宏那里写的。其次是继王宏做江州刺史的檀道济，亲自去拜访渊明，劝他做官，他不肯，并且退回道济所带来的礼物。但是这一类人与渊明大半说不上是朋友，真正够上做朋友的只有颜延之。延之做始安太守过浔阳时，常到渊明那里喝酒，临别时留下二万钱。渊明把这笔款子全送到酒家。延之在当时也是一位大诗人，名望比渊明高得多。他和渊明交谊甚厚，渊明死后，他做了一篇有名的诔文。

第二种朋友是集中载有赠诗的，像庞参军、丁柴桑、戴主簿、郭主簿、羊长史、张常侍那一些人，大半官阶不高，和渊明也相知非旧，有些是柴桑的地方官，有些或许是渊明做官时的同僚，偶接杯酒之欢的。这批人事迹不彰，对渊明也似没有多大影响。

最有趣味而也最难捉摸他们与渊明关系的是第三种人，就是在思想情趣与艺术方面可能与渊明互相影响的。头一个当然是莲社高僧慧远。他瞧不起显达的谢灵运，而结社时却特别写信请渊明，渊明回信说要准他吃酒才去，慧远居然为他破戒置酒，渊明到了，忽"攒眉而去"。他对莲社所持奉的佛教显然听到了一些梗概，却也显然不甚投机。其次就是慧远的两个居士弟子，与渊明号称"浔阳三隐"的周续之和刘遗民。这三隐中只有渊明和遗民隐到底，遗民讲禅，渊明不喜禅，二人相住虽不远，集中只有两首赠刘柴桑的诗，此外便没有多少往来的痕迹。续之到宋朝应召讲学，陪讲的有祖企谢景夷，也都是渊明的故友，渊明作了一首诗送他们三位，警告他们"马队非讲肆，校书亦已勤"，结尾劝他们"从我颍水滨"，可见他们与渊明也是"语默异势"。最奇怪的是谢灵运。在诗史上陶、谢虽并称，在当时谢的声名远比陶大。慧远嫌谢"心乱"，不很理睬他，但他还是莲社中要角。渊明和他似简直不通声气，虽然灵运在江西住了不少的时候，二人相住很近。这其实也不足怪，灵运不但"心乱"而讲禅，名位势利的念头很重，以晋室世家大臣改节仕宋，弄到后来受戮辱。总之，渊明和当时名士学者算是彼此"相遗"，在士大夫的圈子里他很寂寞，连比较了解他的颜延之也是由晋入宋，始终在忙官。

和渊明往来最密，相契最深的倒是乡邻中一些田夫野老。他是一位富于敏感的人，在混乱时代做过几年小官，便发誓终生不再干，他当然也尝够了当时士大夫的虚伪和官场的恶浊，所以宁肯回到乡间和这班比较天真的人们"把酒话桑麻"。看"农务各自归，闲暇辄相思。相思则披衣，言笑无厌时"几句诗，就可以想见他们中间的真情和乐趣。他们对渊明有时"壶浆远见候"，渊明也有时以"只鸡招近局"。从各方面看，渊明是一个富于热情的人，甘淡泊则有之，甘寂寞则未必，在归田后二十余年中，他在田夫野老的交情中颇得到一些温慰。

渊明的一生生活可算是"半耕半读"。他说读书的话很多："少学琴书，偶爱闲静，开卷有得，便欣然忘食"；"好读书，不求甚解，每有会意，便欣然忘食"；"乐琴书以销忧"；"委怀在琴书"等等，可见读书是他的一个重要的消遣。他对于书有很深的信心，所以说"得知千载上，正赖古人书"。他读的是一些什么书呢？颜延之在诔文里说他"心好异书"，不过从他的诗里看，所谓"异书"主要的不过是《山海经》之类。他常提到的却大半是儒家的典籍，例如"少年罕人事，游好在六经"，"诗书敦宿好"，"言谈无俗调，所说圣人篇"。在《饮酒》诗最后一首里，他特别称赞孔子删诗书，嗟叹狂秦焚诗书，汉儒传六经，而终致慨"如何绝世下，六籍无一亲"。从他这里援引的字句或典故看，他摩挲最熟的是《诗经》《楚辞》《庄子》《列子》《史记》《汉书》六部书；从偶尔谈到隐逸神仙的话看，他读过皇甫谧的《高士传》和刘向的《列仙传》那一类书。他很爱读传记，特别流连于他所景仰的人物，如伯夷、叔齐、荆轲、四皓、二疏、杨伦、邵平、袁安、荣启期、张仲蔚等，所谓"历览千载书，时时见遗烈"者指此。

渊明读书大抵采兴趣主义，我们不能把他看成一个有系统的专门学者。他自己明明说："好读书，不求甚解"，颜延之也说他"学非称师"。趁此我们可略谈他的思想。这是一个古今聚讼的问题。朱晦庵说："靖节见趣多是老子"，"旨出于老庄"。真西山却不以为然，他说："渊明之学正自经术中来。"最近陈寅恪先生在《陶渊明之思想与清淡之关系》一文里作结论说：

渊明之思想为承袭魏晋清谈演变之结果，及依据其家世信仰道教之自然说而创设之新自然说。惟其为主自然说者，故非名教说，并以自然与名教不相同。但其非名教之意仅限于不与当时政治势力合作，而不似阮籍、刘伶辈之佯狂任诞。盖主新自然说者不须如旧自然说之积极抵触名教也。又新自然说不似旧自然说之养此有形之生命，或别学神仙，惟求融合精神于运化之中，即与大自然为一体。因其如此，既无旧自然说形骸物质之滞累，自不至与周孔入世之名教说有所触碍。故渊明之为人实外儒而内道，舍释迦而宗天师者也。

这些话本来都极有见地，只是把渊明看成有意地建立或皈依一个系统井然、壁垒森严的哲学或宗教思想，像一个谨守绳墨的教徒，未免是"求甚解"，不如颜延之所说的"学非称师"，他不仅曲解了渊明的思想，而且他也曲解了他的性格。渊明是一位绝顶聪明的人，却不是一个拘守系统的思想家或宗教信徒。他读各家的书，和各人物接触，在于无形中受他们的影响，像蜂儿采花酿蜜，把所吸收来的不同的东西融会成他的整个心灵。在这整个心灵中我们可以发现儒家的成分，也可以发现道家的成分，不见得有所谓内外之分，尤其不见得渊明有意要做儒家或道家。假如说他有意要做某一家，我相信他的儒家的倾向比较大。

至于渊明是否受佛家的影响呢？寅恪先生说他绝对没有，我颇怀疑。渊明听到莲社的议论，明明说过它"发人深省"，我们不敢说"深省"的究竟是什么，"深省"却大概是事实。寅恪先生引《形影神》诗中"甚念伤吾生，正宜委运去，纵浪大化中，不喜亦不惧，应尽便须尽，无复独多虑"几句话，证明渊明是天师教信徒。我觉得这几句话确可表现渊明的思想，但是在一个佛教徒看，这几句话未必不是大乘精义。此外渊明的诗里不但提到"冥报"而且谈到"空无"（"人生似幻化，终当归空无"）。我并不敢因此就断定渊明有意地援引佛说，我只是说明他的意识或下意识中可能有一点佛家学说的种子，而这一点种子，可能像是熔铸成就他的心灵的许多金属物中的寸金片铁；在他的心灵焕发中，这一点小因素也可能偶尔流露出来。我们到下文还要说到，他的诗充满着禅机。

二　他的情感生活

诗人与哲学家究竟不同，他固然不能没有思想，但是他的思想未必是有方法系统的逻辑的推理，而是从生活中领悟出来，与感情打成一片，蕴藏在他的心灵的深处，到时机到来，忽然迸发，如灵光一现，所以诗人的思想不能离开他的情感生活去研究。渊明诗中如"结庐在人境，而无车马喧，问君何能尔，心远地自偏"，"即事如已高，何必升华嵩"，"贫富常交战，道胜无戚颜"，"形迹凭化往，灵府长独闲"诸句都含有心为物宰的至理；儒家所谓"浩然之气"，佛家所谓"澄圆妙明清净心"，要义不过如此；儒佛两家费许多言语来阐明它，而渊明灵心迸发，一语道破，我们在这里所领悟的不是一种学说，而是一种情趣，一种胸襟，一种具体的人格。再如"有风自南，翼彼新苗"，"平畴交远风，良苗亦怀新"，"鸟哢欢新节，泠风送余善"，"众鸟欣有托，吾亦爱吾庐"，"采菊东篱下，悠然见南山，山气日夕佳，飞鸟相与还"，诸句都含有冥忘物我，和气周流的妙谛；儒家所谓"赞天地之化育，与天地参"，梵家谓"梵我一致"，斯宾诺莎的泛神观，要义都不过如此；渊明很可能没有受任何一家学说的影响，甚至不曾像一个思想家推证过这番道理，但是他的天资与涵养逐渐使这么一种"鱼跃鸢飞"的心境生长成熟，到后来触物即发，纯是一片天机。了解渊明第一须了解他的这种理智渗透情感所生的智慧，这种物我默契的天机。这智慧，这天机，让染着近代思想气息的学者们拿去当作"思想"分析，总不免是隔靴搔痒。

诗人的思想和感情不能分开，诗主要地是情感而不是思想的表现。因此，研究一个诗人的感情生活远比分析他的思想还更重要。谈到感情生活，正和他的思想一样，渊明并不是一个很简单的人。他和我们一般人一样，有许多矛盾和冲突；和一切伟大诗人一样，他终于达到调和静穆。我们读他的诗，都欣赏他的"冲澹"，不知道这"冲澹"是从几许辛酸苦闷得来的，他的身世如我们在上文所述的，算是饱经忧患，并不像李公麟诸人所画的葛巾道袍，坐在一棵松树下，对着无弦琴那样悠闲自得的情境。我们须记起他的极端的贫穷，穷到"夏日长抱饥，寒夜无被眠，造夕思鸡鸣，及晨愿乌迁"。他虽不怨天，却坦白地说"离忧凄目前";自己不必说,叫儿子们"幼而饥寒",他尤觉"抱兹苦心,良独内愧"。他逼得要自己种田,自道苦衷说:"田家岂不苦?弗获辞此难!"他逼得去乞食,一杯之惠叫他图"冥报"。穷还不算,他一生很少不在病中,他的诗集满纸都是忧生之嗟。《形影神》那三首诗就是在思量生死问题;"一世异朝世,此语良不虚","未知从今去,当复如此不"?"求我盛年欢,一毫无复意","民生鲜长在,矧伊愁苦缠","从古皆有没,念之中心焦",以及许多其他类似的诗句都可以见出迟暮之感与生死之虑无日不在渊明心中盘旋。尤其是刚到中年,不但父母都死了,元配夫人也死了,不能不叫他"既伤逝者,行自念也"。这世间人有谁能给他安慰呢?他对于子弟,本来"既见其生实欲其可",而事实上"虽有五男儿,总不爱纸笔",使他嗟叹"天运"。至于学士大夫中的朋友,我们前已说过,大半和他"语默殊势",令他起"息交绝游"的念头。连比较知己的像周续之、颜延之一班人也都转到刘宋去忙官,他送行说:"语默自殊势,亦知当乖分","路若经商山,为我稍踌躇",这语音中有多少寂寞之感!

这里也可以见出一般人所常提到的"耻事二姓"的问题虽不必过于着重,却也不可一笔抹煞。他心里痛恨刘裕篡晋,这是无疑的,不但《述酒》《拟古》《咏荆轲》诸诗可以证明,就是他对于伯夷、叔齐那些"遗烈"的景仰也决不是无所为而发。加以易姓前后几十年中——渊明的大半生中——始而有王恭、孙恩之乱,继而有桓玄、刘裕之哄,终而刘裕推翻晋室,兵戈扰攘,几无宁日。渊明一个穷病书生,进不足以谋国,退不足以谋生,也很叫他忧愤。我们稍玩索"八表同昏,平路伊阻"、"终日驰车走,不见所问津"、"翳舟无须臾,引我不得住"诸诗的意味,便可领略到渊明的苦闷。

渊明诗篇篇有酒,这是尽人皆知的,像许多有酒癖者一样,他要借酒压住心头极端的苦闷,忘去世间种种不称心的事。他尝说:"常恐大化尽,气力不及衰,拨置且莫念,一觞聊可挥","泛此忘忧物,远我遗世情","数斝已复醉,不觉知有我,安知物为贵","天运苟如此,且进杯中物",酒对于他仿佛是一种武器,他拿在手里和命运挑战,后来它变成一种沉痼,不但使他"多谬误",而且耽误了他的事业,妨害他的病体。从《荣木》诗里"志彼不舍(学业),安此日富(酒),我之怀矣,怛焉内疚"那几句话看,他有时颇自悔,所以曾有一度"止酒"。但是积习难除,到死还恨在世时"饮酒不得足"。渊明和许多有癖好的诗人们（例如阮籍、李白、波斯的奥马康颜之类）的这种态度，在近代人看来是"逃避"，我们不能拿近代人的观念去责备古人，但是"逃避"确是事实。逃避者自有苦心，让我们庆贺无须饮酒的人们的幸福，同时也同情于"君当恕醉人"那一个沉痛的呼声。

世间许多醉酒的人们终止于刘伶的放诞，渊明由冲突达到调和，并不由于饮酒。弥补这世间缺陷的有他的极丰富的精神生活，尤其是他的极深广的同情。我们一般人的通病是围在一个极狭小的世界里活着，狭小到时间上只有现在，在空间上只有切身利益相关系的人与物；如果现在这些切身利害关系的人与物对付不顺意，我们就活活地被他们扼住颈项，动弹不得，除掉怨天尤人以外，别无解脱的路径。渊明像一切其他大诗人一样，有任何力量不能剥夺的自由，在这"樊笼"以外，发现一个"天空任鸟飞"的宇宙。第一是他打破了现在的界限而游心于千载，发现许多可"尚友"的古人。《咏贫士》诗中有两句话透漏此中消息："何以慰吾怀，赖古此多贤。"这就是说，他的清风亮节在当时虽无同调，过去有同调的人们正复不少，使他自慰"吾道不孤"。他好读书，就是为了这个缘故，他说"历览千载书，时时见遗烈"，而这些"遗烈"可以使他感发兴起。他的诗文不断地提到他所景仰的古人，《述酒》与《扇上画赞》把他们排起队伍来，向他们馨香祷祝，更可以见出他的志向。这队伍里不外两种人，一是固穷守节的隐士，如荷蓧丈人、长沮桀溺、张长公、薛孟尝、袁安之类，一是亡国大夫积极或消极地抵抗新朝，替故主复仇的，如伯夷、叔齐、荆轲、韩非、张良之类，这些人们和他自己在身世和心迹上多少相类似。

在这里我们不妨趁便略谈渊明带有侠气、存心为晋报仇的看法。渊明侠气则有之，存心报仇似未必，他不是一个行动家，原来为贫而仕，未尝有杜甫的"致君尧舜上，再使风俗醇"那种近于夸诞的愿望，后来解组归田，终生不仕，一半固由于不肯降志辱身，一半也由于他惯尝了"樊笼"的滋味，要"返自然"，庶几落得一个清闲。他厌恶刘宋是事实，不过他无力推翻已成之局，他也很明白。所以他一方面消极地不合作，一方面寄怀荆轲、张良等"遗烈"，所谓"刑天舞干戚"，虽无补于事，而"猛志固常在"。渊明的心迹不过如此，我们不必妄为捕风捉影之谈。

渊明打破了现在的界限，也打破了切身利害相关的小天地界限，他的世界中人与物以及人与我的分别都已化除，只是一团和气，普运周流，人我物在一体同仁的状态中各徜徉自得，如庄子所说的"鱼相与忘于江湖"。他把自己的胸襟气韵贯注于外物，使外物的生命更活跃，情趣更丰富；同时也吸收外物的生命与情趣来扩大自己的胸襟气韵。这种物我的回响交流，有如佛家所说的"千灯相照"，互映增辉。所以无论是微云孤鸟，时雨景风，或是南阜斜川，新苗秋菊，都到手成文，触目成趣。渊明人品的高妙就在有这样深广的同情；他没有由苦闷而落到颓唐放诞者，也正以此。中国诗人歌咏自然的风气由陶、谢开始，后来王、孟、储、韦诸家加以发挥光大，遂至几无诗不状物写景。但是写来写去，自然诗终让渊明独步。许多自然诗人的毛病在只知雕绘声色，装点的作用多，表现的作用少，原因在缺乏物我的混化与情趣的流注。自然景物在渊明诗中向来不是一种点缀或陪衬，而是在情趣的戏剧中扮演极生动的角色，稍露面目，便见出作者的整个的人格。这分别的原因也在渊明有较深厚的人格的涵养，较丰富的精神生活。

渊明的心中有许多理想的境界。他所景仰的"遗烈"固然自成一境，任他"托契孤游"；他所描写的桃花源尤其是世外乐土。欧阳公尝说晋无文章，只有陶渊明的《归去来辞》。依我的愚见，《桃花源记》境界之高还在《归去来辞》之上。渊明对于农业素具信心，《劝农》、《怀古田舍》、《西田获早稻》诸诗已再三表明他的态度。《桃花源记》所写的是一个理想的农业社会，无政府组织，甚至无诗书历志，只"有良田美池桑竹之属，阡陌交通，鸡犬相闻，其中往来种作，男女衣著，悉如外人，黄发垂髫，并怡然自乐"。这境界颇类似卢梭所称羡的"自然状况"。渊明身当乱世，眼见所谓典章制度徒足以扰民，而农业国家的命脉还是系于耕作，人生真正的乐趣也在桑麻闲话，樽酒消忧，所以寄怀于"桃花源"那样一个醇朴的乌托邦。

渊明未见得瞧得起莲社诸贤的"文字禅"，可是禅宗人物很少有比渊明更契于禅理的。渊明对于自然的默契，以及他的言语举止，处处都流露着禅机。比起他来，许多谈禅的人们都是神秀，而他却是惠能。姑举一例以见梗概。据晋书《隐逸传》："他性不解音，而蓄素琴一张，弦徽不具。每朋酒之会，则托而和之，曰：'但识琴中趣，何劳弦上声。'"这故事所指示的，并不是一般人所谓"风雅"，而是极高智慧的超脱。他的胸中自有无限，所以不拘泥于一切迹象，在琴如此，在其他事物还是如此。昔人谓"不着一字，尽得风流"为诗的胜境，渊明不但在诗里，而且在生活里，处处表现出这个胜境，所以我认为他达到最高的禅境。慧远特别敬重他，不是没有缘由的。

总之，渊明在情感生活上经过极端的苦闷，达到极端的和谐肃穆。他的智慧与他的情感融成一片，酿成他的极丰富的精神生活。他的为人和他的诗一样，都很醇朴，却都不很简单，是一个大交响曲而不是一管一弦的清妙的声响。

三　他的人格与风格

渊明是怎样一个人，上文已略见梗概。有一个普遍的误解我们须打消，自钟嵘推渊明为"隐逸诗人之宗"，一般人都着重渊明的隐逸一方面；自颜真卿作诗表白渊明眷恋晋室的心迹以后，一般人又看重渊明的忠贞一方面。渊明是隐士，却不是一般人所想象的孤高自赏，不食人间烟火气，像《红楼梦》里妙玉性格的那种隐士；渊明是忠臣，却也不是他自己所景仰的荆轲、张良那种忠臣。在隐与侠以外，渊明还有极实际极平常的一方面。这是一般人所忽视而本文所特别要表明的。隐与侠有时走极端，"不近人情"；渊明的特色是在处处都最近人情，胸襟尽管高超而却不唱高调。他仍保持着一个平常人的家常便饭的风格。法国小说家福楼拜认为人生理想在"和寻常市民一样过生活，和半神人一样用心思"，渊明算是达到了这个理想。他的高妙处我们不可仰攀，他的平常处我们却特别觉得亲切。他尽管是隐士，尽管有侠气，在大体上还是"我辈中人"。他很看重衣食以及经营衣食的劳作，不肯像一般隐者做了社会的消耗者，还在唱"不事家人生产"的高调。他一则说："衣食终须纪，力耕不吾欺。"再则说："人生归有道，衣食固其端；孰是都不营，而以求自安？"本着这个主张，他从幼到老，都以种田为恒业。他实实在在自己动手，不像一般隐士只是打"躬耕"的招牌。种田不能过活，他不惜出去做小官，他坦白地自供做官是"为饥所驱"，"倾身营一饱"，也不像一般求官者有治国平天下的大抱负。种田做官都不能过活，他索性便求邻乞食，以为施既是美德，受也就不是丑事。在《有会而作》那首诗里，他引《檀弓》里饿者不食嗟来之食以至于饿死的故事，深觉其不当，他说："常善粥者心，深恨蒙袂非；嗟来何足吝？徒没空自遗。"在这些地方我们觉得渊明非常率真，也非常近人情。他并非不重视廉洁与操守，可是不像一般隐者矫情立异、沾沾自喜那样讲廉洁与操守。他只求行吾心之所安，适可而止，不过激，也不声张。他很有儒家的精神。

不过渊明最能使我们平常人契合的还是在他对人的热情。他对于平生故旧，我们在上文已经说过，每因"语默殊势"而有不同调之感，可是他觉得"故者无失其为故"，赠诗送行，仍依依不舍，殷殷属望，一片忠厚笃实之情溢于言表，两《答庞参军》、《示周祖谢》、《与晋殷安别》、《赠羊长史》诸诗最足见出他于朋友的厚道。在家人父子兄弟中，他尤其显得是一个富于热情的人。他的父亲早弃世，他在《命子》诗中有"瞻望弗及"之叹。他的母亲年老，据颜延之的诔文，他的出仕原为养母（"母老子幼，就养勤匮，远惟田生致亲之义，追悟毛子棒檄之怀"）。他出去没有多久，就回家省亲，从《阻风于规林》那两首诗看，他对于老母时常眷念，离家后致叹于"久游念所生"，回家时"计日望旧居"，到家后"一欣侍温颜"，语言虽简，情致却极深挚。弟敬远和程氏妹都是异母生的，程氏妹死了，渊明弃官到武昌替她料理后事，在祭妹与祭弟文中，他追念早年共甘苦患难的情况，焦虑遗孤们将来的着落，句句话都从肺腑中来，渊明天性之厚从这两篇祭文、《自祭文》以及《与子俨等疏》最足以见出，这几篇都是绝妙文字，可惜它们的名声为诗所掩。

渊明在诗中表现最多的是对于子女的慈爱。"大欢惟稚子"，"弱女虽非男，慰情聊胜无"，"稚子戏我侧，学语未成音，此事真复乐，聊用忘华簪"，随便拈几个例子，就可以令人想象到渊明怎样了解而且享受家庭子女团聚的乐趣。如果对于儿童没有深厚的同情，或是自己没有保持住儿童的天真，都决说不出这样简单而深刻的话。渊明的长了初生时，他自述心事说："厉夜生子，遽而求火，凡百有心，奚特于我？既见其生，实欲其可。"可见其属望之殷。他做了官，特别遣一个工人给儿子，写信告诉他说："汝旦夕之费，自给为难，今遣此力，助汝薪水之劳。此亦人子也，可善遇之。"寥寥数语，既可以见出做父母的仔细，尤可见出人道主义者的深广的同情。"此亦人子也，可善遇之"，这是何等心肠！它与"落地成兄弟，何必骨肉亲"那两句诗都可以摆在释迦或耶稣的口里。谈到他的儿子，他们似不能副他的期望，他半诙谐半伤心地说："天运苟如此，且进杯中物！"他临死时还向他们叮咛嘱咐："汝辈稚小家贫，每役柴水之劳，何时可免，念之在心，苦何可言！然汝等虽不同生，当思四海皆兄弟之义。"最后以兄弟同居同财的故事劝勉他们。杜甫为着渊明这样笃爱儿子，在《遣兴》诗里讥诮他说："陶潜避俗翁，未必能达道。……有子贤与愚，何其挂怀抱？"其实工部开口便错，渊明所以异于一般隐士的正在不"避俗"，因为他不必避俗，所以真正地"达道"。所谓"不避俗"是说"不矫情"，本着人类所应有的至性深情去应世接物。渊明的伟大处就在他有至性深情，而且不怕坦白地把它表现出来。趁便我们也可略谈一般人所聚讼的《闲情赋》。昭明太子认为这篇是"白璧微瑕"，在这篇赋里渊明对于男女眷恋的情绪确是体会得细腻之极，给他的冲淡朴素的风格渲染了一点异样的鲜艳的色彩；但是也正在这一点上我们可以看出渊明是一个有血肉的人，富于人所应有的人情。

总之，渊明不是一个简单的人，这就是说，他的精神生活很丰富。他的《时运》诗序中最后一句话是"欣慨交心"，这句话可以总结他的精神生活。他有感慨，也有欣喜；惟其有感慨，那种欣喜是由冲突调和而彻悟人生世相的欣喜，不只是浅薄的嬉笑；惟其有欣喜，那种感慨有适当的调剂，不只是奋激佯狂，或是神经质的感伤。他对于人生悲喜剧两方面都能领悟。他的性格大体上很冲和平淡，但是也有他的刚毅果敢的一方面，从不肯束带见督邮、听莲社的议论攒眉而去、却退檀道济的礼物诸事可以想见。他的隐与侠都与这方面性格有关。他有时很放浪不拘形迹，做彭泽令"公田悉令吏种秫稻（酿酒用的谷）"；王宏叫匠人替他做鞋，请他量一量脚的大小，"他便于坐伸脚令度"；醉了酒，便语客："我醉欲眠卿可去。"在这些地方他颇有刘伶、阮籍的气派。但是他不耻事家人生产，据《宋书·隐逸传》："他弱年薄宦，不洁去就之迹"，可能在桓玄下面做过官；他孝父母，爱弟妹，爱邻里朋友，尤其酷爱子女；他的大愿望是"亲戚共一处，子孙还相保"。他的高超的胸襟并不损于他的深广的同情；他的隐与侠也无害于他的平常人的面貌。

因为渊明近于人情，而且富于热情，我相信他的得力所在，儒多于道。陈寅恪先生把魏晋人物分名教与自然两派，以为渊明"既不尽同嵇向之自然，更有异何曾之名教，且不主名教自然相同之说如山（涛）王（戎）辈之所为。盖其己身之创解乃一种'新自然说'","新自然说之要旨在委运任化",并且引"立善常所欣,谁当为汝誉"两句诗证明渊明"非名教"。他的要旨在渊明是道非儒。我觉得这番话不但过于系统化,而且把渊明的人格看得太单纯,不免歪曲事实。渊明尚自然,宗老庄,这是事实;但是他也并不非名教,薄周孔,他一再引"先师遗训"(他的"先师"是孔子,不是老庄,更不是张道陵),自称"游好在六经",自勉"养真衡门下,庶以善自名",遗嘱要儿子孝友,深致慨于"如何绝世下,六籍无一亲"。——这些都是铁一般的事实,却不是证明渊明"非名教"的事实。

我们解释了渊明的人格,就已经解释了他的诗,所以关于诗本身的话不必多说,他的诗正和他的人格一致,也不很单纯,我们姑择一点来说,就是它的风格。一般人公认渊明的诗平淡。陈后山嫌它"不文",颇为说诗者所惊怪。其实杜工部早就有这样看法,他赞美"陶谢不枝梧",却又说,"观其著诗篇,颇亦恨枯槁"。大约欢喜雕绘声色锻炼字句者,在陶诗中找不着雕绘锻炼的痕迹,总不免如黄山谷所说的"血气方刚时,读此如嚼枯木"。阅历较深,对陶诗咀嚼较勤的人们会觉得陶诗不但不枯,而且不尽平淡。苏东坡说它"质而实绮,癯而实腴",刘后村说它"外枯而中膏,似淡而实美",姜白石说它"散而庄,淡而腴",释惠洪引东坡说,它"初视若散缓,熟视有奇趣",都是对陶诗作深一层的看法。总合各家的评语来说,陶诗的特点在平、淡、枯、质,又在奇、美、腴、绮。这两组恰恰相反的性质如何能调和在一起呢?把它们调和在一起,正是陶诗的奇迹;正如他在性格方面把许多不同的性质调和在一起,是同样的奇迹。

把诗文风格分为平与奇、枯与腴、质与绮两种,其实根于一种错误的理论,仿佛说这两种之中有一个中和点(如磁铁的正负两极之中有一个不正不负的部分),没有到这一点就是平、枯、质;超过了这一点便是奇、腴、绮。诗文实在不能有这种分别,它有一种情感思想,表现于恰到好处的意象语言,这恰到好处便是"中",有过或不及便是毛病。平、枯、淡固是"不文",奇、腴、绮也还是失当,蓬首垢面与涂脂敷粉同样不能达到真正的美。大约诗文作者内外不能一致时,总想借脂粉掩饰,古今无须借脂粉掩饰者实在寥寥。这掩饰有时做过火,可以引起极强烈的反感,于是补偏救弊者不免走到蓬首垢面的另一极端,所以在事实上平、枯、质与奇、腴、绮这种的分别确是存在，而所指的却都是偏弊，不能算是诗文的胜境。陶诗的特色正在不平不奇、不枯不腴、不质不绮，因为它恰到好处，适得其中；也正因为这个缘故，它一眼看去，却是亦平亦奇、亦枯亦腴、亦质亦绮。这是艺术的最高境界，可以说是"化境"，渊明所以达到这个境界，因为像他做人一样，有最深厚的修养，又有最率真的表现。"真"字是渊明的唯一恰当的评语。"真"自然也还有等差，一个有智慧的人的"真"和一个头脑单纯的人的"真"并不可同日而语，这就是 Spontaneous 与 naive 的分别。渊明的思想和情感都是蒸馏过、洗炼过的。所以在做人方面和在作诗方面，都做到简炼高妙四个字。工部说他"不枝梧"，这三个字却下得极有分寸，意思正是说他简炼高妙。

渊明在中国诗人中的地位是很崇高的。可以和他比拟的，前只有屈原，后只有杜甫。屈原比他更沉郁，杜甫比他更阔大多变化，但是都没有他那么醇，那么炼。屈原低徊往复，想安顿而终没有得到安顿，他的情绪、想象与风格都带着浪漫艺术的崎岖突兀的气象；渊明则如秋潭月影，澈底澄莹，具有古典艺术的和谐静穆。杜甫还不免有意雕绘声色，锻炼字句，时有斧凿痕迹，甚至有笨拙到不很妥贴的句子；渊明则全是自然本色，天衣无缝，到艺术极境而使人忘其为艺术。后来诗人苏东坡最爱陶，在性情与风趣上两人确有许多类似，但是苏爱逞巧智，缺乏洗炼，在陶公面前终是小巫见大巫。

（节选自《诗论》，三联书店 1984 年版。）

精彩一句：

大诗人先在生活中把自己的人格涵养成一首完美的诗，充实而有光辉，写下来的诗是人格的焕发。

肖泳品鉴：

要进入朱光潜情趣人生的世界，除了品读他的有关艺术与美、人生与艺术的学术文章之外，来看看他所激赏的人物和作品，不失为走近他的一种方式。

陶渊明和他的诗在朱光潜各种文章中是出现频率很高的，不专文来谈陶渊明是说不过去的。陶渊明历来不缺激赏者，就朱光潜文中引用的文字来看，除了前朝诸代文人士子对陶的兴趣之文外，与他同时代的学者也不乏研究和探讨之作。陶渊明似是一个说不尽的人物。朱光潜作为陶迷，要继续谈论陶渊明，须得拨开历代有关陶的话语言说的沉积，方能使自己的言说占有一席之地，谈何容易。

朱光潜的言说有其独到之处。第一，他肯定诗是陶渊明人格修养的表现，二者相融而相显。这一点不见得超过了别的谈论者。第二，贴近陶渊明的情感，谈他的人格修养。在此处的阐发，朱光潜显示了独到的见解。正如朱光潜所指出的，有不少的谈论者强调陶渊明人格中的"隐士"品格，钟嵘把他推为"隐逸诗人之宗"；又有人强调陶渊明耻事二姓有侠气，人格忠贞；于是，世人对陶渊明的品评就走向两个极端，隐逸与忠贞。朱光潜所做的是"去魅"的努力，即首先把陶渊明当作一个吃苦受穷，懂得人情和生活之艰辛的一般人来谈，而不是有着神仙境界似乎不食人间烟火的隐逸诗人。他说应该记住陶渊明极端贫穷过，被逼得去乞食，且一生疾病缠身。朋友虽多，却"语默殊势"，甚是孤独。他好酒成瘾，也可以说是借杯中物排遣心中苦闷。可见陶渊明并不是像一些人画的"坐在一棵松树下，对着无弦琴那样悠闲自得的情境"。陶渊明终究成了陶渊明，他像一般人一样简单之外，他最终和一切伟大的诗人一样，超越了他自己困苦狭小的个人天地，达于与自然的"调和静穆"。借用福楼拜的一句话，"和寻常市民一样过生活，和半神人一样用心思"，这就是陶渊明的形象。第三，谈论陶渊明的诗歌成就。这里把陶渊明的人格修养与他的诗歌融会贯通，朱光潜给陶诗以很高评价，陶之前的屈原崎岖难安，陶之后的杜甫有斧凿痕迹，陶诗则恰到好处已至"化境"。

悼夏孟刚

今晨接得慕陶和澄弟的信，但道夏孟刚已于四月十二日服氰化钾自杀了。近来常有人世凄凉之感，听了孟刚的噩耗，烦忧隐恸，益觉不能自禁。

我在吴淞中国公学时，孟刚在我所教的学生中品学最好，而我属望于他也最殷，他平时沉静寡言语，但偶有议论，语语都来自衷曲，而见解也非一般青年所能及。那时他很喜欢读托尔斯泰，他的思想，带有很深的托氏人生观的印痕。我有一个时期，也受过托尔斯泰的熏沐。我自惭根性浅薄，有些地方不能如孟刚之彻底深入，可是我们的心灵究竟有许多类似，所以一接触后，能交感共鸣。

中国公学阻于兵争以后，孟刚入浦东中学，我转徙苏浙，彼此还数相见。在这个时候，他介绍我认识了他的哥哥。他的父亲曾经在我的母校桐城中学当过教师。因此我们情感上更加一层温慰。江湾立达学园成立后，孟刚遂舍浦东来学江湾。我因亟于去国，正想寻机会同他作一次深谈，他突然间得了父病的消息，就匆匆别我返松江叶榭去了。

今年一月中，他来一封信，里面有这一段话：

> 您启程赴英的时候，我在家中不能听到"我去了"三字，至以为憾。我近来觉人生太无意味；我觉得世界上很少真正的同情者，——除去母性的外，也许绝无，——我觉得我是不可再活在世上和人类接触了；而尤其使我悲伤的就是我本来可以向他发发牢骚的哥哥已于暑假中死于北京，继而我的父亲也病没了。也许我过去的生活太偏于情感，——或太偏于理智。或者我的天性如此。我知道我请您教我，是无效果的，但是我又觉着不可不领领您的教。

我读过这封信为之悒然许久。我很疑虑我所属望最殷的孟刚或者于悲恸父兄之丧外，又不幸别触尘网。青年人大半都免不掉烦闷时期。但是我相信孟刚终当自能解脱。寄了一部歌德的《麦斯特游学记》给他读，希望他在这本书中能发见他所未曾见到的人生又一面。孟刚具有很强烈的感受伟大心灵之暗示的能力，我很希望他能私淑歌德抛开轻生的念头，替人类多造些光；哪里知道孟刚在写信给我的时候，就有自杀的决心，而那封信竟成绝笔！

孟刚自杀的近因，我不甚明了。但是就他的性格和遭际说，这次举动也不难解释。他不属于任何宗教，而宗教的情感则甚强烈。他对于世人的罪恶，感觉过于锐敏。托尔斯泰的影响本应该可以使他明了赦宥的美；可是他的性情耿介孤洁，不屑与世浮沉，只能得托氏之深的方面，未能得托氏之广的方面，其结果乃走于极端而生反动。孟刚固深于情者，慈爱的父兄既先后弃世，而友朋中能了解他心的深处者又甚寥寥。于此寥阔冷清的世界中，孟刚乃不幸又受命运之神最后的揶揄，而绝望于理想的爱。这些情境相凑合，孟刚遂忽然抛丅垂暮的慈母而自杀了。

我不愿像柏拉图、叔本华一般人以伦理眼光抨击自杀。生的自由倘若受环境剥夺了，死的自由谁也不能否认的。人们在罪恶苦痛里过活，有许多只是苟且偷生，腼然不知耻。自杀是伟大意志之消极的表现。假如世界没有中国的屈原、希腊的塞诺（Zeno）、罗马的塞内加（Seneca）一类人的精神，其卑污顽劣，恐更不堪言状了。

人生是最繁复而诡秘的，悲字乐字都不足以概其全。愚者拙者混混沌沌地过去，反倒觉庸庸多厚福。具有湛思慧解的人总不免苦多乐少。悲观之极，总不出乎绝世绝我两路。自杀是绝世而兼绝我。但是自杀以外，绝非别无他路可走，最普通的是绝世而不绝我，这条路有两分支。一种人明知人世悲患多端而生命终归于尽，乃力图生前欢乐，以诙谐的眼光看游戏似的世事，这是以玩世为绝世的。此外也有些人既失望于人世欢乐之无常，而生老病死，头头是苦，于是遁入空门，为未来修行，这是以逃世为绝世的。苏曼殊的行迹大半还在一般人的记忆中。他是想逃世而终于止做到玩世的。玩世者与逃世者都只能绝世而不能绝我。不能绝世，便不能无赖于人。牵绊既未断尽，而人世忧患乃有时终不能不随之俱来。所以玩世与逃世，就人说，为不道德；就己说，为不彻底。衡量起来，还是自杀为直截了当。

自杀比较绝世而不绝我，固为彻底，然而较之绝我而不绝世，则又微有欠缺。什么叫做"绝我而不绝世"？就是流行语中所谓"舍己为群"，不过这四字用滥了，因而埋没了真义。所谓"绝我"，其精神类自杀，把涉及我的一切忧苦欢乐的观念一刀斩断。所谓"不绝世"，其目的在改造，在革命，在把现在的世界换过面孔，使罪恶苦痛，无自而生。这世界是污浊极了，苦痛我也够受了。我自己姑且不算吧，但是我自己堕入苦海了。我决不忍眼睁睁地看别人也跟我下水。我决计要努力把这个环境弄得完美些，使后我而来的人们免得再尝受我现在所尝受的苦痛，我自己不幸而为奴隶，我所以不惜粉身碎骨，努力打破这个奴隶制度，为他人争自由，这就是绝我而不绝世的态度。持这个态度最显明的要算释迦牟尼，他一生都是"以出世的精神，做入世的事业"。佛教到了末流，只能绝世而不能绝我，与释迦所走的路恰相背驰，这是释迦始料不及的。古今许多哲人，宗教家，革命家，如墨子，如耶稣，如甘地，都是从绝我出发到淑世的路上的。

假如孟刚也努力"以出世的精神，做入世的事业"，他应该能打破几重使他苦痛而将来又要使他人苦痛的孽障。

但是，孟刚死了，幽明永隔，这番话又向谁告诉呢！

（选自《给青年的十二封信》，开明书店 1929 年版。）

精彩一句：

以出世的精神，做入世的事业。

小平品鉴：

这是一篇悼文，正如朱光潜所说，可以代表他对自杀的意见。而在那个黑暗的年代，这又岂止于"对于自杀的意见"，几致是对人生观的一种彻悟，这个彻悟的答案就是——以出世的精神，做入世的事业。

朱光潜说，人生最繁复而诡秘的，悲字乐字都不足以概其全。因为，"悲"到极处总不出乎"绝世"和"绝我"。"绝世"是逃遁，"绝我"是毁灭。"绝世"有两种形态：一种是明知人世悲哀多端而生命是短暂的，不如及时行乐，这是以"玩世"来为"绝世"，是行尸走肉。另一种人既失望于人世欢乐无常，生老病死总逃不过去，不如遁入空门，这是拿"逃世"来为"绝世"。这两种只能做到"绝世而不能绝我"。就这个意义上说，"自杀"也许"直截了当"，它能斩断与人的"牵绊"。不过，朱光潜毕竟不赞成"自杀"，他提出一个叫做"绝我而不绝世"的观点，这个"绝我而不绝世"就是"舍己为群"。所谓"绝我"，是指精神上的自责，是把一切忧苦欢乐一刀斩断；所谓"不绝世"，是还要有所作为，有"天行健，君子自强不息"的经世致用精神。其实，这是一种在"悲"与"乐"中求得平衡的态度。无怪乎朱光潜把自己的室名定为：欣慨室。"欣"就乐字立义，"慨"字以"悲"字立义。但是，朱光潜这个"欣"，已不是流于浅薄的嬉笑的玩世态度，它是尼采式的化人生痛苦为审美愉悦的"欣"；"慨"字也不是陷于奋激佯狂，神经质般的狂躁，而是一种悲天悯人的对人世释怀的解悟。

丰子恺先生的人品与画品
——为嘉定丰子恺画展作

在当代画家中，我认识丰子恺先生最早，也最清楚。说起来已是二十年前的事了。那时候他和我都在上虞白马湖春晖中学教书。他在湖边盖了一座极简单而亦极整洁的平屋。同事夏丏尊朱佩弦刘薰宇诸人和我都和子恺是吃酒谈天的朋友，常在一块聚会。我们吃酒如吃茶，慢斟细酌，不慌不闹，各人到量尽为止，止则谈的谈，笑的笑，静听的静听。酒后见真情，诸人各有胜概，我最喜欢子恺那一副面红耳热，雍容恬静，一团和气的风度。后来我们都离开白马湖，在上海同办立达学园。大家挤住在一条僻窄而又不大干净的小巷里。学校初办，我们奔走筹备，都显得很忙碌，子恺仍是那副雍容恬静的样子，而事情却不比旁人做得少。虽然由山林搬到城市，生活比较紧张而窘迫，我们还保持着嚼豆腐干花生米吃酒的习惯。我们大半都爱好文艺，可是很少拿它来在嘴上谈。酒后有时子恺高兴起来了，就拈一张纸作几笔漫画，画后自己木刻，画和刻都在片时中完成，我们传看，心中各自欢喜，也不多加评语。有时我们中间有人写成一篇文章，也是如此。这样地我们在友谊中领取乐趣，在文艺中领取乐趣。

　　当时的朋友中浙江人居多，那一批浙江朋友们都有一股清气，即日常生活也别有一般趣味，却不像普通文人风雅相高。子恺于"清"字之外又加上一个"和"字。他的儿女环坐一室，时有憨态，他见着居然微笑；他自己画成一幅画，刻成一块木刻，拿着看看，欣然微笑；在人生世相中他偶然遇见一件有趣的事，他也还是欣然微笑。他老是那样浑然本色，无忧无嗔，无世故气，亦无矜持气。黄山谷尝称周茂叔"胸中洒落如光风霁月"，我的朋友中只有子恺庶几有这种气象。

　　当时一般朋友中有一个不常现身而人人都感到他的影响的——弘一法师。他是子恺的先生。在许多地方，子恺得益于这位老师的都很大。他的音乐图画文学书法的趣味，他的品格风采，都颇近于弘一。在我初认识他时，他就已随弘一信持佛法。不过他始终没有出家，他不忍离开他的家庭。他通常吃素，不过作客时怕给人家麻烦，也随人吃肉边菜。他的言动举止都自然圆融，毫无拘束勉强。我认为他是一个真正能了解佛家精神的。他的性情向来深挚，待人无论尊卑大小，一律蔼然可亲，也偶露侠义风味。弘一法师近来圆寂，他不远千里，亲自到嘉定来，请马蠲叟先生替他老师作传。即此一端，可以见他对师友情谊的深厚。

　　我对于子恺的人品说这么多的话，因为要了解他的画品，必先了解他的人品。一个人须先是一个艺术家，才能创造真正的艺术。子恺从顶至踵是一个艺术家，他的胸襟，他的言动笑貌，全都是艺术的。他的作品有一点与时下一般画家不同的，就在他有至性深情的流露。子恺本来习过西画，在中国他最早作木刻，这两点对于他的作风都有显著的影响。但是这些只是浮面的形相，他的基本精神还是中国的，或者说，东方的。我知道他尝玩味前人诗词，但是我不尝看见他临摹中国旧画。他的底本大半是实际人生一片段，他看得准，察觉其中情趣，立时铺纸挥毫，一挥而就。他的题材变化极多，可是每一幅都有一点令人永久不忘的东西。我二十年前看过他的一些画稿——例如"指冷玉笙寒"，"月上柳梢头"。"花生米不满足"，"病车"之类，到于今脑里还有很清晰的印象，而我素来是一个健忘的人。他的画里有诗意，有谐趣，有悲天悯人的意味；它有时使你悠然物外，有时使你置身市尘，也有时使你啼笑皆非，肃然起敬。他的人物装饰都是现代的，没有模拟古画仅得其形似的呆板气；可是他的境界与粗劣的现实始终维持着适当的距离。他的画极家常，造境着笔都不求奇特古怪，却于平实中寓深永之致。他的画就像他的人。

书画在中国本有同源之说。子恺在书法上曾经下过很久的工夫。他近来告诉我，他在习章草，每遇在画方面长进停滞时，他便写字，写了一些时候之后，再丢开来作画，发见画就有长进。讲书法的人都知道笔力须经过一番艰苦的训练才能沉着稳重，墨才能入纸，字挂起来看时才显得生动而坚实，虽像是龙飞凤舞，却仍能站得稳。画也是如此。时下一般画家的毛病就在墨不入纸，画挂起来看时，好像是漂浮在纸上，没有生根；他们自以为超逸空灵，其实是画家所谓"败笔"，像患虚症的人的浮脉，是生命力微弱的征候。我们常感觉近代画的意味太薄，这也是一个原因。子恺的画却没有这种毛病。他用笔尽管疾如飘风，而笔笔稳重沉着，像箭头钉入坚石似的。在这方面，我想他得力于他的性格，他的木刻训练和他在书法上所下的工夫。

（原刊《中学生》1943 年第 66 期。）

精彩一句：

他老是那样浑然本色，无忧无嗔，无世故气，亦无矜持气。黄山谷尝称周茂叔"胸中洒落如光风霁月"，我的朋友中只有子恺庶几有这种气象。

肖泳品鉴：

二十年的友情，能沉淀出什么？朱光潜与丰子恺，二十年前也是一起创业的年轻人，像一般的年轻人一样，工作之余吃酒聊天，他们是文艺青年，以文会友，以画会友。二十年过去了，朱光潜沉潜于学问的海洋，孜孜于东西方美学思想的融会，也品味着人生与艺术的关系。艺术，他已不再执著于早年声声口口乃至深入人心的那个论断——"孤立绝缘"的直觉意象，它必须与实际人生拉开距离。而是相反，假如没有人生作底，艺术之意象将从何而来？可以说，丰子恺的人品与创作，为朱光潜论证艺术情趣与人生经验的关系提供了充分而亲切的论据，足以证明离开实际人生，美都成了空谈。丰子恺有自己最平实的日常生活，这种生活就是他画作的灵感和主题，但作为艺术家，他在生活中对自己有另一番锤炼，是属于艺术家的锤炼。他有信念，有执守，至性深情，对待艺术从无松懈，作画笔墨力透纸背；他处理俗务却是通透圆融，一派蔼然可亲，总是欣然微笑。朱光潜一向推崇的就是：以出世的精神，做入世的事业。丰子恺的举止为人，有着出世的清气，然对待艺术，却是积极入世不遗余力，由是方创作出笔下自然生动的艺术世界。朱光潜无疑希望通过老友丰子恺的为人与艺术创作，现实地而非理论地解答：艺术从何而来。